天 气

（第二版）

您的智能参考书

〔美〕凯文·海尔 著

赵 巍 主译

赵 巍 毛 静 赵玉红 李 倩 译

上海科学技术文献出版社

图书在版编目（CIP）数据

天气 /（美）凯文·海尔著；赵巍主译 . —上海：上海科学技术文献出版社，2013.1
（机敏问答）
ISBN 978-7-5439-5529-5

Ⅰ .① 天… Ⅱ .①凯… ②赵… Ⅲ .①天气学—普及读物 Ⅳ .① P44-49

中国版本图书馆 CIP 数据核字（2012）第 208132 号

The Handy Weather Answer Book

Copyright © 2009 by Visible Ink Press®
Translation rights arranged with the permission of Visible Ink Press.
Copyright in the Chinese language translation (Simplified character rights only)©
2012 Shanghai Scientific & Technological Literature Publishing House

图字：09-2012-247

责任编辑：于　虹
美术编辑：徐　利

机 敏 问 答
天　气
[美]凯文·海尔 著 赵 巍 主译
＊
上海科学技术文献出版社出版发行
（上海市长乐路 746 号 邮政编码 200040）
全国新华书店经销
昆山市亭林彩印厂印刷
＊
开本 740×970 1/16 印张 21.75 字数 451 000
2013 年 1 月第 1 版 2013 年 1 月第 1 次印刷
ISBN 978-7-5439-5529-5
定价：42.00 元
http://www.sstlp.com

内 容 简 介

从常见的问题——最冷、最热、最湿、最干、最多风，到天气与海洋学、地质学和空间科学的关系，《机敏问答系列丛书——天气》几乎囊括了所有与天气相关的话题，介绍了闪电、雷暴、极光、彩虹等各种神奇的自然现象。本书采用一问一答、易于理解的形式对与天气有关的1 000多个问题做出了解答。100多张彩色照片和插图提供了大量信息，并为阅读增添了趣味性。现在，就让我们一起走进这本书，了解有关天气的基础知识，学习气象科学，追寻天气预报的历史，探索神奇、美丽的大自然，开始一段美妙的智慧之旅吧！

凯文·海尔（Kevin Hile），美国密歇根州作家、编辑，著有多本著作。其作品涉及内容广泛。其著作有：《动物的权利》（Animal Rights）、《将青少年视为成人一样审判》（The Trial of Juveniles as Adults）、《堤和坝》（Dams and Levees）、《西泽·查维斯》（Cesar Chaves）、《半人马》（Centaur）、《幽灵船》（Ghost Ships）、《超感觉的知觉》（ESP）以及《红杉树旁的小动物园：波特·帕克动物园的故事》（Little Zoo by the Red Cedar: The Story of Potter Park Zoo）。他与Visible Ink出版社合作编写了多本与科学相关的书籍，其中包括机敏问答系列丛书《数学》（The Handy Math Answer Book）、《地质》（The Handy Geology Answer Book）和《解剖学》（The Handy Anatomy Answer Book）。凯文·海尔目前居住于密歇根州梅森市（Mason, Michigan）。

简　介

————————————————————————————

　　毫不夸张地说，天气影响我们生活的方方面面。从我们的穿着、出行计划，到体育赛事的举行、机场的关闭都与天气状况息息相关。天气促使人们改变战争进程，侵蚀和风化山体，摧毁整个村庄或城市。甚至就连美国前总统威廉·亨利·哈里森（William Henry Harrison）的去世和1986年"挑战者号"航天飞机（the Space Shuttle Challenger）的失事都与天气有着密不可分的关系。

　　农业的可持续发展和我们的健康都离不开天气。恶劣的天气可能会引起身体不适甚至危及我们的生命。没有天气，地球大气会滞流，江河湖泊会干涸，我们很难想象这样的陆地和岛屿是否会存在任何生机。从另一方面来说，天气也给我们带来了很多乐趣：放风筝、滑雪、打雪仗或是雨后享受踩水带来的简单快乐。

　　天气对人们的影响巨大，有利有弊且无法估量。因此，长久以来它一直是人类热议和研究的主题。美国幽默作家马克·吐温（Mark Twain）曾经说过："每个人都能谈论天气，但是你对它却束手无策。"这句话并非完全正确。几千年来，人们费尽心思地想要预测、控制甚至是改变天气，结果通常只是"见识"了天气带来的巨大影响。例如，众所周知的美国土著巫师跳"祈雨舞"以祈求降雨；从古希腊人到现代巴尔干半岛人的生活，很多人类文明中都有跳"祈雨舞"这样的文化存在。古希腊人认为天气十分重要，所以下雨和打雷一定是由"万神之王"宙斯所掌管。于是，他们向宙斯祈求风调雨顺。当然，随着一神论宗教——犹太教、基督教和伊斯兰教的建立，上帝被视为是唯一一个掌控天气大权的人。

　　长期以来，哲学家和科学家想尽一切办法探究天气的复杂性。早期的希腊

i

人，像亚里士多德（Aristotle）和生于希腊艾雷色斯（Eresus）的狄奥弗拉斯特(Theophrastus)，他们将传统观点与信仰交织在一起，力图解释和预测天气。随着文艺复兴、理性时期、工业革命以及以更加精密的仪器——温度计、气压计、卫星和多普勒雷达为辅助的科学时代的到来，人们开始更加精确地测量和分析天气，同时也得出了更先进的关于云的形成、气温和气压等方面的理论。

尽管现代科技不断发展，预测天气在很大程度上仍是一份"随意的工作"。有些人开玩笑地说，唯一经常犯错误但还能保住工作的专家便是气象学家。然而，这样的批评对气象学家来说并不公平，因为现代气象学已经在预报恶劣天气（如飓风、龙卷风等）这一关键领域取得了重大进步。这得益于美国国家气象局（National Weather Service）等组织的努力，他们在近几十年里挽救了很多生物的生命。

然而，人们想要将天气预测的准确度提高到100%，这很可能是一件永远也实现不了的事情。事实上，根据混沌理论，这也是一个不可能达到的目标。有这样一种说法："如果中国的一只蝴蝶扇动几下翅膀，一系列的事件就会随之发生，最终产生的力量会导致美国俄克拉何马州（Oklahoma）发生龙卷风。"那么，我们有多大的把握可以预测天气呢？正是由于完全准确地预测天气的希望渺茫，所以一些人竭力想要直接改变天气。例如，为了使久旱无雨的地区能够下雨，科学家们研究出了人工降雨。

人类确实已经改变了天气。但是，正如大多数环境保护论者所断言的那样，我们所做的大多数事情都不是刻意而为之，事态也未必会向好的方向发展。气候变化、臭氧空洞以及全球变暖已经成为科学家、政治家乃至普通民众热切关注的话题。一氧化碳、二氧化碳、甲烷、氯氟烃以及其他来自工业、农业、汽车尾气等的化合物严重污染了我们的现代化文明社会。很多人担心，如果我们不能马上采取行动，后果将不堪设想：海平面将会上升；人类将饱受干旱和暴风的折磨；大量的人口迁徙还会导致争夺土地、食物和其他资源的战争。然而，还有一些人认为，一切都为时已晚，气候变化已经发生了。

只有牢牢掌握了气象学、气候学、水文学以及其他相关领域的知识，我们在关于改变天气的讨论中才不会无话可说，不知所措。机敏问答系列丛书《天气》这本书以通俗易懂的方式回答了关于天气方面的问题。书中共有11个章节，对应11个不同的话题。总共回答了1 000多个从基础概念到最前沿的科学问题。

书中提出的问题以及对问题的解答不仅涵盖了与天气有关的常见话题（如雨、雪、干旱、气温、龙卷风等），同时也包括了与天气相关或有可能影响天气的其他一些现象。为此，本书介绍了大气现象、地理变化和海洋对天气的影响，外太空对影响天气起到的作用以及与气候变化相关的理论等内容。

机敏问答系列丛书《天气》将会带你揭开气象学的奥秘。希望它能激发你对这一话题的兴趣，同时也能给你带来乐趣。本书能够使你得到启发，你也许希望将来能学习这一领域的专业知识，因此，本书的最后一章为你提供了一些建议以及与气象科学事业相关的信息。

很多人对天气怨声载道，有些人甚至因为忍受不了某一地区恶劣的天气而搬家。然而，如果你真正了解了天气，你就会很容易爱上大自然，甚至还会钦佩大自然的力量。懂得欣赏的人能从雪花发现上帝造物的美丽；科学家能对飓风带来的沙柱和漩涡背后隐藏的物理现象感到惊奇；所有人在自然力量（天气）的映衬下都显得那么的渺小。正如英国作家乔治·罗伯特·吉辛（George Robert Gissing）曾经说过的："身心若是平静安然，就无所谓天气好坏。无论什么天气都有其美好的一面，激荡血液中流淌的暴风雨只会使脉搏跳动得更有力量。"

——凯文·海尔

致 谢

　　我非常感谢为本书提供帮助的下列人士,他们是:克赖斯特·伯特(Christ Burt),气象学专家,感谢他为本书提供的事实和数据;拉里·贝克(Larry Baker),索引编写者,感谢他精湛的索引技巧;埃米·马卡斯奥·凯泽(Amy Marcaccio Keyser),感谢她对原稿的仔细校对;马科·蒂·维塔(Marco Di Vita),感谢他为本书排版;玛丽·克莱尔·克莱泽温斯基(Mary Claire Krzewinski),感谢她精心设计的版式和封面;罗杰·詹乃科(Roger Jänecke),一位对我来说非常重要的出版商,感谢他为我提供了创作这本书的机会。

目　录

需要了解的相关术语……组织机构……测量……早期的气象历史……季节

与大气相关的基础知识……空气和气压……大气层……臭氧层……风……风暴

测量温度……高温……寒冷

第一章　天气概述

需要了解的相关术语

什么是天气?

所谓"天气"是在相对短的一段时间内,某一特定地区的大气状况。

影响天气的因素有哪些?

有这样一种说法:"如果中国的一只蝴蝶扇动几下翅膀,一系列的事件就会随之发生,最终产生的力量会导致美国俄克拉何马州(Oklahoma)发生龙卷风。"天气是一个非常复杂的概念。正因为这样,天气预报被视为是一项风险极高的职业。有人曾开玩笑说:"天气播报员是唯一一份对错参半却仍然不会失去的工作。"天气受很多因素影响,如温度、大气组成、地质构成、辐射、板块构造、地热能量、太阳风、动植物的生化过程以及污染等。所有这些因素都是本书将要探讨的内容。

什么是气象学?

气象学是对天气进行的科学研究。具体地说,就是如何把天气变化预报出来。

什么是水文学?

水文学是研究地球上水的发生、分布以及运动和变化的一门学科。水文学家的工作与水资源息息相关。他们的研究具有很强的现实意义——从实施土木工程,规划城市到保护生态环境。

什么是水文气象学?

水文气象学这个英文单词本身很长,它所研究的是低层大气与其下面陆地之间的水文循环。

什么是气候学?

气候学是对一段时间内世界气候及其变化方式的研究。

什么是生物气候学?

生物气候学主要研究气候环境对生物的影响。天气和大气以这样或那样的方式对人类产生积极和消极的影响。气候影响着我们的情绪、体内的化学物质以及患病几率等。在欧洲,人们已经认识到这一学科的重要性。因此,天气预报中通常含有对健康危害的警示。各国气象学家同样经常对大气污染、过敏指数以及诸如冻伤或中暑等可能会带来危害的极端气温作出预警。

什么是大气化学?

大气化学研究的是气体与大气中的化学物质和粒子之间如何发生相互作用。例如,研究在高空大气中和作为陆地住宅污染物的臭氧的形成与破坏。构成大气的物质一直处在变化中:物质被不断地从地面吹起;风一直改变着方向;来自太空的辐射物与大气相互作用。因此,大气化学是一门非常复杂的科学。在其他一些化学过程中,从事大气化学专业研究的气象学家需要对地质学、生物学以及工业污染物(实际上每天都有数以百万的化学物质被不同的工厂排入大气中)有所了解。我们还不完全了解大气中的化学物质含量发生的变化,因此我们在大气化学领域还有很多的工作要做。

什么是大气物理学?

大气物理学是一个与大气化学互为补充的研究领域。这门学科主要研究大气中的波物理学、粒子物理学、声学、光谱学、光学等现象。想要成为这个领域的专家，精通数学是十分必要的。相关的理论研究可以应用到卫星、雷达、激光雷达及其他技术中去。

什么是衍射?

衍射是光在传播过程中，经过小障碍物边缘或小孔时所发生的传播方向弯曲的现象。这些物体和孔隙必须小到足以影响光的传播。因而，红光（波长更长）比蓝光更容易发生衍射。衍射能使光线变模糊，也能在看不见的能量传输（如无线电波和X射线）过程中起到干预的作用。

什么是折射?

光从一种透明介质斜射入另一种透明介质时（例如光从空气射入水中），传播方向一般会发生改变，这种现象叫做光的折射。之所以会发生这种现象是由于光在传播过程中通过介质时的速度不同。这也是我们能看见彩虹的原因。

什么是悬浮微粒?

当听到"悬浮颗粒"这个词时很多人都会想到空气清新剂或发胶这样的罐装化学喷雾器。事实上，任何悬浮在空气中的液体或固体颗粒都是悬浮颗粒。虽然它们和所有物体一样都会受到地心引力的影响，但因为它们的体积很小，所以能飘浮在空气中（例如云）。如果这些悬浮颗粒没有很快被雨水冲走，它们会以每24小时10厘米（约4英寸）的速度下降。

在谈论悬浮颗粒时，大多数人想到的是喷雾器。但对于气象学家来说，任何悬浮在空气中的液体或固体颗粒都是悬浮颗粒。

什么是蒸发和蒸腾?

很多人对"蒸发"这个现象并不陌生。它指的是液态水转化为气态并向周围散去的过程。蒸发的速度可以用蒸发计来测定。"蒸腾"指的是植物体内的水分通过植物表面以气态的形式向外界大气输送的过程,也可以指人和动物出汗后汗水消失掉的过程。

什么是对流?

对流是热量通过一种液体介质(如水滴)在大气中垂直方向的移动。

什么是辐合?

来自不同方向的气团相互靠近、碰撞,使气压不断升高,气流辐合上升,这种现象被称为"辐合"。

什么是逆增?

所谓逆增,就是气温随着高度的升高而逐渐上升(而不是降低)。

什么是离子?

离子是带有正电荷或负电荷的原子或分子。这种现象是由于构成原子的质子(在原子核中带正电的粒子)和电子(在原子中围绕原子核旋转的带负电的粒子)的数量不同。气象学家之所以对离子,尤其是对电离层感兴趣,是因为它们能与大气中的其他化学元素和物质发生剧烈的化学反应。

什么是等离子体?

等离子体是除固态、液态和气态之外的物质的第四种形态。原子中的电子被剥夺,同时自由电子和新产生的离子共同存在,这样就形成了等离子体。在恒星上发现的等离子体是宇宙中最常见的一种物质形态。而我们在太阳风(太阳风是太阳吹出的风,与磁气圈发生碰撞)中也能发现等离子体的存在。有些等离子体放射物也会进入到电离层中。闪电就是等离子体的一种形式。

什么是方位角?

方位角是从某点的指北方向线起,依顺时针方向到目标方向线之间的水平夹角。这一概念被应用于导航和报道恒星、行星以及其他天体的方位。在数学中,方位角这指两个水平面间形成的夹角,一个平面介于观察者与被观察事物之间,另一个平面则介于观察者和指北方向线之间。

组 织 机 构

成立国家海洋和大气管理局的目的是什么?

国家海洋和大气管理局(National Oceanic and Atmospheric Administration,简称NOAA)是美国商务部的一个分支机构,负责监测对天气、气候和环境造成影响的陆地状况和海洋状况。这一机构的主要工作是进行大气研究和预报天气。同时,它还进行渔业管理,关注

美国密歇根州首府兰辛——美国气象局办公室所在地。照片拍摄于1900年。这里曾经是密歇根农业大学(现在是密歇根州立大学)。美国气象局是美国国家气象服务中心的前身。(图片来源: 美国国家海洋和大气管理局)

海产贸易，进行防止海岸侵蚀的研究。国家海洋和大气管理局的实质任务就是通过对海洋、海岸和陆地资源的科学管理，促进国家经济和环境的健康发展，保证美国公民安全。

什么是美国国家气象服务中心？

美国国家气象服务中心（National Weather Service，简称NWS）是国家海洋和大气管理局的一个下属部门，成立于1870年，当时名为国家气象局（National Weather Bureau）。1891年更名为美国气象局（U. S. Weather Bureau），1967年改名为美国国家气象服务中心（National Weather Service）。这一机构关注并报道可能出现的暴风危害和其他灾害性天气，并为美国公民提供预警服务。国家气象局在全国122个地区设有预报中心，其中包括美国海外属地关岛（Guam）、萨摩亚群岛（Samoa）以及波多黎各（Puerto Rico）。

什么是国家气象中心？

为了更好地了解天气，尤其是从宏观上研究长期以来整个大气的状况，国家海洋和大气管理局（National Oceanic and Atmospheric Administration）、州机构组织和美国俄克拉何马州立大学（University of Oklahoma）通力协作并创办了国家气象中心（National Weather Center，简称NWC）。

什么是国家大气研究中心？

国家大气研究中心（National Center for Atmospheric Research，简称NCAR）是由

什么是美国气象学会印章嘉奖项目？

美国气象学会将该印章授予提供有价值且准确的气象信息的媒体预报员。这样做的目的是表彰那些不只是"照本宣科"地播报国家气象局提供的稿件的气象播报员。通过授予该印章，广大观众和听众能看出某个气象播报员是否具有气象学专业知识，是否仅仅是一个气象服务信息的朗读员。在为电台或电视台播报气象服务期间，气象播报员可能会收到一枚印章。在授予该印章时需要考虑以下几个条件：提供气象信息的质量；个人的专业程度；在该领域继续深造的过程中作出的努力；作为美国气象学会成员，参与活动的积极性。资格认定委员会负责对他们的资格进行重新审查。但是，这项荣誉的授予并不是终身制，每年都需要重新进行资格认定。

国家科学院（National Academy of Sciences）在1956年建立的，位于美国科罗拉多州（Colorado）的博尔德（Boulder）。研究人员大多是来自大学的科学家。他们运用雷达、飞机、超级计算机等工具帮助科学团体更好地了解影响天气的因素。建立这一机构的目的是加强大学之间的合作，充分利用整合后的资源，实现仅凭单独某所大学无法完成的目标。

什么是国家环境预报中心？

国家环境预报中心（National Centers for Environmental Prediction，简称NCEP）隶属于国家气象局，下设8个中心：

● 航空气象中心（Aviation Weather Center）负责监测天气状况，为航线和太空飞行提供恶劣天气状况的预报与预警。

● 气候预报中心（Climate Prediction Center）提供对长期气候变化影响的研究以及对短期气候波动的监测与预报。

● 环境模拟中心（Environmental Monitoring Center）通过科学研究项目，研发和改进气候预报、水文和海洋预报模式。

美国国家强风暴实验室（National Severe Storms Laboratory）的研究所位于美国俄克拉何马州的诺曼（Norman，Oklahoma）。照片摄于1970年前后。（图片来源：美国国家海洋和大气管理局中心图书馆图片资料室；海洋和大气研究室/环境研究实验室/美国国家强风暴实验室）

- 水文气象预报中心（Hydrometeorological Prediction Center）主要为雨林提供一周降水的指导预报。
- 海洋预报中心（Ocean Prediction Center）主要负责发布大西洋与太平洋北纬30°地区的天气预警。
- 空间天气预报中心（Space Weather Prediction Center）为执行太空飞行任务预报地球和太空的天气条件，提出危险预警。
- 风暴预报中心（Storm Prediction Center）主要对天气过程进行跟踪监测，提供美国本土48个州发生的龙卷风、飓风及其他灾害性天气进行跟踪监测。
- 热带预报中心（Tropical Prediction Center）对美国国内及周边地区的热带天气系统进行跟踪监测。

美国气象学会的职责是什么？

美国气象学会（American Meteorological Society，简称AMS）由专家学者和业余爱好者组成。他们共同致力于在气象学和大气海洋科学领域加强交流与沟通，促进教育发展，共享资源。未有此领域正式学位的人也可以成为该学会的非正式会员。在校学生同样可以获得会员资格。学会总部位于美国马萨诸塞州的首府波士顿（Boston, Massachusetts），负责出版学术期刊和书籍，奖励在气象学和大气海洋科学领域取得的成就，主办会议和印章嘉奖项目。

什么是国家强风暴实验室？

国家强风暴实验室（National Severe Storms Laboratory，简称NSSL）是国家海洋和大气管理局最早成立的研究实验室，位于美国俄克拉何马州的诺曼（Norman, Oklahoma），致力于研究并改善天气雷达系统，提高对恶劣天气的预警和预报水平，加强对水文气象科学的研究。

什么是世界气象组织？

天气问题已经成为世界各国热议的焦点问题，在国际范围内受到广泛关注。因而，作为国际组织的世界气象组织（World Meteorological Organization，简称WMO）在促进国家间气象资料的共享方面起到了尤为关键的作用。它建立于1950年，前身是成立于1873年的国际气象组织（International Meteorological Organization），1951年成为联合国的一个专门机构。世界气象组织负责预报恶劣天气和人类活动对气候、天气等对环境造成的影响。

什么是空间天气预报中心?

空间天气预报中心（Space Weather Prediction Center，简称SWPC）是国家气象局的一个下属机构，负责监测可能会影响通讯、电力网、人造卫星以及导航系统的太阳活动和地球物理学事件。

美国国家航空航天局预报天气吗?

美国国家航空航天局（National Aeronautics and Space Administration，简称NASA）负责实施气象卫星计划，显然该机构与预报天气有着密不可分的联系。国家航空航天局不仅对地球进行长期监测，而且还负责执行到太阳系以及更远地区的载人或无人航天任务。气象和地球科学卫星搜集关于气候变化、土地使用情况以及海洋变化等方面的信息。

测　　量

什么是三相点?

三相点是指可使一种物质三相（气相、液相和固相）平衡共存的一个温度和压力值。举例来说，水的三相点在气压4.58毫米汞柱及0.01℃（32.018°F）出现。"三相点"这个术语也可以指一个锢囚锋和一个暖锋的相遇点。

为什么世界天气记录中会存在差异?

我们测量天气现象时花费的时间不同，因此测量数据就会存在差异。有些记录是经过几十年的天气观测后确定的，而另一些记录则仅仅是经过了几年、几个月甚至是几个小时或几分钟就确定了。此外，由于过去使用的设备种类繁多，使用方法也不尽相同，这也造成了天气记录中的差异。

什么是协调世界时?

气象学家和其他科学家把协调世界时作为一个时间参考，来协调他们的测量工作。我们熟悉的格林尼治标准时间曾被作为标准时间使用。格林尼治标准时间又叫祖鲁时间（Zulu time或"Z" time），因被设置在英格兰的格林尼治（Greenwich，

England）而得名。协调世界时使用的24小时钟同样也被用于军事中。所以，"0 000 UTC"指的是午夜，而"1200 UTC"则是正午。气象学家设定的标准是每6小时观察一次，即在0000、0600、1200以及1800 UTC各进行一次观察。

什么是等压线？

等压线是在气象地图上显示的大气压力相等的一条等高线。人们可以轻松地用等压线在地图上定位冷锋和暖锋，标注高压和低压地区。

气象学家使用的其他以"iso-"作为前缀的术语还有哪些？

英语"iso-"是个使用起来很方便的前缀。它代表的意思是"一样"或"相等"，源于希腊语"isos"。以下这些术语都借鉴了希腊语的这种造词方法。

以iso-开头的术语	含　义
等压线	气压的等量变化
等温深度线	相同温度的水中的等深处
雷暴等时线	等量的雷
等雷雨	雷暴活动的相同频率
极光等频率线	观测北极光的相同频率
等时线	同一个事件出现在同一时间
等露点线	相同的露点温度
等偏线	相同风向
等日照线	相同日照
等水分线	相同湿度
等雨量线	相同降水
等雷雨线	相同强度的雷暴
等容线	等海拔高度线
等云量线	相同云量覆盖
等雪量线	等量降雪
等冰冻线	在每年同一时间冬季霜冻和结冰形成的不同地点
等值线	某个东西的相等线
等密度线	相同空气密度
最冷月平均温度等值线	相同的霜冻发生率
等风速线	相等风速
等夏温线	夏季平均气温相同的不同地区
等温线	相同气温

什么是雨量计？

"雨量计"（也叫"微雨量计"）指的是用来测量雨量的测量器。

1978年南极站的C-130飞机，美国国家海洋和大气管理局的研究工作多用此型号飞机。（图片来源：美国国家海洋和大气管理局特种部队，约翰·波特尼尔卡海军中校(Commander John Bortniak)摄）

降雪量是如何测量的？

用来测量降雪量的工具非常简单，一把尺子就可以测量。为了准确测定某一选定区域的平均降雪量，国家气象局选取这个区域内的几个不同地方进行测量，最后获得测量数据的平均值。在雪量偏大的地方，当积雪达到几英尺甚至是几米厚时，就用长杆子来测量从积雪面到地面的垂直深度。另一种测量降雪量的方法是用一定标准的容器，将收集到的雪融化成水后，根据公式换算得出降雪量，即容器中2.5厘米（1英寸）高的雨水大约等于25.4厘米（10英寸）雪的厚度。然而由于这种方法不是十分准确，北美地区并未采用此方法测量降雪量。

使用带有刻度的专用仪器称雪的重量，即采用"雪枕"的方法，同样可以测量降雪量。在多雪的气候条件下，"雪板"可以作为测量降雪量的工具。不过这里所说的"雪板"并不是我们冬天用来滑雪娱乐的用具，而是一块宽度和高度均为约61厘米（2英尺）的白色胶合板。测量时通常把它放在不会有积雪堆积的地方。之所以把板子漆成白色，是因为这样可以减少太阳辐射带来的融化效应。每6小时就要用尺子测量一下积雪深度。1997年制定的这一严格的测量时间标准执行起来非常麻烦。当年，美国国家气象局的观测员在24小时的观察期内记录下纽约蒙塔哥（Montague）的降雪量为196厘米（77英寸）。但当调查人员得知观测员是每4小时而不是每6小时记录降雪情况的时候，这一记录被宣布无效。要不是被调查人员查出了这一数据不合格，196厘米的降雪量很有可能成为一个世界纪录。

什么是1英亩英尺？

1英亩英尺相当于164 875升（43 560加仑）的水。这些水量可以灌溉面积为1英亩（约0.4公顷）、地面以下1英尺（约30.5厘米）深的土地。这个术语可以用在测量降雨流量、水库蓄水能力以及灌溉水量等方面。

怎样测量海水盐度？

海水中盐的含量会影响洋流，进而影响全球气候，因此海水盐度十分重要。海水中含有多种可溶性元素——氯、钠、镁、钙、硫和钾。以前，盐度测量的方法比较简单：到大海里取一桶海水，通过测电导率来测量海水中盐分的含量。由于离子的存在，盐分越多，电子流过水的速度就越快。这种方法同样适用于测量氯和其他可溶性元素。

最近，一种更加精密的仪器被用来远距离测量海水盐度。C-130飞机将低频度辐射计带到海洋上空，每小时能飞过100平方千米（超过38平方英里）。欧洲航天局计划于2009年发射土壤湿度和海洋盐度观测卫星。该卫星上搭载着一台独特的综合孔径干涉微波成像辐射计，通过捕捉1.4千兆赫的频率（L波段）附近的微波辐射影像来反演地表温度等参数，从而探测全球土壤湿度和海洋盐度。

约翰·汤姆斯·罗姆尼·罗宾森（John Thomas Romney Robinson）1846年设计的早期风速计。（图片来源：美国国家海洋和大气管理局、美国国家大地测量局、美国国家海洋局，肖恩·莱恩汉（Sean Linehan）摄）

如何测定风速？

测定风速的仪器叫风速计，是由英国物理学家罗伯特·胡克（Robert Hooke，1635—1703）发明的。最常用的一种风速计是旋转式风杯风速计——3个或4个小风杯围绕着一个中心轴旋转。现代风速计使用的是电和磁体,当风杯旋转时,风杯中的磁体每旋转一次,中心轴内的簧片开关就开始检测,并发出经过校订的电子脉冲,计算风速,随后将采集到的数据传送给气象站。

风速计还有哪些?

除了旋转式风杯风速计之外,还有声波风速计、压板风速仪、压力管风速仪、旋转式风速计以及风向风速仪。气象站经常使用的是能够同时计算风速和风向的声波风速计。4个超声波传感器围绕成一个圆圈,等距离依次排开,两组原件形成垂直交叉状。一个传感器向与它对应的另一个传感器发出超声波信号。风通过仪器使信号的传播速度变快、变慢或改变方向,进而显示风的状况。压板风速仪和压力管风速仪利用的是风从板子或管子吹过时产生可以测量的压力的工作原理。旋转式风速计和风向风速仪既能测量风速,又能测量风向。螺旋桨装在一个风标的前部,使其旋转平面始终正对着风的来向,它的转速与风速成正比。

通常来说,风向是如何被测出的?

风向标是一种常见的、测定来风方向的设备。它像安装在一根竹竿上的风车,在风向发生变化时,风向标完全适应新风向的运动特性,围绕杆子旋转。历史上,人们经常会把公鸡或其他一些家畜放在风向标上作为装饰。不过,测定风向的方法还有很多:从最原始、最简单的方法——看烟和气球飘动的方向,到运用更加精密的仪器——多普勒雷达和激光雷达。飞机上配备的陀螺仪和全球定位系统(GPS)装置通过比较显示出速度和飞过的实际距离,从而计算出空气速度。也就是说,当飞机顺风飞行或逆风飞行时,飞机的喷气式发动机或螺旋桨的驱动力会随之增加或减少。

用来指示风速的测量标准单位是什么?

在美国的大多数预报中,风速是以"英里/小时"为单位的。其他国家可能采用"千米/小时"为单位。而大多数科学家则倾向于使用公制单位。尽管如此,美国联邦航空管理局(Federal Aviation Administration)、国家气象局以及其他与大气和海洋运动相关的组织团体使用的测量单位是"海里/小时"(1海里/小时=1.15英里/小时=1.85千米/小时)。在国际上通用的测量单位是"米/小时"。在测量垂直风速时,气象学家用"微巴/秒"(即随着时间和海拔的变化而产生的气压变化)或"厘米/秒"作为测量单位。

早期的气象历史

早期的希腊人是如何看待空气的？

希腊哲学家阿那克西曼德（Anaximander）（公元前610—公元前546）经过推断得出正确结论：空气是由一些物质构成的。他认为空气是万物之源，可以转化为不同的物质形态。这种想法不无道理。举个例子来说，潮湿的空气可以冷凝成水，水又可以蒸发到空气中。但是阿那克西曼德的想法有些过头并开始走向极端，他认为空气也是火和其他物质的来源。

《气象学》一书的作者是谁？

公元前340年，希腊哲学家亚里士多德（Aristotle）（公元前384—公元前322）发表了《气象学》（Meteorologica）。正是由于这本书我们认识了 "气象学" 这个术语。在亚里士多德所处的时期，"流星" 一词不仅指穿过大气层来自外星的岩石，还包括高空中的任何物质，如云、雨和雪等。《气象学》是西方世界第一本全面介绍此类知识的书籍，其中的很多理论在亚里士多德的著作中都有所表述。而这些理论的建立都是基于神话以及其他一些对天气的错误理解。例如，他认为飓风是善恶双方进行的道德冲突。

《气象学》之后最重要的气象书籍是什么？

狄奥弗拉斯图（Theophrastus of Eresus）（约公元前372—公元前287）继承并延续了他的导师亚里士多德对天气的研究。《论天气的征候》（On Weather Signs）是他在气象研究方面取得的最新成就。直到12世纪，拜占庭帝国（Byzantine Empire）的专家学者还一直翻阅这本著作。作为对天气的预言者，这本书力求详尽地描述了如何预报风、雨和风暴这些自然现象。然而，狄奥弗拉斯图对气象学的认识仍是有时基于合理的观察，而有时则充满迷信的味道。

第一个正确描述雪花结构的人是谁？

中国西汉学者韩婴（Han Ying）早在公元前135年所著的《韩诗外传·补遗》（Moral Discourses Illustrating the Han Text of the Book of Songs）中就写道："凡草木花多五出，雪花独六出。"尽管这种六边形基本结构会发生很大变化，韩婴仍是首个正确

14

将雪花描述为六角形（在其形状保持完整的情况下）物体的人。而西方科学界对雪花结构的正确认识要等到17世纪。1611年，德国数学家、天文学家约翰尼斯·开普勒（Johannes Kepler, 1571—1630）在《新年礼物》（A New Year's Gift）或《论六角形的雪花》（On the Six-Cornered Snowflake）一书中才首次提到雪花是六角形的。1591年，英国数学家、天文学家汤姆斯·哈里奥特（约1560—1621）正确描述出雪花是六角形的，但是他从未公开发表过这一想法。

为什么《博物志》在气象学史上占有如此重要的地位？

《博物志》（Historia Naturalis）的作者是老普林尼（Pliny the Elder, 23—79）。书中介绍了其他一些科学观察，并对古罗马、古希腊、古埃及和古巴比伦的气象状况进行了调查。与早期的《气象学》和《论天气的征候》一样，《博物志》同样带有对客观科学以及神学迷信的错误认识。

亚历山大利亚的希罗为什么是气象学史上的一个重要人物？

多亏了亚历山大利亚的希罗（Hero of Alexandria, 名字又可以拼写为"Heron"，约10—70），是他第一个向我们科学地证明了空气是由物质组成的，也正是这样一个天才发明了早期的蒸汽机和风轮（一种最早利用风能的设备）。他用水泵和吸管证明空气是有体积的，进而说明空气是由物质组成的。

哪本中国古代书籍首次提出"太阳风"这个概念？

在中国，谈到来自太阳的能量就离不开"气"这个概念。635年《晋书》（Book of Jin）中有记载说"彗星尾部总是指向远离太阳的方向"。书中将这种现象解释为"是太阳本身释放出的能量，而不是大气中的风作用的结果"。

首次提出关于气候变化的假说的中国学者是谁？

11世纪，中国古代著名科学家沈括（Shen Kuo, 1031—1095）在陕北附近的地下深处发现了被掩埋的竹林化石。这一地区太靠北，当时已经没有竹子了。于是他推测，以前这个地方一定非常低湿温暖，所以竹子才能够生长。

阿尔哈曾对气象学作出了哪些重要贡献？

阿尔哈曾（Abu 'Ali al-Hasan ibn al-Haytham, 965—约1039）是一位才华横溢的

科学家。他在工程学、物理学、哲学、数学、天文学、解剖学、医学、心理学等多个领域取得了巨大成就，因此被称为"现代光学之父"、"实验物理学的开创者"。著有《光学》（*Book of Optics*, 1011—1021）一书，共7卷。他在书中阐述了眼科学、天文学和气象学应用原理。在气象学方面，他解释了反射、折射、透明、半透明、辐射以及幻觉（如海市蜃楼）等概念，对彩虹和大气密度的研究也作出了贡献。

什么是测温器? 谁发明了测温器?

测温器的历史要追溯到古希腊时期，它的真正发明者我们不得而知。但是，根据早期记录的记载，公元前2世纪拜占庭的费罗（Philo of Byzantium）研制出了类似"测温器"的东西。同样简陋的粗糙的测温仪器利用了温度升高时水会膨胀的原理，并一直沿用了几个世纪。文艺复兴时期，伟大的发明家、艺术家伽利略·伽利莱（Galileo Galilei, 1564—1642）在1593年改进了大气测温器。这种仪器的测温方法与对冷热变化十分敏感的汞柱温度计截然不同。伽利略将几个物体放入透明玻璃管中，并使其悬浮在管子中。

古代玛雅人研究天气吗?

众所周知，玛雅人对历法和天文很感兴趣，他们也同样着迷于天气。1200—1400年，他们在现在的墨西哥科苏梅尔（Cozumel）建造了一座名为"通巴·戴尔·卡拉可"（Tumba del Caracol）的灯塔。玛雅人把蜡烛放在灯塔中，为海上的过往船只导航。聪明的玛雅人在灯塔上方放置了各种各样的贝壳。随着风速和风向的变化，贝壳会发出时高时低的响声。据说，根据对声音的判断，玛雅人能预测来自加勒比海方向的风暴。

放置在玻璃管中的物体是包含不同比重、不同颜色的液体和气体的玻璃小球。玻璃球与悬挂在玻璃管中的金属片相连接。这些悬浮着的玻璃小球的浮力各不相同。因此通过改变金属片的大小可以准确调整它们的位置。因为水的密度会随着温度的变化而变化，所以玻璃管中带有不同颜色的浮标也会相应的上下移动。有的浮标会悬浮在管中，有的则会沉到管底，根据浮标的情况就可以判定温度。1610年，伽利略用酒精代替了玻璃管中的水。他的朋友桑克托留斯（Santorio Santorio, 1561—1636）医生使用口含式体温计为病人测量体温。

谁发明了现代温度计？

意大利托斯卡纳大公（Grand Duke of Tuscany）费迪南二世·德·美第奇（Ferdinand II de Medici, 1610—1670）同样是一位卓越的物理学家。1641年他发明了第一个现代温度计——在一个密闭的玻璃管中注入酒精，又被称作"提神"温度计（这可能是因为人们有时将酒精饮品称作"提神的东西"）。如今的酒精温度计仍被贴上了这个有趣的标签。1654年，费迪南二世改进了他的设计。10年后，罗伯特·胡克（Robert Hooke, 1635—1703）采用了托斯卡纳大公的温度计，将水的冰点和沸点作为标准值，使温度测量标准化（托斯卡纳大公发明温度计时，把他的温度计随意地分成了50°）。

艾萨克·牛顿爵士对气象科学作出的贡献是什么？

艾萨克·牛顿爵士（Sir Isaac Newton, 1642—1727）是气象学界最重要的一位大家。他的物理科学和运动定律为我们理解天气的发生起到了至关重要的作用。然而，很多人并不知道牛顿对彩虹的研究也情有独钟。他是第一个演示出白光在通过玻璃棱镜时是如何发散成可见光谱的人。

本杰明·富兰克林对气象科学作出的贡献是什么？

本杰明·富兰克林（Benjamin Franklin, 1706—1790）通过在暴风雨中进行的风筝实验发现了电。随后，他又发明了避雷针。1743年10月21日他曾试图观看月食，却以失败告终。同年，他又有了另一个重大发现——低压系统能使大气以旋转的方式循环。当时，美国费城（Philadelphia）刮起了暴风雨。后来他才得知，位于马萨诸塞州的波士顿（Boston）当天却是晴空万里。当然，他并没有乘飞机飞到马萨诸塞州（Massachusetts）。而巧合的是第二天他发现波士顿也下起了暴风雨。他就此做出推测：风暴从西南到东北以顺时针的方式行进。根据事实推理，富兰克林得出结论：

本杰明·富兰克林运用气象学知识进行"闪电实验"，并以此闻名于世。同时，他对气象学也作出了杰出贡献。（图片来源：美国国家海洋和大气管理局）

是低压系统使大气以这种方式移动。

在美国哪位建国者对气象学痴迷?

托马斯·杰斐逊（Thomas Jefferson, 1743—1826）除了对农业、建筑学、法律和政治感兴趣之外，对天气的研究也十分着迷。美国自然学者乔治斯·路易斯·雷克勒·布丰（Georges Louis Leclerc de Buffon, 1707—1788）认为与欧洲相比，气候对美国造成负面影响更大。对此观点杰斐逊极力反驳。为了证明自己的观点，杰斐逊和他的朋友（同样是美国的建国者）詹姆斯·麦迪逊（James Madison, 1751—1836）决定认真研究一下天气。1772—1778年，杰斐逊每天都在弗吉尼亚州（Virginia）蒙地切罗（Monticello）的家中对天气进行观测。从1784年到1802年，麦迪逊接手了杰斐逊的观测工作。显然，常年如一日地对天气进行观测并不容易。难怪麦迪逊曾经打破常理地说："温度测量应该在室内进行。"但说完这话，他又默默地把温度计放到了室外。今天，很多大学仍在使用麦迪逊的温度和降雨测量法来进行气候变化方面的比较研究。

气象学家詹姆斯·埃斯皮首次发现了热力学对云的形成产生的影响。（图片来源：美国国家海洋和大气管理局）

美国首位得到官方认可的气象学家是谁?

詹姆斯·埃斯皮（James P. Espy, 1785—1860）因《暴风雨的哲学》（*The Philosophy of Storms*, 1841）一书而名声大噪。1842年，美国国会授予他"联邦政府气象学家"称号。他首次准确地描述了热力学对云的形成产生的影响。同时，他也对低压系统动力学进行了阐述。

1851年举办的大博览会是什么?

1851年5月1—15日，万国工业产品大博览会首次在英国伦敦举办，这就是后来的世界工业博览会。由于博览会在海德公园的一座建筑内举办，这次盛会又名"水晶皇宫展览"。在众多展品中有第一张气象图，同时还有乔治·梅里韦瑟（George Merryweather）发明的天气预报器——水蛭晴雨表。

什么是世界上第一个有组织的气象观测网？

1855年，法国天文学家勒佛里埃（Urbain Jean Joseph Leverrier, 1811—1877）集结各方力量在整个欧洲组织建立了气象观测网，以分享气象数据。这是世界上第一个有组织的天气预报服务系统。由于电报的发明和使用，1863年以法国为中心的各气象站之间的联系变得更加频繁。

克利夫兰·阿贝是谁？

美国气象学家克利夫兰·阿贝（Cleveland Abbe, 1838—1916）提出了"时区"这个概念，并以此闻名于世。他是首个包含天气预报的期刊《气象日报》（*Weather Bulletin*，大约1869）的创办人。1870年，他建立了美国国家天气局，即现在的国家气象局。

首个发布每日天气预报的报纸是哪家？

1860年，英国伦敦的《泰晤士报》（*Times*）首次在报纸上发布了天气预报。起初，天气预报由退休后的海军将领罗伯特·菲茨罗伊（Admiral Robert FitzRoy）负责撰写。他曾是商务部气象部门的负责人。早期的天气预报只是关于气温、气压和降雨。1861年初，风暴预报被纳入天气预报中。

首次提出气候变化和大气中的气体吸收热量的方式有联系的人是谁？

1884年，美国物理学家、天文学家S. P.兰利（S. P. Langley, 1834—1906）首次发表科学论文。他在论文中讨论了大气中的气体吸收热量的方式对地球气候所产生的影响。

克利夫兰·阿贝——《气象日报》的创刊人，美国国家气象局的建立者。（图片来源：美国国家海洋和大气管理局）

19

亚历山大·巴肯是谁?

19世纪最著名的气象学家、苏格兰科学家亚历山大·巴肯（Alexander Buchan，1829—1907）被称作"气象学之父"。他在绘制天气图表方面取得了巨大的进步，并以此闻名于世。他把气压相同的地区用等压线连接起来，看过气象图的人对这些线都很熟悉。他还认识到海洋和大气循环的重要性，这在当时却没有得到其他人的关注。在1868年出版的《气象学手册》（Handy Book of Meteorology）中，他对长期的天气情况作出了预测。他也是将预测结果刊登在印刷出版物上的第一人。巴肯期（Buchan Spells）是他最著名的理论之一。"巴肯期"是可以预测的短暂时间段（温度突然变化的短暂时间段），它经常发生在平缓的季节交替时期。例如，他预测到一个经常在情人节前一周发生的冷巴肯期。然而，对这一规律他却从来没有草率地得出定论。他承认巴肯期可能会有些变化，有时巴肯期可能从不出现。

季　节

季节的起止时间是什么时候?

说到气候和天气，每年各个季节的开始时间都有所不同。这取决于你生活在地球上的哪个地区。尽管如此，从天文学意义上来说，春季始于春分，夏季始于夏至，秋季始于秋分，冬季始于冬至。

根据官方的气象统计数据，季节是这样被划分的：冬天，从12月到次年2月；春天，从3月到5月；夏天，从6月到8月；秋天，从9月到11月。因此，如果你听到这样一

天气是如何影响地球转动的?

把笼罩在地壳外面的水、云以及其他气体想象成一摊巨大的液体，并能随着地球围绕着中心轴的转动而移动，同时受到月球、太阳和其他行星的作用力影响。受潮汐作用的影响，海洋和大气四处流动，此起彼伏，这样就会使地球的运动加速或减速。与我们所在星球的总重量相比，液体和气体的重量的确很轻。然而事实上，液体和气体所产生的惯性却能改变地球的运动速度。因为这样的变化每年，甚至每秒钟会发生几千次，所以我们可能察觉不到。不过，经过几百万年的变化，效果还是较为明显的。

则报道："去年夏天是有记录以来最热的夏天"，这意味着所涉及的具体时间是从6月1日到8月31日，而不是从6月21日到9月21日。也就是说，官方报道中的季节划分方式与气象学意义上的划分方式是不同的。

什么是黄道平面？

黄道平面是地球绕太阳公转的轨道平面。早在古代，天文学家就把黄道勾勒成一道划过天空的线。尽管如此，他们却不知道地球实际上是围绕太阳旋转的。他们只是参照天空中恒星的位置来跟踪太阳的位置，从而判断出太阳每天所处的位置（尽管太阳会遮盖住其他恒星发出的光）。他们注意到每隔365天左右恒星与太阳的位置就会重合，并继续沿着同样的轨迹转动。黄道是天球上黄道坐标系的基圈。天文学家把黄道划分成了12等份，每份用邻近的一个星座命名。

黄道平面与地球赤道平面的区别什么？

赤道平面是无限延伸的地球赤道所在的平面。地球在围绕它的中心轴自转的同时与黄道并不是处在同一个平面上的，它们之间存在着23.5°的夹角。这个夹角是造成地球上有四个季节的主要原因。

地球围绕太阳的运动与季节更迭的关系是什么？

有些人错误地认为季节变化是由于地球与太阳之间时远时近的距离造成的——冬季时地球远离太阳，夏季时地球接近太阳。地球沿着近乎圆形的椭圆形轨道旋转，因此距离的远近并不是季节更迭的原因。事实上，1月初地球离太阳最近，7月初离太阳最远。这与夏季和冬季的时间正好相反。季节的产生与太阳光在一年之中的某个特定时期照射到某个地区的角度有关。由于地球中心轴与黄道平面之间存在夹角，一年之中太阳照射的角度也会随之产生变化。正是因为有23.5°的倾斜角，太阳光线照射南北半球的时间不相等。当某个半球接受太阳光直射时，另一个半球接受的则是漫射。接受太阳光直射的半球正在经历夏季，而接受漫射线照射的半球则是冬季。因此，当北美地区还是夏天的时候，南美地区则是冬天；当北美地区还是冬天的时候，南美地区则是夏天。

地球转动的速度正在放慢吗？

答案是肯定的。在大约4亿年前，一年有400天，而现在只有365天。最终的结果是即使太阳不毁灭的话,地球最终将会完全停止转动。

地球的倾斜角度从来都没有改变过吗?

是的。事实上,我们的地球的确有一点晃动,就像被蒸汽顶开的旋转的瓶塞。目前,地球中心轴的倾斜角度是23.5°,正处于中间值(角度范围是22.1°—24.5°之间)。再过4.1万年倾斜角度会发生变化。

什么是旋进?

旋进是由地球不断变化的倾斜角而引起的一种现象。你可以把它看做是一种晃动效应。距今大约1.29万年后,北极将会在1月与朝向太阳的方向形成倾斜角,在6月与远离太阳的方向形成倾斜角。这意味着现在北方的夏季(6月末—9月初)将会变成冬季,而将来的夏季则会介于1—3月之间。随着时间的推移这种变化逐渐发生,而我们甚至是我们的后代都不会有所察觉。

什么是轨道倾角?

我们所在的地球不仅前后倾斜、晃动,而且还在不变平面上(即通过太阳系质量中心的平面)上下移动。如果你把地球环绕轨道运行看成是制作一张CD光盘,然后想象一下CD光盘的运动是前后晃动而不是围绕水平面(由不变的平面形成的)旋转,那么你也许就会明白什么是轨道倾角。目前,地球的轨道倾角使它自身在1月初和7月初通过不变平面的中心。这个不变平面携带的宇宙尘埃和碎片比它附近发现的宇宙尘埃和碎片还要多。当地球通过不变平面时,大气与更多的宇宙尘埃接触。这就意味着我们能看到更多的流星雨和陨星。宇宙尘埃也是在较高大气层的夜光云形成的原因。

什么是近日点和远日点?

近日点是地球离太阳最近的点,距离为1.47亿千米(9 140万英里)。每年的1月3日是地球离太阳最近的日子。地球在每年的7月4日前后到达离太阳最远的点,即远日点,这时地球和太阳之间的距离为1.52亿千米(9 450万英里)。这种变化对天气模式或季节的影响并不是很大。

"至点"是什么? 从什么时间开始?

"至点"是一年中的某个时间,此时地球朝向太阳并与太阳的距离最近或背离太

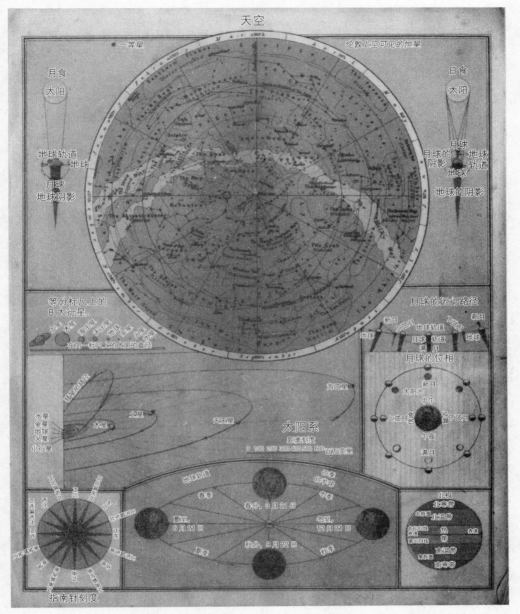

这张旧图表解释了地球转动的倾斜角与季节的形成,日食、月食的形成,月亮的位相以及纬度地区划分之间的关系。

阳并与太阳的距离最远。夏至那一天,白天比一年中的任何一天都要长几分钟。冬至那一天,白天比一年中的任何一天都要短几分钟。北半球的夏至发生在每年6月21日前后,北极圈朝向太阳,此时北极离太阳最近。北半球的冬至发生在每年12月21日前后,北极圈背离太阳,此时北极离太阳最远。

　　天文学家一般认为，英格兰威尔特郡（Wiltshire）附近的古代巨石阵是人们在很久以前用来标记"至点"和"昼夜平分点"的。

什么是"昼夜平分点"？从什么时间开始？

　　"昼夜平分点"是一年中的某个时间，此时地球在环绕轨道运行的过程中处于赤道平面和黄道平面的交点。或者也可以这样解释：地轴的倾斜角与在"昼夜平分点"的地球和太阳之间的连线成直角——地球的两极既没朝着太阳的方向倾斜，也没向背离太阳的方向倾斜，而是处在日夜交替的明暗界线上。在春分或者秋分那一天，白天与夜晚的时间相等，因此"昼夜平分点"这个术语的意思是"日夜等长"。北半球的春分和秋分大概是每年的3月21日和9月21日。

从长时间的天气模式能推断出季节的趋势吗？

　　总的来说，答案是否定的。也许你会认为一个相对暖和的冬天之后会紧接着一个相对温暖的春天和夏天。事实上，气象学家发现可靠的天气模式并不存在。实际上，很多暖冬过后出现的并不是暖春，而是冷春；而很多寒冬过后出现的则是暖春。1994—1995年的冬天就是个很好的例子。在美国北部，那年冬天的冰雪比以往要少得多。像美国明尼苏达州（Minnesota）的明尼阿波利斯和圣保罗（Minneapolis-St. Paul）这样的市区，政府节省了不少购买清除路面积雪用盐的钱。然而，让人意想不到的是，随之而来的春天竟然更冷。5月的明尼苏达州，湖面和池塘都冻上了冰。回顾更早些时候的历史，20世纪30年代的风沙年见证了恶劣的极端天气。1933、1934、1936、1937年美国先后多次经历了有记录以来的温度最低值和最高值。

> ### 只有在春分那一天你才能让一只鸡蛋竖立起来吗？
>
> 传说在春分那一天（3月21日）鸡蛋能够直立在平面上。事实上，这个关于重力的传说并不神奇。如果你有足够的耐心一直坚持把鸡蛋竖立在平面上的话，那么在一年中的任何时候你都能做到这一点。

"三伏天"是指什么？

三伏天是极其炎热、潮湿和闷热的一段时间。一般来说，北半球在7—8月之间会经历三伏天（一般是从7月3日—8月11日）。这个术语来自大犬座的天狼星。每年的这个时候，天狼星这颗夜空中最亮的恒星就会与太阳同时在东方升起。古埃及人认为，明亮的恒星和太阳同时释放出热量，使天气变得更加炎热；天狼星是造成这段时期内严重干旱、诱发疾病或不适的原因所在。

"美好时光"是什么？

美好时光这个术语通常指的是一段平和或幸运的时光。对于水手来说，在每年中最短的一天（大概在12月21日）前后，会有两星期风平浪静的日子。"美好时光"一词取自"太平鸟"（halcyon）——古希腊人把它叫做翠鸟。据传说，太平鸟在海洋上筑巢，当它们孵化小鸟的时候海面上就会风平浪静。

"小阳春"是什么？

"小阳春"这个词的使用最早可以追溯到1778年，可能与美洲土著人利用好天气增加冬季食物供给的这种做法有关。它指的是首场严霜降过之后，从秋天的中期到后期，晴朗、干燥且温暖的一段时间。

"融雪期"是什么？

这种现象多见于美国东北部和英国。1月融雪期是冬天过半前后的一小段时期（通常是在月末），气温有所回暖。美国中西部地区也经历过融雪期，气温的变化偶尔十分迅速。以1992年1月为例,美国西北部的艾奥瓦州（Iowa）仅在两周内气温就从−51℃（−60℉）升高到了冰点以上。回暖的气温令很多人感到开心不已,而令人遗憾的是,暖和的天气使在圣保罗冬季狂欢节（Saint Paul Winter Carnival）上展出的巨大冰雕像融化了。

当天气预报报道首次冰冻期即将来临时,你应该做哪些准备?

冬天开始的时候你就要为家中的各种物品做好过冬的准备。确认家中暖气炉的工作状态是否良好,空气过滤器是否清洗干净。在美国,每年会发生多起由木焦油引起的住宅火灾。如果你家有烟囱和烧柴禾的壁炉,一定要找专业人士把烟囱里易燃的木焦油清理干净。同时,要检查一下烟囱外部,看看是否有鸟巢,因为鸟巢也是火灾的隐患之一。在室外的院子里,放干水龙带中的水,检查并清理喷洒器。冻住的水龙带和喷洒器会造成管道破裂。

第二章 大气

与大气相关的基础知识

大气的最大高度是多少?

你可以很肯定地说:"这是地球的尽头和大气开始的地方。"然而大气的尽头却不同于地平线,大气会随着距离地面的高度增加而越来越稀薄。出于实践目的的考虑,你可以说较高层大气(海拔高度为700千米,即435英里)与外太空很难区分,但700千米实际上只是一个随意规定的数值而已。这样划分的目的是将较高层大气与外太空区分开。在海拔大约600千米(370英里)处,大气就会变得非常稀薄。在这一高度的分子之间的距离为10千米(6英里),即平均自由行程,实际气压为零。

地球大气是怎样形成的?

有些地球大气很可能是45亿年前地球正在形成之时,从太阳星云中捕获到的气体。人们认为大多数大气被困在地球表面之下,通过火山喷发和地壳开裂等方式释放出来。水蒸气是数量最大的气体。它凝结成海洋、湖泊以及其他形式的地表水。排在第二位的气体很可能就是二氧化碳了。大量的二氧化碳溶解在水中或与地表上的岩气体这个词是从何而来的?

北欧佛兰德(Flemish)物理学家扬·巴普蒂斯塔·范·海尔蒙特(Jan Baptista van Helmont, 1577—1644)创造了"气体"一词,他也因此闻名于世。他在关于气体和容积的实验中发现:气体总是会充满整个容器(它们不会留下真空地带)。他就此作出推测,气态物质以混杂的方式存在。佛兰德语中"混杂(chaos)"一词的发音和英语中的"气体(gas)"一词发音很像。"gas"一词就这样诞生了。

石进行化学结合。氮气的含量较少,但不会发生明显的冷凝或化学反应。因此,科学家把氮气视为大气中含量最充足的气体。

氧气非常活跃,容易与其他元素结合,而我们大气中的氧气含量却很高,这在行星中很难见到。为了保持氧的气态形式,它需要被不断地填充。在地球上,植物和藻类通过光合作用吸收大气中的二氧化碳并释放氧气。在大约3亿年前的石炭纪期间,植物的生长改变了大气,将氧气的含量增加到35%。而今天,这个值却不到21%。

地球大气对地球生命的重要意义是什么?

如果没有地球大气,地球上的绝大部分生物都不能存活。大气为我们提供氧气,阻挡来自太空的有害辐射。大气气压使水面保持液体状态。大气产生的温室效应为我们驱走了严寒。

地球大气有多厚?

地球大气向距离地面几百千米(几百英里)之外的地方延伸。地表的大气密度比高空中的大气密度大。地球大气中约有一半气体在距离地球表面几千米之内,95%的气体在距离地球表面19千米(12英里)之内。

地球大气正在减少吗?

答案是肯定的。但不要担心,从大气中失去的分子和离子数量微乎其微。数十亿年来,这种变化对我们的大气并没有产生多大的影响。监测磁气圈的科学家了解到,磁气圈中产生的周期性变化有助于加速粒子尤其是离子的运动,并使它们达到摆脱地球引力的速度。如果地球引力越来越小，这种相互作用可能会使地球大气急剧减少。一些天文学家推测，火星上的大气就会遭此厄运。

天空为什么是蓝色的？

这个问题也许看起来不难回答，但是一些对这个问题充满好奇的孩子却难住了他们的家长。这个问题不是三言两语能够解释清楚的。地球大气由气体以及分散的液体和固体颗粒组成。当太阳光射入大气时，有些光并没有直接穿过空气，它们受到瑞利散射（Rayleigh scattering）而分散开来。波长较短的光波（最弱的蓝光）被气体分子吸收，然后又散射出去。因为较蓝的波长被散射，所以光谱中最末端的颜色进入到我们的眼睛里。然而，当你朝着地平线的方向看去，你的视线会通过一个更厚的空气层，进入到人眼中的蓝光较少。因此，在我们仰望天空时就会比直视地平线看到的天空更蓝。

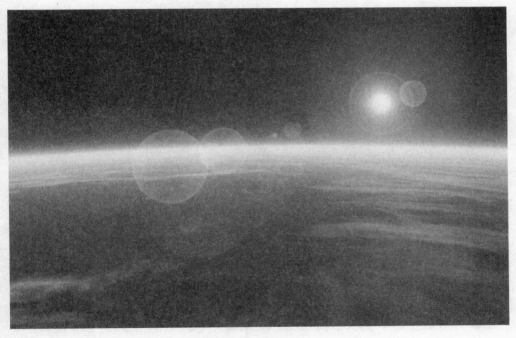

地球上的宝贵资源——历经几十亿年形成的大气。

天空从什么地方开始从蓝色变成黑色？

随着大气高度的增加，天空的蓝色会越变越淡。当你置身于较低的对流层时，例如当你在约10.6千米（3.5万英尺）的高空中乘坐喷气式商务飞机时，空气十分稀薄并且颜色开始变黑。当你进入到平流层时你会发现45.75千米（15万英尺）以上的高空越来越黑暗。

地平线在哪里？

假如天空万里无云，而且没有任何物体（比如高山）遮挡你的视线，地平线出现的位置取决于你与海平面高度的距离。要计算你与可见地平线的距离，首先要测量出你的视平线与地面之间的距离，再加上你所在的海拔高度。如果你计算的结果的单位是"英尺"，那么用它乘以1.5再开平方根，单位就换算成了"英里"。如果你使用的测量单位是"米"，那么用它乘以13再开平方根，单位就换算成了"千米"。

穿过大气我们可以看到多远以上的距离？

在一个没有雾霾和污染的晴朗白天，人们最远能够看到322千米（200英里）高度以上的物体。在夜晚，人们最远可以看到大约800千米（500英里）高度以上的物体。

什么是不同规模的大气运动？

气象学家根据运动规模的大小把天气模式和运动分成几个级别。为了便于研究，经济学家把经济分为宏观经济学（某一地区、国家甚至是世界经济的运行情况）和微观经济学（某个家庭或企业的财政状况）。同样，气象学家也对天气现象进行了划分。具体划分情况如下：

- 大规模（或总体规模）指的是影响大部分地区的天气过程，如气压系统、锋面和射流。
- 小规模指的是仅在某个地区发生的龙卷风、雾堤或小雨等天气事件，并对面积仅有几百平方米或平方英尺的小范围地区产生影响。
- 中等规模是介于大规模和小规模之间的天气事件，例如雷暴、云系统和微风锋。涉及的范围通常是从几千米到几百千米（几英里到几百英里）不等。这个类别可以被进一步细分为：1. 中 γ——涉及范围为2—20千米（1—12英里），2. 中 β——涉及范围为20—200千米（25—125英里），3. 中 α——涉及范围为200—2 000千米（125—1 250英里）。

空气和气压

空气是什么？

人们谈到"空气"时，常常想到的第一个词就是"氧气"。事实上，氧气分子（O_2）在地球大气中仅占一小部分（21%），其中大部分都是氮气（78%）。其余部分由氩气（0.9%）、二氧化碳（0.035%）、水蒸气，极其微量的氦气、氙气、甲烷、一氧化二氮、氖气和氪气（不要把氪气和氪气石弄混淆了，氪气石是星球爆炸后产生的放射性物质）以及尘埃、花粉和其他粒子组成。

海面上的空气中有盐吗？

海面上和海边的空气中确实含有盐分。平均来说，海面上空气中盐的浓度为每立方米10万等份（每立方英尺350万等份）。根据风和气压条件，含有盐分的空气经过成千上万千米（英里）的长途跋涉渗透到内陆地区。因为盐粒充当了"核"，降雨的雨

各种植物的花粉飘散在大气中，有时会引起人们的过敏反应。

滴在"核"周围形成,从而导致了云的形成。盐粒同时也导致了海岸上空雾霾的形成。当湿度到达75%或以上时,就会形成霾滴。

我们的空气中有多少花粉?

仅在美国境内的植物花粉每年就能产生约90万吨(20亿磅)的微粒,人均3.2千克(7磅)。

大气中的气体是均匀分布的吗?

当你在街上闲逛时,不可能突然遇到高浓度的氧气或少量的、未与其他气体混合过的氩气。受锋面、气压变化、温度变化以及风暴等因素影响,天气处于不断运动中。就像把大气放在了一个食物加工器中,启动搅拌按钮,让机器不停地工作。因此,在海拔80—95千米(50—60英里)以下,每种气体所占的比例是保持不变的。

大气给我们施加了多大的压力?

海平面上的平均气压是每平方厘米1.03千克(每平方英寸14.7磅)。如果用汞柱测量的话就是76厘米(29.92英寸)或1 013毫巴。

采用毫巴这个单位测量气压的人是谁?

英国气象学家威廉·纳皮尔(William Napier, 1854—1945)是一名杰出的科学家。他曾在1905—1920年间担任英国气象局局长。1909年,在他的建议下气压开始以"毫巴"为单位进行测量。直到1929年"毫巴"才被认定为国际标准单位。

气压会随海拔高度的升高而变化吗?

答案是肯定的。海拔高度越高,气压越小。气压是天气系统中的一部分。与地面距离每接近3米(10英尺),气压就要减少254微米(0.01英寸)汞柱。当海拔上升到5 500米(18 000英尺)时,气压大约是海平面上气压的一半。高气压系统下天气干燥。相比之下,低气压系统更有可能带来降雨,引发恶劣天气。

什么是"盖·吕萨克定律"? 这个定律在气象学中为什么如此重要?

法国物理学家、化学家约瑟夫·路易·盖·吕萨克(Joseph Louis Gay-Lussac,

1778—1850），最著名的发现是有关气体的两大定律。其中一个定律是"在化学反应中，体积的一定比例关系不仅在参加反应的气体中存在，而且在反应物与生成物之间也存在"。举个例子来说，两个一氧化碳分子（CO）与一个氧气分子（O_2）结合后形成二氧化碳（CO_2）。这就是著名的盖·吕萨克定律（Gay-Lussac's Law）。它对我们理解大气中气体之间的化学反应起到了重要作用。盖·吕萨克同时还发表了另一个定律：各种不同的气体随温度的升高都是以相同的数量膨胀的。虽然人们有时也把这个定律叫"盖·吕萨克定律"，但准确地说，它的名字应该叫"查尔斯定律（Charles' Law）"。盖·吕萨克只是给这个定律作出认定的人之一。另一位法国物理学家、数学家杰克斯·亚历山大·凯撒·查尔斯（Jacques Alexandre César Charles，1746—1823）发现了这一定律。查尔斯发现，诸如氧气和氮气这类气体的体积随着温度每升高1℃（1.8℉）增大1/273。由此可以推算出，在绝对零度（−273℃或−459.4℉）时，气体的体积可能为零。两位科学家同时也是热气球驾驶者，驾驶热气球更方便了他们对大气进行研究。

什么是"道尔顿定律"？

英国气象学家约翰·道尔顿（John Dalton，1766—1844）发现气态混合物的总压强等于每种气体所产生的分压强之和，即"道尔顿定律（Dalton's Law）"。1801年，他对这一定律的内容进行了详细的阐述。

整个大气有多重？

如果你能把空气中的所有气体都收集起来，并用磅秤称量它的重量，那么大气的

珠穆朗玛峰顶的气压是多少？

登上珠峰峰顶（8 848米，即29 029英尺）的人会发现那里的气压是人们平时所处环境的1/3。气压低没有什么大碍，重要的是我们赖以生存的氧气少了2/3。登山者从8 000米（26 246英尺）处继续向上攀爬时，他们就进入了"死亡区域"。在到达这个高度时很多人会背上氧气罐，而有些人为了测试一下自己的能力拒绝背氧气罐。"高原病"（氧不足）会引起疲劳、斜视、迷糊，也会造成记忆丧失和食欲不振。如果长期处于缺氧状态，就会出现脑水肿和肺水肿，几天之内就会引起生命危险。极度严寒、氧气供给不足使很多试图登顶世界最高峰的人命丧黄泉。150多名登山者因此失去了生命。

总重量为 5.1×10^{15} 吨。

阐明气压随着高度的升高而减少的人是谁？

法国物理学家、数学家布莱士·帕斯卡（Blaise Pascal，1623—1662）受到他的同伴——物理学家埃万杰利斯塔·托里拆利（Evangelista Torricelli，1608—1647）的启发，对"大气中的空气与海洋中的海水非常相似"的想法进行了验证。海洋或湖水中的压力会随着深度的增加而上升，帕斯卡就此提出假说"山谷里的气压比山顶上的气压高"。为了验证这个想法，1646年他让他的连襟弗罗林·皮埃尔（Florin Perier，1605—1672）使用气压计（在当时是一项新发明）测量法国多姆火山锥（Puy de Dôme）峰顶和奥弗涅大区的克莱蒙朗费村（Clermont-Ferrand，Auvergne）里的压力。两地的海拔高度差约为 1 200 米（3 900 英尺）。他发现，克莱蒙朗费村的气压是71.1厘米（28英寸）汞柱，而多姆火山锥峰顶的气压仅为62.5厘米（24.6英寸）汞柱。这两个测量结果得到了当时在场的目击者的证实。后来，为了纪念帕斯卡取得的这一成就，克莱蒙朗费为他建了一座纪念碑，并在多姆火山锥上建立了一座气象观测站。

空气真的"薄"吗？

和其他事物一样，"薄"这个词是相对的。与太空空间相比，空气的密度非常大。但是，与厚厚的一块大理石甚至是一杯水相比，空气的密度确实非常小。对于气态物质来说，空气的厚度已经很厚了。在海平面上，空气中分子之间的距离仅约为1英寸的百万分之一（即25.4纳米）。

什么是锋？

"锋"是温度、密度或湿度差异很大的两个气团之间的界面。可分为4种类型：暖锋、冷锋、静止锋和锢囚锋。暖锋是暖空气前移取代冷空气位置时的锋。冷锋与它正好相反。静止锋，正如其名，是冷暖空气之间势均力敌的结果。尽管它们也会前后移动，有时甚至可以移动数百千米（英里），这样的锋也叫静止锋。

锢囚锋发生在当冷锋不仅仅是赶上暖空气，而且使暖气团分离甚至是被"撕裂"时。锢囚锋有冷、暖两种形式。暖锢囚锋发生时，在暖锋前移面的冷空气比取代它的冷锋的空气更冷。冷锢囚锋发生时，在暖锋前移面的冷空气比前移的冷锋中的空气更暖和。

什么是干锋？

干锋，又称"干线"或"露点锋"，是一条将干燥气团和较湿气团分开的边界线。

为什么丹佛野马队在里高城的因维思科球场
具有特殊的优势呢?

2001年,原里高球场(Mile High Stadium)被拆除后,美式足球丹佛野马队(Denver Broncos)把主场搬到了里高城的因维思科球场(Invesco Field, Mile High)。丹佛野马队与很多在丹佛的球队(如火箭队)一样,队员们的肺部已经适应了高海拔。他们与来丹佛比赛的客队球员相比具有很大的优势。幸运的是,人类的身体可以很快适应海拔高度的变化。如果客队球员能在开赛前几天提前到达丹佛进行适应性训练,应该能与当地球员一样打比赛。

多出现于美国落基山脉(Rocky Mountains)东部。当接近地面的潮湿空气比干燥空气密度更大,且较干燥的空气会越过潮湿空气时,这些干锋会遇到更加温暖、干燥的空气,干锋前面的更高海拔处的较冷、较潮湿的空气就会上升。最后,气团反转,这样就加速了积雨云、雷暴以及十分常见的龙卷风的形成。

什么是气压计?

气压计是用以测量大气压强的仪器。一支标准的气压计是由一个插入到水银槽内并装满水银(一种液体金属)的玻璃管组成。当周围气压对水银槽的作用力比对玻璃管中水银的作用力更大时,水银平面就会上升,反之亦然。

什么是大气压力? 气压又意味着什么?

大气压力是一个平面上空的空气重量作用于平面的压力,可以用气压计来测量。由于空气分子受到上部空气的重力作用被挤压,水平位置越低,压力越大。因此,当海平面的平均气压为每平方英寸(6.5平方厘米)6.7千克(14.7磅)时,海平面以上304米(1 000英尺)处的气压降到每平方英寸6.4千克(14.1磅);海平面以上5 486米(18 000英尺)处的气压为每平方英寸3.3千克(7.3磅,约是在海平面测量的平均气压值的一半)。气压的变化会带来天气的变化。高气压地区天空晴朗,风和日丽;低气压地区潮湿多雨。气压极低的地区会出现暴风骤雨,例如飓风。

谁发明了气压计?

1644年,埃万杰利斯塔·托里拆利(Evangelista Torricelli,1608—1647)发明了测

有些天气锋面特别容易辨别，当它们出现时人人都能看得出来。

什么是天气预报器？

1851年，乔治·梅里韦瑟(George Merryweather)博士在伦敦的大博览会（Great Exhibition）上展出了他发明的天气预报器。他用臭名昭著的血吸虫——水蛭来预测气压变化，进而预测恶劣的天气。这种水蛭晴雨表引起了人们的关注。潮湿的环境是水蛭生存的必要条件，因此除非它们所在的河流或池塘以外的地方下雨，气候潮湿，否则它们通常都是待在水下的"家"里。有人认为水蛭体内带有一种天然的气压计，它们能知道什么时候一个低气压系统会带来潮湿天气，这样它们就能适时地外出寻找可以捕食的猎物。梅里韦瑟发明的奇妙装置由12个水瓶组成，每个水瓶中装有一条水蛭并注入38.1毫米（1.5英寸）的水。整个装置靠瓶子中的水蛭发挥作用。12个瓶子呈环形摆放，每个瓶子顶部系有一根线，并与铃铛相连。气压高时，水蛭会一直待在水中。而当气压开始下降，水蛭就会活跃起来，爬到瓶子上面，使铃铛发出响声。

量气压的装置——气压计。虽然托里拆利只做了短短3个月伽利略·伽利莱（Galileo Galilei, 1564—1642）的学生，导师的观察（活塞泵仅仅将水抬高了约10米（33英尺）后就无法使水面继续上升）却使他得到了启发。伽利略去世后，托里拆利以此前的观察为基础继续进行研究。他经过推理得出正确的结论：气体有重量，因而会产生压力。为了检验这个结论，他将水银注满水槽（之所以使用水银，是因为它的密度比水大，少量的水银就可以指示出气压的变化）。取一个长约121.9厘米（4英尺）一端封闭的玻璃管，并装满水银，然后将它倒置在盛有水银的槽内，将开口端置于水银面以下。部分水银（不是所有的水银）从玻璃管中流出，760毫米（30英寸）高的水银柱仍留在玻璃管中。这表明：由于大气中的空气对水银槽内的水平面产生压力，管中剩余的水银仍然存留在玻璃管中。实验不仅证明了托里拆利的"大气有气压"的理论，也使他成为第一个制造出真空（现在把这个现象叫做"托里拆利真空"）的人。

"气压计（barmeter）"一词意为"重量测量"，1665年由爱尔兰科学家、神学家罗伯特·波义耳（Robert Boyle, 1627—1691）发明创造。他设计的新型气压计采用了U形管，省去了水银槽。英国物理学家罗伯特·胡克（Robert Hooke, 1635—1703）通过发明一个容易读数的刻度盘使气压计得到了进一步完善。

什么是无液气压计?

无液气压计的英文"aneroid"一词的含义为"没有液体"。因此，无液气压计的工作原理是不需要水银。德国数学家戈特弗里德·莱布尼茨（Gottfried Leibniz, 1646—1716）首次提出用真空金属盒测量气压这一想法。法国科学家路辛·维蒂（Lucien Vidie, 1805—1866）以此概念为基础进行研究。在一个金属盒子中，他把非常薄的金属片与高度敏感的刻度盘连接起来，再将刻度盘置于盒子里的玻璃后面。其制作工艺的复杂程度可以与最精巧的钟表制作技术相当。在当时，无液气压计的生产是一个难以解决的问题。而现在，人们运用像电子光束这样的技术来焊接铜铍合金以生产高科技仪器。无液气压计是用金属制造成的，所以它对温度和高度的变化非常敏感。用双金属片可以解决温度的问题，但高度始终是一个难以解决的问题。正因为这样，无液气压计最佳的工作高度是在大约915米（3千英尺）以下。如果在更高的地方使用时需要对它进行校准。

什么是数字气压计?

数字气压计是一种无液气压计。其工作原理是使电流在两个金属片之间传导，通过电流测量金属片之间受大气压力影响而产生的距离变化，再将其转化成数字格式。

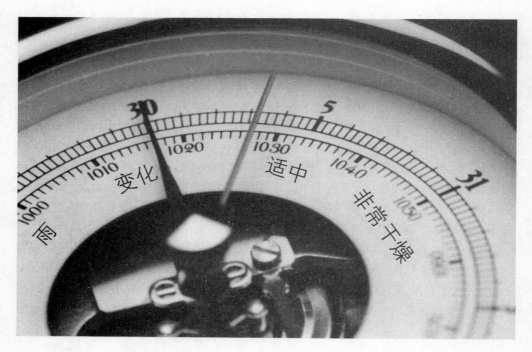

虽然气压计的类型多种多样，但它们的使用目的都是相同的——测量气压。

什么是班卓琴气压计？

班卓琴气压计由罗伯特·胡克（Robert Hooke, 1635—1703）发明，是一个装在班卓琴形状的盒子中的气压计。它的设计特点是刻度盘大，读数方便、精确，因此深受人们的欢迎。

什么是海平面气压？

海平面气压的平均值为76.0厘米（29.92英寸）汞柱或1 013.25毫巴（mb）。不管气象站所处的高度是多少，它能根据海平面上的气压值计算出当地气压。这样，世界各地的气象报告就保持一致了。

怎样把英寸汞柱换算成毫巴？

在测量气压时，使用的单位有时是"英寸汞柱"，有时则是"毫巴"。用"英寸"乘以33.863 752 6（或33.86，这样计算之后的数值就足够精确了）就换算成了"毫巴"。反过来，要把"毫巴"换算成"英寸汞柱"，就要将"毫巴"乘以0.029 530 1（或约值0.03）。

直方图与我们比较熟悉的地震仪相似,但它并不像地震仪那样对地震进行跟踪,而是在纸上画出显示气压变化的线条。

什么是百帕?

1百帕(hPa)等于1毫巴。有些气象学家(尤其是美国以外地区的)使用的单位是"百帕"而不是"毫巴"或"英寸汞柱",因为"百帕"是国际标准单位制(International System of Units)即SI制。

用气压计曾经测量过的最大值和最小值是多少?

2004年12月29日,在蒙古共和国(Mongolia)的唐松特森吉尔(Tonsontsengel)测得的世界最大气压值为81.9厘米(32.25英寸)汞柱。而1979年10月12日,在"台风泰培(Typhoon Tip)"的风眼菲律宾测得的最小气压值为65.1厘米(25.63英寸)汞柱。

什么是直方图?

直方图和地震仪类似,人们用它记录一段时期内的气压变化。记录臂的一端连着一支来回移动的笔,它在被卷在转动的转桶上的纸或箔上,画出线条。

大 气 层

地球大气有多少层？

大气就像包裹在地球周围的气体"皮肤"，根据温度的不同可分为以下6层：

1. 对流层是大气层的最底层。两极地区的对流层厚度为8千米（5英里），赤道地区为16千米（10英里），平均厚度约为11千米（7英里）。大多数云和天气都是在对流层中形成的。这一层的温度随着高度的升高而下降。

2. 平流层与地球表面相距11—48千米（7—30英里）。其中，还存在着一个重要的臭氧层。臭氧层能够吸收大多数太阳光中紫外线的有害辐射。温度随着高度的升高略有上升，最高温度可达到0℃（32℉）。

3. 中间层（在平流层上方）位于距离地球表面48—85千米（30—55英里）处。这一层的温度随着高度的升高而下降，最低温度为−90℃（−130℉）。

4. 暖层（或热层）与地球表面相距85—700千米（55—435英里）。这一层的温度可达到1 475℃（2 696℉）。

5. 电离层是与大气中的其他层相重合的一个区域。距离地球表面65—400千米（40—250英里）。此区域内的空气被来自太阳的紫外线射线电离。其内部可分为三层：（1）D层（65—90千米（40—55英里））；（2）E层，也叫"肯涅利—亥维赛层"（Kennelly-Heaviside layer，90—150千米（56—93英里））；（3）F层（150—400千米（93—248英里））以海平面240千米（约150英里）为分界线，又被进一步分成F_1层和F_2层（又名"阿普顿层"，Appleton layer）。

6. 外层位于暖层之上，包括距离地面700千米（435英里）以上的所有物质。在这一层，温度没有任何意义。

对流层是怎样被定义的？

对流层是距离地面最近的一层，也是温度随着高度的升高而下降的一层。对流层在地球赤道最厚，最大厚度可达18千米（约11英里），因此这里也是对流层温度最低的地方。令人出乎意料的是，在世界上水汽最充足的热带雨林上空，最低温度可低至−79℃（−110℉）。

发现平流层的温度会上升的人是谁？

法国气象学先驱人物莱昂·菲利普·泰塞伦·德·波尔特（Léon Philippe Teisserenc de Bort, 1855—1913）用氦气球和温度传感器做过一个实验。他发现在达到11千米（约7英里）高度后，空气停止变冷且温度随着气球的升高而趋于稳定，由此得出大气被分为两层的结论。他给两层取名为对流层和平流层。在随后到来的20世纪20年代，气象学家戈登·米勒·布恩·多布森（Gordon Miller Bourne Dobson, 1889—1976）与首位"彻韦尔子爵"F. A. 林德曼（F. A. Lindemann, First Viscount Cherwell, 1886—1957）通过对流星尾迹的研究发现，在距离地面48千米（30英里）的大气中温度会升高。多布森得出结论，造成温度升高的原因是平流层中的臭氧层吸收了紫外线辐射。

1900年前后，泰塞伦·德波尔（左）与布鲁希尔气象台（Blue Hill Meteorological Observatory）的创始人、大气研究员阿伯特·劳伦斯·罗奇（Abbott Lawrence Rotch, 1861—1912）的合影。（图片来源：美国国家海洋和大气管理局）

科学家在平流层发现哪种矿物质大量存在后使他们大为震惊？

科学家发现平流层内盐的含量要比中间层内的高，含量之高出乎他们的意料之外。现代理论发现，流星活动后会在平流层内留下盐分。

什么是对流层顶？

对流层顶是对流层和平流层之间的过渡层，距离地面16千米（约10英里）。对流层顶中存在一个断裂区域，通过这个区域水蒸气和空气能够轻易地从对流层到达平流层。

电离层在无线电波传输方面是如何起到重要作用的？

当紫外线进入大气时，通过一种光化电离作用将自由电子释放到大气中，使电离层中的原子发生电离。正是这些自由电子使无线电波的传输成为可能，传输距离的远为什么夜里的无线电传输信号比白天弱？

夜晚，进入大气中的光更少，这就意味着电离现象发生的几率较小，无线电传输所需要的电子也就更少。因此，无线电传输信号更弱。

近取决于无线电波的频率。低频波在较低的地方遇到电离层后弹回，因此比高频波传输的距离更近。频率极高的波被用于传输来自卫星或外太空的信号，这是由于它们可以完全摆脱掉大气的作用。

英国物理学家奥利弗·黑维赛（Oliver Heviside，1850—1925）和美国电机工程师亚瑟·埃德温·肯乃利（Arthur Edwin Kennelly，1861—1939）分别提出了电离层存在的理论，某些波的频率遇到它后会被反射回地球。1901年，无线电领域的先驱人物伽利尔摩·马可尼（Guglielmo Marconi，1874—1937）成为运用这一理论实现从英格兰康沃尔（Cornwall）到加拿大纽芬兰岛（Newfoundland）进行无线电传输的第一人。这些"波"就是我们熟悉的"无线电波"，马可尼因此被誉为"无线电的发明者"。为了对他们作出的贡献表示敬意，电离层中E层的名字就是以肯乃利和黑维赛的名字命名的。

什么是电离风暴？

当冠状物质抛射（太阳耀斑）在太阳表面发生时，电离层中的光化电离量明显增多。这样，较高大气层中的自由电子量占绝对多数，可能会对无线电通讯造成干扰。

什么是中间层？

中间层是平流层最上面的一层。中间层以下距地球表面40—65千米（25—40英里）处是一个平流暖层，那里有阻挡紫外线的高密度臭氧分子。

暖层的温度为什么这么高？

暖层的温度可能超过1 982℃（3 600℉），这里的大气很薄，因此普通温度计无法显示这个温度（一支普通的温度计能显示出冰点以下的温度）。只能使用一些特殊设备来测量暖层中的少量粒子的速度，并显示极高的温度值。来自外太空的辐射使暖层内的原子和分子的运动更加活跃。

臭 氧 层

什么是臭氧层？

臭氧层是位于平流层中的一个地球大气层，距地球表面16—48千米（10—30英里）。臭氧（O_3）是在气态氧（O_2）的基础上增加一个氧原子。当短波紫外线与氧气分子发生反应时臭氧就形成了。氧气分子受到紫外线照射后分为两个原子，然后每个原子和没有分裂的氧合并，形成臭氧。

臭氧层之所以这么重要是因为它能保护地球上的生物免受紫外线的有害照射。尽管不能吸收掉所有的辐射（否则你就不能晒出一身棕褐色的健康肤色），臭氧层仍然可以遮挡大约80%射向地球的辐射。了解黑色素瘤的人会告诉你，吸收过多的紫外线照射会引起癌症。

在臭氧层被发现之前，发现臭氧的人是谁？

1785年前后，荷兰化学家马提尼斯·范·马鲁姆（Martinus van Marum，1750—1837）在化学实验中发现了臭氧。他同时也是一氧化碳的发现者。与现在的高中理科学生做的事情一样，范·马鲁姆将氧气通电后闻到了一股非常强烈的臭味。然而他却没有发现这股臭味来自一种特殊的气体分子。直到1840年，瑞士籍德国人、化学家克里斯蒂安·弗里德里克·舍拜恩（Christian Friedrich Schönbein, 1799—1868）才发现这种气体分子，并为它取名为"ozein"（希腊语，意为"臭味"）。最后，瑞士化学家J. L. 索里特（J. L. Soret）计算出臭氧的分子结构——3个结合在一起的氧原子。

发现臭氧层的人是谁？

1913年，法国物理学家亨利·布韦松（Henri Buisson，1873—1944）和玛丽·保罗·查尔斯·法布里（Marie Paul Auguste Charles Fabry，1867—1945）提出了在较高层大气中存在臭氧层这一理论。1879—1881年间，由W. N. 哈特利（W. N. Hartley）和A. 考纽（A. Cornu）对紫外线照射水平进行的一系列测量证实了他们的理论。

查尔斯·法布里是怎样发现臭氧吸收紫外线光的？

法布里（1867—1945）与法国物理学家阿尔伯特·珀罗（Albert Pérot, 1863—1925）共同发明了干涉仪。法布里使用法布里–珀罗干涉仪在实验室里测量光的多普勒效应。1913年，他在实验中发现，臭氧层可以吸收紫外线辐射。

臭氧层一直存在吗？

不是。依赖于植物的光合作用，大气中的二氧化碳才能转化为氧气，所以地球上的植物在进化以前臭氧层是不存在的。因此，地球上的生物开始进化以后才出现了臭氧层。

如果臭氧对我们有益，那么"警惕臭氧"和"有害臭氧"是怎么回事？

当臭氧在大气高处保护我们免受紫外线照射的时候，它是有益的。但当它离

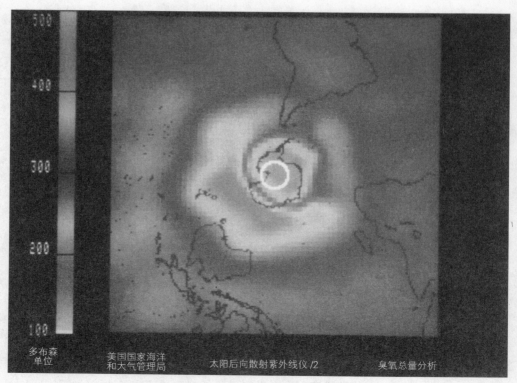

这是1987年由美国国家海洋和大气管理局9号环境卫星在南极洲上空拍摄到的臭氧层空洞。（图片来源：美国国家海洋和大气管理局）

地面很近时,就会对我们的呼吸造成伤害。汽车尾气的排放以及其他污染的来源都含有烟雾状的臭氧。臭氧污染对我们的身体造成伤害,也不利于农作物的生长。电子风暴也会产生少量的臭氧(如果你在高中或大学的实验室里做过与电相关的实验,你就会十分熟悉臭氧的气味,因为甚至是很小的电闪也能产生难闻的臭氧)。

紫外线辐射还有哪些影响?

少量的紫外线辐射对我们的身体是有益的,因为这样有助于人体产生维生素D。只要每天接受10—15分钟的太阳光照射,你就可以从中受益。太阳光照射不足就会导致人体中维生素D的缺乏,从而导致抑郁和其他症状。长期居住在北方和极端南方气候带的人们长期患有维生素D缺乏症。

除了有患癌症(恶性黑色素瘤)的风险之外,过多的紫外线辐射可能会引起白内障或角膜炎(雪盲)。如果在紫外线辐射中暴露的时间不太长,眼睛的炎症会自愈。但如果暴露的时间过长,可能会导致失明,甚至有可能患上眼癌。尽管人们正在进行相关的研究,有些人认为过多的紫外线照射会对免疫系统造成伤害。有趣的是人们已经发现,臭氧含量低的地区,更多的紫外线穿过大气照射到地面上,某些建筑材料(如木头和一些塑料制品)比正常的降解速度快。

紫外线辐射越强烈对动植物的影响就越大,而有些动植物受到的影响会更大些。例如,科学家发现如果臭氧量非常少,大豆作物和某些稻米就会停止生长。紫外线辐射会影响小松树的松针生长,但大松树的松针外部因有一层油状的覆盖物,可免受其害。如果臭氧不能"行使"保护地球的职责,某些种类的海洋浮游生物将会灭绝,或数量急剧减少。最终使海洋中的食物链遭到破坏,发生灾难性后果。虽然夜行动物不大可能受到影响,很多昼出动物也有皮毛保护自己免受紫外线辐射,但是紫外线对野生动物造成的影响仍然不是很清楚。动物的眼睛和耳朵周围的皮肤经常裸露在太阳光下,它们和人类一样极易受到眼病的困扰。

什么是回转效应?

瑞士天文学家保罗·格茨(Paul Götz)在1931年发表的一篇文章中描述了紫外线是如何受臭氧层影响的。臭氧吸收紫外线中波长不同且数量不等的光线,被吸收量的变化取决于太阳在天空中所处的角度(角度"umkehr"一词在德语中的意思是"变化"或"转变")。科学家通过测量接收到的两种波长的光线的吸收量之差,可以得知大气中臭氧的含量。

美国航空航天局发射的光环卫星的任务是什么?

光环卫星发射于2004年7月15日。它的任务是监测地球大气,尤其是臭氧层的变化。通过卫星上搭载的设备测定较高层大气中的化学成分和动态变化。收集的数据被用来预测空气质量变化和气候变化。

为什么臭氧层会有空洞?

臭氧层并不是均匀地分布在地球周围。赤道及附近的纬度地区臭氧层更厚,而远离赤道地区的臭氧层更薄。地球大气的分布也是如此,因为地球自转,所以中间区域的地心引力更小,大气略微膨胀、变厚。在两极地区,包括臭氧层在内的大气更薄。由于臭氧层依赖于太阳光和氧气的反应,两极地区的臭氧含量自然就少。此外,受气候和太阳光照射水平等多种因素影响,臭氧层在一定时期内会发生自然波动。

科学家认为自1975年以来33%的臭氧层已经消失。在每年的某个特定时间,臭氧的减少也会受到季节性因素的影响。臭氧层时而自然下降或上移。但是,科学家也承认氯氟烃(可用于空调、喷雾剂和灭火器中的卤代烷)、甲烷和二氧化氮被紫外线击散后产生的自由碳原子、氯原子和氮原子与臭氧分子产生反应,从而破坏了臭氧层。

谁认为氯氟烃会破坏臭氧层?

墨西哥大气化学家何塞·马里奥·莫利纳-帕斯奎尔·恩里克斯(José Mario Molina-Pasquel Henríquez,1943—)和美国大气化学家弗兰克·舍伍德·罗兰(Frank Sherwood Rowland,1927—)被公认为首次阐述氯氟烃是如何破坏臭氧层的科学家。1974年,他们在共同发表的论文中首次说明了在科学家开始意识到较高大气层中的臭氧水平正在下降的4年后,氯氟烃是如何破坏臭氧的。在他们的努力下,美国政府从1978年开始禁止人们在气溶胶罐中使用氯氟烃。

臭氧空洞是怎样发现的?

20世纪20年代,著名的气象学家戈登·米勒·布恩·多布森(Gordon Miller Bourne Dobson,1889—1976)首次对臭氧进行了精确的测量。但直到1979年,美国的"雨云7号"卫星才观测到南极上空出现的臭氧消耗。今天,"多布森分光光度计(Dobson spectrophotometers)"网络已经在全世界范围内建立起来,以监测臭氧变化。

臭氧层空洞正在减少蛙的物种数量吗？

很久以前，生物学家就知道蛙类极易受到环境的影响。蛙类畸形的状况（如多腿）在世界各地都有发现，这种物种正在走向灭绝。直到20世纪90年代中期，人们仍在推测，过多的紫外线通过被破坏的臭氧层辐射到地球上，从而导致了物种的基因突变。然而今天，大多数科学家则认为，造成这种情况的罪魁祸首是渗入到蛙类赖以生存的河水和湖水中的化肥。化肥使某些种类的蜗牛迅速繁殖，并且它们常常成为寄主。这些寄主反过来会感染处在蝌蚪时期的蛙类。蝌蚪的身上形成囊肿，进而发生可以观察到的基因突变。

分泌毒液的青蛙——花箭毒蛙是濒临灭绝的蛙类之一。环境变化是其濒临灭绝的原因之一。

除了在蛙类中常见的畸形之外，令人更加担忧的是，蛙的很多种类正面临灭绝的危险（约有100种蛙类灭绝的可能性更大），还有一些种类已经消失。全球气候变暖是导致这种现象出现的原因。蛙类的皮肤很薄，所以极易受到环境变化的影响。温度升高后产生的真菌（有些科学家认为是壶菌门真菌）感染蛙类的皮肤，进而患上一种致命的疾病——蛙壶菌。让人高兴的是这种病很容易治疗，也极易治愈。但是，接受过治疗的蛙，一旦被放归野外，受到感染的可能仍然很大。为了使蛙类不再继续灭绝，世界各地的动物园已经开始挽救蛙类样本，并对它们进行封闭式喂养。

为什么南极有臭氧空洞而北极却没有？

有害化学物质被云抬升到平流层，与臭氧发生反应，进而使臭氧层遭到破坏。南极大陆为此创造了必要的天气条件，而北极被水覆盖，这使得在较高大气层中产生的风吹散了污染物。令人担忧的是，一些科学家预测，再过大约20年不断增多的污染物会使北极的臭氧层出现空洞。

臭氧空洞有多大？

2007年，臭氧空洞的大小为2 409万平方千米（930万平方英里）。但是，这个数值比2006年9月创下的最大臭氧空洞的纪录2 750万平方千米（1 060万平方英里）要小。

臭氧空洞能愈合吗？

能。最新数字表明，在过去的几年中臭氧空洞在增大。但令人高兴的是，与20世纪80年代相比，空洞的增大速度有所减缓。如果我们继续减少污染物的排放，空洞最终会停止增大，甚至会缩小。科学家们相信，如果可以做到这些的话，大约50年后臭氧水平将会恢复到自然水平。

风

什么是风？

简单地说，风是空气在大气中的运动。空气从高压地区向低压地区移动，从而引起了风的运动。换一种说法，高压区域中的各种气体分子排列得更加紧密，它们很容易向空气密度小的区域流动。希腊哲学家阿那克西曼德（Anaximander，约公元前610—公元前546）首次对"风"这个概念进行了解释：风是一种自然现象，而不是像一些人认为的那样是由上帝或者摇动树叶的大树创造出来的。

当天气预报员预报风向为西风时，
风是从西边刮来还是向西边刮去？

气象学家和美国国家气象局所指的风向是风吹来的方向而不是它朝着哪个方向刮。例如，如果一个地区正在刮西北风，那么风就是从西北方向刮来，向东南方向刮去。

风能可以减少我们对石油能源的依赖吗？

如果人们能用风车获取地球上的所有风能，就会产生360万千瓦度电。这些电量足以满足36亿美国人的用电需求。与地球上其他大部分地区的人相比，美国人消耗的能源更多，我们可以肯定地说，近70亿的地球人口对能源的需求单单靠风能就可以全部满足。遗憾的是，我们无法获取到所有的风能。风力涡轮机的使用在经济上是可行的，但是我们不能把它放在每一块陆地和每一片海洋上。这样做是不现实的。

我们所说的"背风面"是什么?

如果一个人站在某个物体的背风面(如一座建筑物或岩石凸起物),那么由于障碍物遮挡住了来风,此人不会被风吹到。

什么是背风槽和背风低气压区?

背风槽,又名动力槽,指的是在对风几乎起垂直障碍作用的山脉的背风坡或下风向所形成的一种低压槽。背风低气压区与背风槽大体相同,唯一不同的是它的槽又宽又长,而低气压区则是容易辨认的、低气压的局部区域。

什么是畏风?

畏风是一种对风(有时甚至只是小股的气流)的恐惧。

什么是白贝罗定律?

荷兰气象学家、化学家克里斯托夫·亨德里克·迪德里克·白·贝罗(Christoph Hendrik Diederik Buys Ballot,1817—1890)是气象学界的一位先驱人物。他阐述了空气在巨大的天气系统中是如何流动的,并得出了以他名字命名的定律——白贝罗定律(Buys Ballot's Law),即在北半球,背风而立,低压在左,高压在右;在南半球则相反。美国气候学家威廉·费雷尔(William Ferrel,1817—1891)也发现了这个规律,但是他仅证明了在良好的天气系统下此规律的正确性。事实上,费雷尔对这一规律的阐述比白·贝罗要早几个月。虽然白·贝罗也大方地承认了这一点,定律却仍以他的名字命名。

美国气候学家威廉·费雷尔被称为"地球物理流体动力学之父"。(图片来源:美国国家海洋和大气管理局)

什么是信风?

信风是吹过回归线（南纬30°和北纬30°之间）的持续不断的风,风速约为每小时18—22千米（11—14英里）,有时可以连续吹上几天。北半球盛行东北风,南半球盛行东南风。大多数人会认为信风（trade winds）这个词得名于大型航船出海贸易时靠信风指引航向。而事实上"trade"一词来源于德语,意为"路线"或"路径"。

首次解释信风这一现象的人是谁? 在什么时候?

天文学家埃德蒙·哈雷（Edmund Halley, 1656—1742）被认为是哈雷彗星的发现者（彗星以他的名字命名）。他对制图学、海洋学和大气学都十分感兴趣。例如,他绘制潮汐图,阐明了日（或月）食阴影的运动轨迹。1686年,他推测了一个理论来解释信风为何存在。哈雷作出正确的猜测:温暖的热带空气与来自南北较高纬度地区的较冷空气汇合,并由此产生了信风现象。为什么风从东向西吹而不是从南向北? 哈雷本应该在他的理论中对这个问题进行回答,但他并没有对此做出充分的解释。1735年,英国气象学家乔治·哈德里（George Hadley, 1685—1768）发现的对流圈修正了此前哈雷的理论。

风声是什么?

风在吹过树枝、电线或环形物体时会发出时而悦耳时而低沉的哀鸣声,这就是风声。埃俄罗斯（Aeolus）是希腊的风神。"aeolian（风的）"是一个音乐方面的词汇,可用来指管乐器或全音阶。

什么是西风带?

西风带位于南北半球的中纬度地区（南、北半球的纬度30°—60°之间的区域）,从西吹向东。高纬度地区的风（即射流）也属于西风带。

什么是奇努克风?

奇努克风可以使冰雪融化,因此有时亦被称为"消解冰雪的风"。一般来说,它指的是从落基山脉（Rocky Mountains）东坡吹下的暖风。奇努克风经常从西南方向吹来,向坡下的方向吹去,引起温度的显著升高,温暖落基山脉东部的平原地区。

什么是"医生"?

"医生(The Doctor)"是深受人们喜爱的一个词。在诸如加勒比海(Caribbean)等地区,它指的是烈日中凉爽、清新的海风。

什么是热风?

热风一词指的是撒哈拉沙漠以南的非洲西海岸地区干燥、闷热且灰尘弥漫、风力适中的风。

什么是重力风?

密度高的冷空气受重力影响沿斜坡流下(例如奇努克风),追赶在它前面的密度低的暖空气,从而形成了重力风。在此过程中,空气变干变热。有时,下降过程中的空气温度比下降到坡底时的空气温度还要高。

其他类型的重力风有哪些?

除奇努克风之外,在南加州沿西拉斯(Sierras)吹下的重力风被称为"圣塔安娜(Santa Ana)",在阿拉斯加(Alaska)这样的烈风被称为"塔库(Taku)"。

什么是东北风暴?

东北风暴是沿美国北部东海岸发生的暴风。影响这一地区的东北风时速可达121千米/小时(75英里/小时)甚至更快。低气压系统将来自大西洋或墨西哥湾(Gulf of Mexico)的潮湿空气汇聚到一起,并与来自加拿大的带有强烈射流的冷干空气结合,这样,风暴就形成了。风暴系统沿逆时针方向旋转,分别为美国南部和东北部带来了强烈的暴雨和暴雪天气。

东北风暴多次对美国造成严重破坏。举个例子来说,1969年2月的东北风暴过后,缅因州拉姆福德(Rumford, Maine)的积雪厚度达到178厘米(70英寸),新罕布什尔州平卡姆·诺奇(Pinkham Notch, New Hampshire)的积雪厚度达到416.5厘米(164英寸)。最大的一次东北风暴发生在1993年,被称为"世纪风暴"。

什么是酷寒北风?

酷寒北风,又名"布鲁北风(Blue Northers)",是从得克萨斯平原吹向墨西哥湾(Gulf of Mexico)的北风。

什么是圣塔·安娜风?

当高气压系统在大盆地(Great Basin)上空形成时(通常是在秋天),向下推动气团并产生挤压,导致美国加利福尼亚州的大风。同时大风又使温度升高了38 ℃(100 ℉)。圣塔·安娜风(Santa Ana winds)以每小时超过121千米(75英里)的速度吹向人口密集的沿海地区。干燥的风增大了火灾发生的风险,使洛杉矶附近小山上的灌木丛和其他城市更易起火。事实上,在2003年10月发生的加利福尼亚州历史上最具灾难性的火灾之一——锡达大火(Cedar Fire),就是由圣塔·安娜风引发的。大火烧毁了2 921平方千米(721 791英亩)田地,3 640间房屋被夷为平地。

还有哪些被命名过的风? 它们在哪里?

世界上多风的地区很多,它们在风向、温度以及湿度等方面各有差异。包括已经提及的那些风名,还有其他一些当地人给风起的常用名,见下表:

常见的当地风名

风的名字	地　点	风　向
奇努克风	美国西部	西风
圣塔·安娜风	美国东南部	东北风
酷寒北风	美国中部	北风
帕帕加约风	墨西哥	西北风
北风	墨西哥	北风
特勒尔风	南美洲西部	东北风
维拉丛风	南美洲西部	西南风
佐达风	南美洲东南部	西北风
帕姆佩罗风	南美洲南部	西南风
密史脱拉风	法国	北风
寒风	德国	北风
宝来风	欧洲东部	东北风
屈拉蒙塔那风	欧洲东部	北风
累凡特风	意大利、西班牙	东风

风的名字	地 点	风 向
累韦切风	撒哈拉西部、西班牙	南风
奇利风	撒哈拉西部	西南风
基布利风	撒哈拉西部	西南风
累斯太风	撒哈拉西部	东南风
哈马顿风	撒哈拉西部	东北风
西罗科风	撒哈拉中部	南风
喀新风	埃及、苏丹	南风
哈布风	苏丹	西南风
伯格风	南非	东北风
夏马风	中东	西北风
锡斯坦	伊朗、土库曼斯坦、乌兹别克斯坦	北风
西北风	印度、巴基斯坦、阿富汗	西北风
卡拉布伦风	中国西部	东北风
布冷风	西伯利亚、俄罗斯中部	东北风
拨格风	西伯利亚、俄罗斯东部	东北风
巴和洛风	马来西亚、印度尼西亚	西风
科厄姆班风	印度尼西亚	西风
干热的北风	澳大利亚东南部	北风
强劲南风	澳大利亚东南部	西南风

美国的哪个州得益于有利的风条件？

美国夏威夷州（Hawaii）气候宜人。虽然地处热带地区，但徐徐海风使原本十分炎热的小岛变得清凉许多。也正是由于海风的吹过，这里的温度很少超过32℃（90℉）。所以即便是盛夏，夜晚也相对凉爽。

有记录以来最高的风速是多少？

1999年5月3日，龙卷风袭击了美国俄克拉何马州的穆尔市（Moore，Oklahoma）。通过录像记录中显示的碎片运动，估算出当时的风速高达每小时512千米（318英里）。此外还有多次风速惊人的案例，其中包括1991年4月26日发生在俄克拉何马州红石（Red Rock）的龙卷风事件，测定风速为每小时431千米（268英里）。但是，并不是所

这幅照片显示了美国北部西海岸附近的高风所携带的湿气团。射流产生的影响清晰可见。(图片来源: 美国国家海洋和大气管理局)

有的记录都与龙卷风有关。新罕布什尔州的华盛顿山(Mount Washington)是地球上风速最高的地区之一, 时速超过160千米(100英里)的风十分常见。据记载, 那里的风速可高达每小时372千米(231英里)。

什么是毛卡风?

毛卡风是指从夏威夷岛的火山上吹下的凉风, 能使岛上地势较低、温度较高地区的温度降低。

什么是射流?

射流是处在大气层高处的、迅速移动的一股空气, 它能影响风暴和近地面气团的运动。气流自西流向东, 高度通常为几千米(几英里), 最大宽可达160千米(100英里), 长度超过1 600千米(1 000英里)。射流中空气的运动速度在每小时92千米(57.5英里)以上, 有时速度可以达到每小时386千米(230英里)。

南北半球各有一个极地射流。它们蜿蜒流过在纬度30°—70°、距地面高度为48千米(30英里)的对流层和平流层。在纬度20° —50° 之间, 每个半球还有一个亚热带射流。它们在海拔高度9 150—13 700米(3万—4.5万英尺)之间流动, 时速高达550

千米（345英里）以上，甚至比极地射流的速度还要快。

什么是罗斯比波？

以瑞典气象学家卡尔·古斯塔夫·罗斯比（Carl-Gustaf Rossby, 1898—1957）的名字命名的罗斯比波（Rossby wave），指的是包括射流以及高、低气压系统在内，位于中间大气层的、巨大的气团波。

射流是怎样被发现的？

由于飞机的问世，我们可以在9 000多米（3万英尺）以上的高度航行。例如，第二次世界大战时期的飞行员驾驶搭载着炸弹的飞机飞行在日本和地中海上空。射流效应也正是由飞行员在驾驶飞机时发现的。

什么是低水平射流？

在美国中部发生的低水平射流是从墨西哥湾向中部平原流动的气流。这种射流也会从印度洋流向非洲。低水平射流发生在海拔只有几千米的地方，能够带来诱发雷暴和龙卷风等恶劣天气的湿润、温暖的空气。而中部平原的低水平射流只发生在晚上。

什么是北极震荡？

北极震荡是北极圈内与北纬55°至北极圈之间区域的气压差。北极震荡造成了正相位（北极地区上空的气压变低）和负相位（气压升高）。当北极地区上空的气压变低时，吹过中纬度地区的风力变强，欧亚大陆变得更加温暖，美国西部和地中海地区气候更加干旱。风暴进一步向北移动到美国阿拉斯加州和北欧。当北极震荡造成负相位时，情况正好相反，即美国西海岸和地中海地区潮湿多雨，而欧亚大陆则十分凉爽。

什么是风切变？

风切变是指短距离内风速或风向发生的迅速变化，通常会引发雷暴天气。有时，强有力的锋面通过某个地区或在附近山脉的气团发生突然变化形成锋面时，也会产生风切变。这种现象对飞机的危害尤为突出。安装在机场的多普勒雷达有助于对飞行员发出风切变的警告。

空气中的粒子运动迹象表明有一场危险的微暴流正在发生。有时,危险的微暴流会击中飞机,造成飞机坠毁。(图片来源:美国国家海洋和大气管理局中心图书馆图片资料室;海洋和大气研究室/环境研究实验室/美国国家强风暴实验室)

微暴流能对机场产生怎样的影响?

微暴流是直径为4千米(2.5英里)或不足4千米的下击暴流。这种现象通常与雷暴天气有关。微暴流能引发突然改变风向的具有飓风风力的风。几秒钟的工夫逆风就能变成顺风,迫使飞机减速并降低高度。在20世纪70年代和80年代发生的几起由微暴流引发的严重空难过后,美国联邦航空管理局(简称FAA)在机场安装了警报和雷达系统,当发生风切变和微暴流时,及时向飞行员发出报警信号。

湍流是由什么引起的?

空气湍流通常发生在较高的大气层,所以只有坐在飞机上你才会看到它。当上下运动的空气流混合在一起(即对流混合)时湍流就产生了。一般在云端或射流附近飞行时会看到这种现象。

气象学家为什么把雷诺数作为衡量湍流的重要参数?

流体流动时的惯性力和黏性力之比称为雷诺数(Reynolds number)。简单地说,雷诺数测量的是流体如何通过某个大小固定的区域。它是以英国物理学家、工程师奥斯鲍恩·雷诺(Osborne Reynolds, 1842—1912)的名字命名。雷诺对水在河流和潮水中的流动方式很感兴趣。这个术语也可用于测量大气中流动的气体,因此可以将它应用到气象学中,用雷诺公式来计算空气湍流。

什么是气阱?

湍流的气体能引发气阱。很多坐过飞机的人对它并不陌生,因为当你连续地遇到上升气流和突然下降的气流时,正是气阱使你产生一种颠簸的感觉。

气体如何在高低气压系统附近流动?

空气总是远离高气压系统向低气压系统方向运动。在北半球,当空气向一个低气压中心运动时按逆时针方向盘旋上升;当它远离一个高压中心时会按顺时针方向运动。

什么是赤道辐合带?

赤道辐合带是地球周围的一个特定区域。来自南北半球的风在这个区域中互相摩擦,随之产生的辐合使空气上升,并成为热带风暴形成的理想区域。在一般情况下,赤道辐合带位于赤道附近,它的位置会在太阳的作用下,随着季节周期的变化而改变。通常来说,赤道辐合带只有一个,但有时可能会形成两个。赤道辐合带地区(每年的下雨的天数多达200天)比非赤道辐合带地区更加多雨,它的移动会导致天气潮湿或干燥。

什么是赤道无风带?

过去,水手们常常把赤道附近的低气压区域称作"赤道无风带(Doldrums)",因为这里的风通常都非常小且变化无常,船只很难在这一地区航行。赤道无风带位于信风产生的区域附近。"in the doldrums(直译为"在赤道无风带")"这一短语可以用来描述一个不活跃、无精打采或懒洋洋的人。

什么是湿舌?

气象学家有时会创造出一些非常具有想象力的描述性术语。湿舌就是其中一个!它指的是向南极或北极方向移动的、潮湿的热带空气。春天和夏天,湿舌通常发生在美国中部平原的上空,并与射流一起形成风暴。

什么是马纬度?

马纬度是在南北纬30°左右以低速风为显著特征的高压带。这一区域的好天气和微弱不定的风使早期经过这里的水手们十分惧怕。在北半球尤其是百慕大

（Bermuda）附近，由于海上无风，从西班牙开往新世界国家（是指像美国、澳大利亚、南非、智利、阿根廷、新西兰等欧洲扩张时期的原殖民地国家）（New World）的装着马匹的航船无法前进。当饮用水供给不足时，首先要限制马匹的饮水量，省下来的水供水手饮用。因口渴死去的马被水手们从船上扔入海中，探险家和水手们这样描述："海上布满了马的尸体。"这一地区因此得名"马纬度"。"马纬度"一词的来历还有另外一种说法。因为水手们航行前就拿到了工资，当航船缓慢地通过这一地区时他们抱怨没有加班费。据说，他们不得不卖命地工作以抵偿损失掉的马匹。

风　暴

谁发明了蒲福风级？

1806年，在爱尔兰出生的水道测量专家弗朗西斯·蒲福海军少将（Rear Admiral Sir Francis Beaufort, 1774—1857）发明的蒲福风级（Beaufort Scale）是一种主观的测量风速的方法。尽管当时罗伯特·胡克（Robert Hooke, 1635—1703）已经发明了风速计———一种测量风速的设备，但在蒲福所处的那个年代，风速计尚未得到广泛的应用。1790年，他加入海军，1805年被任命为舰长。同时，他还学习了水文地理学。在南美洲沿岸指挥H.M.S.伍尔维奇号（H. M. S. Woolwich）期间，他边做调查边发明了蒲福风力等级和天气符号。虽然风力等级的划分并没有使用任何新的术语，但是蒲福想通过他的努力创造出供科学家们长期使用的标准符号。他做出的十分详尽的记录受到了上级长官的高度赞扬。1829年，蒲福被任命为海军官方水道测量专家，但是直到1838年，他使用的分级标准才被皇家海军采用。1848年，他被封为爵士并于1855年退休。1874年，国际气象学委员会（International Meteorological Committee）对蒲福风力等级进行了修改，并增加了风对陆地和海洋产生的影响的细节描述。

蒲 福 风 级

蒲福氏风级	风力描述	风速 单位：英里每小时/千米每小时/海里每小时	风浪高度 单位：米/英尺	陆地/海洋上情况描述
0	无风	<1/<1<1	0/0	静，烟直向上/平静如镜
1	轻风	1–3/1–5/1–2	0.1/0.33	烟能表示风向/涟漪没有浪尖

蒲福氏风级	风力描述	风速 单位：英里每小时/千米每小时/海里每小时	风浪高度 单位：米/英尺	陆地/海洋上情况描述
2	轻风	3-7/6-11/3-6	0.2/0.66	人面感觉有风，树叶有微响/微波；玻璃般光滑的浪尖，没有裂痕
3	微风	8-12/12-19/7-10	0.6/2	树叶及小树枝摇动不息/小波较大，浪尖开始有裂痕，浪端有分散的白泡沫
4	和风	13-17/20-28/11-15	1/3.3	吹起地面灰尘和纸张；小树枝开始摇动/小浪
5	清风	18-24/29-38/16-20	2/6.6	中等大小的树枝摇动；小树摇摆/中浪、更长的浪（1.2米/约4英尺），有浪花飞溅
6	强风	25-30/39-49/21-26	3/9.9	大树枝摇摆；头顶上的电线有呼呼声；持伞有困难；空塑料垃圾筒会倾倒/带有白沫和波峰的大浪出现，有些大浪浪花四溅
7	强风疾风	31-38/50-61/27-33	4/13.1	全树摇动；人迎风前行有困难；特别是住在较高楼层的人会感觉摩天大楼摇摇晃晃/海浪突涌，碎浪的浪花随风吹成条纹状
8	大风	39-46/62-74/34-40	5.5/18	小树枝被折断，司机驾驶时明显感觉车被风吹动/中等高度的海浪浪峰碎成浪花，白沫形成条纹状
9	烈风	47-54/75-88/41-47	7/23	较大树枝被折断，小树被连根拔起；建筑物、临时指示牌和栅栏会被吹倒；圆形帐篷和穹顶会被毁坏/高浪，泡沫浓密；浪峰卷曲倒悬；大量浪花四溅
10	狂风/暴风	55-63/89-102/48-55	9/29.5	大树被折断或连根拔起，树苗弯曲变形，破旧的房屋屋顶的沥青瓦片会被风掀起/海浪非常高；海面上出现的大面积白沫把海洋变成了白茫茫的一片；大量的、带有巨大能量的海浪翻滚；在空中激起的大量浪花使能见度下降
11	狂暴风	64-75/103-117/56-63	11.5/37.7	植被大范围遭破坏；更多的屋顶遭到更严重的损坏，被卷起的或因年久失修而破损的沥青瓦片可能会完全断裂/波涛澎湃；由风吹起的大块白沫覆盖了绝大部分海面；在空中激起的极多浪花使能见度严重下降
12	飓风	≥76/≥118/≥64	≥14/≥46	更多、更大范围的植被遭破坏，窗户被摧毁，活动房以及简陋的棚子和仓房的结构遭到破损；碎片随风飞/巨浪：海面上完全被浪花和白沫覆盖，全海皆白；巨浪滔天，能见度大为降低

据报道，2001年4月一场巨大尘暴遮住了中国吉林省上空的阳光。尘暴吹起羽毛状的尘土，把它抛向高层大气中，并最终把它带到了五大湖（Great Lakes）里。图像被美国国家航空航天局的卫星特拉（Terra）捕捉到。2005年的一项研究表明，现在中国每年都会发生巨大的尘暴，而从历史上来看，尘暴每30年才会发生一次。（图片来源：美国国家航空航天局）

尘暴的危害有哪些?

尘暴通常发生在诸如撒哈拉和戈壁沙漠等地区。尘暴不仅能摧毁农场，也能涌入房屋和其他建筑物中，引起各种健康问题——小至迷眼睛，大到肺部或其他一些呼吸系统的疾病。同时也使能见度降低，和暴雪一样引发交通事故。例如，1995年，尘暴侵袭了美国新墨西哥州和亚利桑那州边界处的公路，并夺去了8个人的生命。

尘暴能吹多远?

几乎每年的4月，中亚和中国的沙漠地区都会发生尘暴。同时，来自非洲的尘暴可以一路吹到美国佛罗里达州。事实上，刮起的沙尘有助于将地球土壤中的营养物质散布开来。例如，众所周知的亚马孙热带雨林和美国东南部的土壤中就有从非洲刮来的尘土。

哈布沙暴在哪里发生?

"habb"一词来源于阿拉伯语,意为"吹"。哈布沙暴(haboob)是一种强尘暴,常见于撒哈拉沙漠以及澳大利亚、亚洲和北美洲的沙漠地区。

地球上风速最快的地方是哪里?

美国新罕布什尔州的华盛顿山是气象站有数据记载以来地球上风速最快的地区。1934年,山上的风速高达每小时372千米(231英里);年平均风速为每小时56.8千米(35.3英里)。虽然我们无法获得官方认可的测量记录,但世界上风速最快的地方很可能就是南极洲的沿岸地区。

芝加哥真的是"风城"吗?

芝加哥并不是美国风速最快的城市,它是自吹自擂的政治家们的故乡,因此得名"风城"。这里的平均风速为每小时16.7千米(10.4英里),时速还不及波士顿(Boston)的20.1千米(12.5英里),火奴鲁鲁(Honolulu)的18.2千米(11.3英里)以及达拉斯(Dallas)和堪萨斯城(Kansas City)的17.2千米(10.7英里)。

第三章　高温与寒冷

测量温度

华氏温标是如何发明出来的?

　　现在,美国仍在使用的温度标记(世界上其他国家使用的则是公制单位——摄氏度)是以德国工程师、物理学家加百列·华伦海特(Gabriel Fahrenheit, 1686—1736)的名字命名的。1708年,华伦海特在拜访丹麦天文学家O. C. 罗默(Ole Christensen Rømer, 1644—1710)之后发明了他的温度标记。在实验中,罗默使用的是一个标有从0°(在实验室中用冰、水、盐的混合物得到的最低温度)到60°(水的沸点)的酒精温度计。这一体系的创立实际上效仿了摄氏温标的基本理念。

　　华伦海特没有留下任何记录解释他为什么选择某个特定的高点和低点作为温度计的刻度值,因而人们对此进行了这样的猜想: 他把自己的体温值作为温度计的高点,但是他却把这个温度标记成了96°。有些人认为,他之所以选择96°作为高点是因为这个数字既是2的倍数又是3的倍数,易于计算。而0°他采用的则是罗默的标记法。后来,华伦海特将水的冰点和沸点分别定为32°和212°。

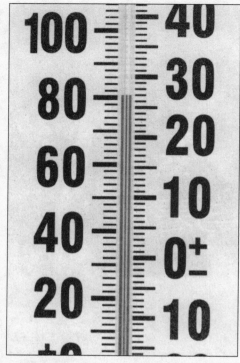

美国的温度计上既标有℃又有℉，这样可以省去人们换算单位的麻烦。

什么是开氏温标?

在实验室中做温度极低的实验时通常使用的就是开氏温标。0开氏度指的是绝对零度，此时分子停止运动。开氏温标是以英国工程师、物理学家、第一代开尔文男爵威廉·汤姆逊（William Thomson, 1824—1907）的名字命名的。汤姆逊研发出了绝对温标，开氏温标采用的刻度间隔与摄氏温标采用的刻度间隔相一致，并将−273℃设为绝对零度（现在这一数值确定为−273.15℃）。但在气象学研究中很少使用到这样的极值。

为什么把百分温标更名为摄氏温标?

1742年，瑞典天文学家安德斯·摄尔修斯（Anders Celsius, 1701—1744）创立了百分温标。他决心创造出一种新的温标作为国际标准供科学家们使用。为此，他想出了在实验室中易于制造的0°（水的冰点）到100°（水的沸点）的标记方法。由于两个极值之间的刻度被等分成了100份，他为这种标记方法取名为百分温标。1948年，为了表彰摄尔修斯取得的成就，第九届国际计量大会正式将百分温标更名为摄氏温标。幸好两个单词的首字母相同，温度符号不需要改变仍为"℃"。

如何把℉转换成℃或K?

℉和℃是世界通用的两个温度标记。将华氏温度值减去32后乘以5再除以9就转换成了摄氏度。反过来，将摄氏温度值乘以9除以5再加上32后就转换成了华氏度。科学家们采用的K与℃的温标一样。摄氏温度值加上273后就转换成了开氏度。0 K就是−273℃。

什么是低高温和高低温?

气象学家在观测每日温度时发现，每天都有一个低温和一个高温。如果这个高温是当日或当月最冷的高温，一个新的纪录就产生了——一个新的低高温。反之，如果当日的低温非常高且打破了纪录，这就是新的高低温。

温度计中使用的化学物质是什么？

一般来说，水银或酒精是温度计中常用的两种液体物质。温度计中的酒精被染成红色以方便读数，而水银是银色的。两种液体在显示温度方面的表现都十分出众，但是酒精温度计更安全一些。水银温度计一旦破裂或渗漏，里边的液态金属就会升华，释放出有毒气体；与酒精相比，水银膨胀或收缩的速度要更慢一些。除此之外，水银在−38.9℃（−38℉）时会变成固体，因此无法用它测量−38.9℃以下的温度。而酒精的缺点则是，在一段时间过后易于挥发或聚合。

蟋蟀能用作温度计吗？

很长时间以来人们就知道蟋蟀能根据温度的高低发出不同频率的叫声。这种测量温度的方法并不是不切实际的空想。如果你没有随身携带温度计，蟋蟀就会派上用场。但是在死寂的冬天，这个方法就不奏效了。通常的做法是在每14秒蟋蟀鸣叫的次数的基础上加40，就是℉的读数。如果你能耐心地数出1分钟内蟋蟀鸣叫的次数，减去72，除以4，最后再加上60就是℉的读数。例如，如果在1分钟内你听到蟋蟀叫了68次，用68减去72等于−4，除以4得−1，再加上60，结果是59℉。

什么是温度记录器和温湿计？

温度记录器是一种记录一段时间内温度变化的装置。它与地震仪的工作原理相似，都是在转动的图表上画线。温湿计也是如此，只不过增加了一个显示湿度的功能。

美国的阿拉斯加州比夏威夷州更热吗？

尽管夏威夷州位于热带，但由于得天独厚的海风和地貌，那里的温度却十分宜人。作为美国的第50个州，实际上夏威夷州的多山地区十分寒冷，冒纳凯阿山（Mauna Kea）和冒纳罗亚山（Mauna Loa）的山顶经常降雪。夏威夷州的平均温度比阿拉斯加州的要高，且很少有极端温度值。阿拉斯加州的内陆地区十分温暖，有时可以达到32℃（90℉）。早在1915年6月27日就有记录表明，育空（Ft. Yukon）的温度为37.8℃（100℉），这也是阿拉斯加州的最高气温。1931年4月27日，夏威夷州的帕哈拉岛（Pahala）也达到了同样的高温。

北极和南极的平均气温相同吗？

也许有人会认为，地球南北两极每年的气温会大致相当。而事实上，南极的温度更低一些。这是由于巨大的冰川在南极所在地——南极大陆上聚集的缘故。南极内陆的大冰原平均厚度为2 450米（8 036英尺）。这个厚度的冰层使南极比北极的温度低23.6℃（约50℉）。

什么是沼泽冷却器？

沼泽冷却器是传统空调的一种替代品。传统空调通过压缩氟利昂气体使空气冷却。在湿度高于30%的大多数气候条件下，传统空调的工作状态良好。但是，在更加干燥的气候（湿度低于30%）条件下，沼泽冷却器十分奏效。这种装置又名蒸汽式冷却器。它的工作原理与湿球温度计类似。冷却器里的纱布吸收水分，风扇吹动纱布，使空气冷却并逐渐潮湿。沼泽冷却器比常用的空调更节能，因为不需要压缩机，且唯一需要电的地方就是风扇。

什么是日温差？

从这个词的字面意思就能看出，日温差是在某个地方的某一天最低温度和最高温度的变化差。根据季节和地点的不同温差变化很大。举例来说，位于北美落基山脉的前岭（the Front Range of the Rocky Mountains）24小时内的温度变化可达100℃，而在热带地区，温度总是更加平稳，一天之内的温度变化在10℃左右。

什么是温度逆增？

简单来说，当温度逆增时对流层（大气的最低层）的较低处比较高处的温度低，而在正常情况下较低处的温度要更高。天气锋面通过一个地区，或风刮过冰雪覆盖的冰冻地面上空，抑或是寒冷的湖泊或海洋状况都是逆增现象出现的原因。温度逆增现象使空气不再垂直循环，致使污染物在低海拔处滞留，同时干扰无线电和雷达信号的传输。

什么是湿球温度和干球温度？

这是一种通过读取湿球温度来测量湿度的方法。一定体积的空气在与外界环境完全绝热的情况下被冷却，当湿度达到100%后被压缩，再恢复到冷却前系统原有的压力，此时空气的温度为湿球温度。用湿球温度计读取一个温度，再用干球温度计读取另一个温度。两支温度计的读数差越大，空气湿度就越小。将湿球温度计和干球温度计一起使用就构成了一种新的装置——干湿球湿度计。它测量的是湿球和干球之间的温度差，然后根据湿度计所附的对照表计算空气湿度。

湿球温度计的构造是怎样的？

湿球温度计的基本构造是将一支温度计插入蒸馏水中。温度计周围通常用纱布包住（起像蜡烛芯一样的作用），通过毛细管作用把水吸上来。当水面以上的纱布中的湿气蒸发时，温度计的热量被吸走，因此温度降低，直到周围空气达到饱和状态。干球温度计就是一支普通的温度计，不用浸入水中也不用纱布包裹。

干湿球湿度计有哪些种类？

老式的悬挂干湿球湿度计由两支温度计组成，被固定在金属上，在悬挂几分钟过后，湿球开始降温。更多现代的干湿球湿度计采用各种传感器，包括使用因湿度水平而改变自身导电性的化学物质。

什么是制冷度日数和采暖度日数？它们与空气调节有什么关系？

美国公共事业公司所说的"制冷度日数"是指开启空调的天数，"采暖度日数"用来决定什么时候开启暖气炉。要到每个家庭、每个企业中去查看空调或暖气炉的开启情况是不切实际的，公共事业公司因此做出这样的假设：对客户来说，最舒适的温度是18.3℃（65°F），客户会根据温度开启空气系统。实际上，一个"度日"指的并不是24小时，而是某日测量的、最适宜的温

众多公共事业公司采用一种叫"制冷度日数"的测量方法来估算人们每年启用空调的天数。

度即18.3℃(即65℉,美国把℉作为标准温度单位)与平均温度的差。因此,举例来说,如果在温暖的7月,美国得克萨斯州达拉斯的平均温度为29.4℃(85℉),公共事业公司就会算出20个制冷度日数(85℉-65℉ = 20 cooling days)。平均来看,每年制冷度日数最多的州包括:美国佛罗里达州、得克萨斯州、亚利桑那州、加利福尼亚州以及南部其他一些州,平均每年有4 000个制冷度日数。采暖度日数用同样的方式来计算暖气炉的使用情况。不难想象,北部各州的采暖度日数要多于南部各州。

哪个月的温度变化最大?

7月有幸成为全世界温度变化最大的月份。利比亚与南极的温度差为129.4℃(265℉),这是世界上有记录以来最大的极值。

什么是"120俱乐部"?

在美国,如果任何一个州的历史温度达到48.9℃(120℉)或以上,那么它便成为"120俱乐部"的会员。美国有10个州加入了这个俱乐部,它们是:

- 加利福尼亚州:56.7℃(134℉)
- 亚利桑那州:53.3℃(128℉)
- 内华达州:51.7℃(125℉)
- 新墨西哥州:50℃(122℉)
- 堪萨斯州:49.4℃(121℉)
- 北达科他州:49.4℃(121℉)
- 俄克拉何马州:48.9℃(120℉)
- 阿肯色州:48.9℃(120℉)
- 南达科他州:48.9℃(120℉)
- 得克萨斯州:48.9℃(120℉)

什么是"60以下俱乐部"?

根据对上个问题的回答,很容易猜到"60以下俱乐部"的含义。历史温度达到-51℃(-60℉)或以下的州都是这个俱乐部的成员。

- 阿拉斯加州:-62.2℃(-80℉)
- 蒙大拿州:-56.6℃(-70℉)
- 犹他州:-56℃(-69℉)

- 怀俄明州：−54.4℃（−63℉）
- 科罗拉多州：−51.6℃（−61℉）
- 爱达荷州：−51℃（−60℉）
- 明尼苏达州：−51℃（−60℉）
- 北达科他州：−51℃（−60℉）

高　温

什么是热浪？

根据美国国家气象局的热指数，连续两天或两天以上表观温度超过40℃—43℃（105℉—110℉）就是热浪。地点不同温度标准的差异也很大。热浪可能造成很大危险。根据国家气象局的报道，平均每年夏天就会有175—200个美国人死于高温。1936—1975年，1.5万多美国人死于由高温引发的各种问题。1980年，1 250人因在美国中西部爆发的巨大热浪而丧生。1995年，芝加哥城700多人死于由高温引发的问题。大多数遇难者都是上了年纪的人，他们生活在没有空气调节设备的高层公寓内。密集的建筑物群、停车场和各条出路，在城市中制造了一个"城市热岛"。

什么是热指数？

热指数是普通人对炎热天气的感觉的量度，它测量的是温度变化和相对湿度。当热指数达到40℃（105℉）时，轻度中暑和日射病就很容易发生。湿度越大，人们就越感觉炎热，这是因为出汗虽然能使人体自身感觉凉爽，汗水蒸发的同时也能帮助皮肤降温，但是当空气过于潮湿时，汗水不易蒸发，人体本身所具有的天然降温系统就无法发挥作用。对于人类来说，危险温度值是32℃—40℃（90℉—105℉）。当热指数达到这个温度以上时，天气状况就

如果你想在地面上煎鸡蛋，可以在炎炎夏日里的柏油路面上试一试。

会变得十分危险。此时，轻度中暑、中暑或日射病极易发生（尤其是在做一些体力活动时）。待在阴凉处并摄取充足水分很重要。下表提供了关于温度和相对湿度的热指数。

地球表面有多热？

气象学家使用的温度记录和天气预报中报道的温度记录指的都是大气温度。地球表面的温度远比记录中的温度高得多——50℃（高于120℉）至60℃（高于130℉），这个温度通常被认为是记录温度的极值。实际上，土壤温度可升至约82℃（180℉），而在死亡谷（Death Valley）测定的地表温度高达93℃（200℉）。

能在人行道上煎鸡蛋吗？

首先，这样做不卫生，其次，混凝土制成的人行道的确不是最合适煎鸡蛋的地方。天气非常炎热时，人行道的温度可以达到62.8℃（约145℉），而煎熟一只鸡蛋需要70℃（约158℉）。如果把一只鸡蛋放在柏油路面上，黑色的路面能够吸收更多热量，这样鸡蛋就很可能被煎熟。不过，利用金属表面效果会更好一些，有人曾做过在夏日里的汽车发动机罩上煎鸡蛋的试验。

热浪对人们有多大威胁？

从历史上来看，在大多数破坏性极大的由天气引发的灾难中有一些是因热浪而造成的。事实上，与1900年在得克萨斯州加尔维斯顿（Galveston）爆发的飓风（有8 000—1.2万人丧生）相比，1980年在美国发生的热浪（根据消息的来源不同，报道的丧生人数在1万—1.5万人之间）夺去了更多人的性命。在更近一些时候，2003年袭击欧洲的热浪使3.5万—5万人丧生。这次热浪对法国产生的危害最大，1.48万人死于由热浪引起的各种问题，大多数人死于中风。在法国，很少有人在家中安装空调设备，很多上了年纪的人在公寓中因闷热的室温窒息而亡。

哪几年的夏天在美国发生的与高温相关的死亡人数最多？

美国的酷暑天气使成千上万人丧命。下表即为最严重的几次记录。

第三章　高温与寒冷

热指数（℉/℃）

实际空气温度 / 体感温度

相对湿度	70/21	75/23.9	80/26.7	85/29.4	90/32.2	95/35	100/37.8	105/40.5	110/43.3	115/46.1	120/48.9
0%	64/17.8	69/20.5	73/22.8	78/25.5	83/28.3	87/30.5	91/32.8	95/35	99/37.2	103/39.4	107/41.7
10%	65/18.3	70/21.1	75/23.9	80/26.7	85/29.4	90/32.2	95/35	100/37.8	105/40.5	111/43.9	116/46.7
20%	66/18.9	72/22.2	77/25	82/27.8	87/30.5	93/33.9	99/37.2	105/40.5	112/44.4	120/48.9	130/54.4
30%	67/19.4	73/22.8	78/25.5	84/28.9	90/32.2	96/35.5	104/40	113/45	123/50.5	135/57.2	148/64.4
40%	68/20	74/23.3	79/26.1	86/30	93/33.9	101/38.3	110/43.3	123/50.5	137/58.3	151/66.1	
50%	69/20.5	75/23.9	81/27.2	88/31.1	96/35.5	107/41.7	120/48.9	135/57.2	150/65.5		
60%	70/21.1	76/24.4	82/27.8	90/32.2	100/37.8	114/45.5	132/55.5	149/65			
70%	70/21.1	77/25	85/29.4	93/33.9	106/41.1	124/51.1	144/62.2				
80%	71/21.7	78/25.5	86/30	97/36.1	113/45	136/57.8					
90%	71/21.7	79/26.1	88/31.1	102/38.9	122/50						
100%	72/22.2	80/26.7	91/32.8	108/42.2							

71

美国的死亡之夏

年 份	死亡人数
1901	9 508
1936	4 678
1975	1 500—2 000
1980	1 700
1988	5 000—10 000

哪里是美国最热的地方？

在美国，最让人酷热难耐、干燥的地方要属加利福尼亚州东部的死亡谷（Death Valley）。这里地处海平面以下约85.3米（280英尺）的低洼地带，温度通常在50℃左右（高于120℉）甚至更高。每年，死亡谷有140—160天温度都在37.8℃（100℉）以上。即便阴凉处的温度也是这么高。这里的最高温度纪录为56.7℃（134℉），年降雨量不足50毫米（2英寸）。

加利福尼亚州的死亡谷是美国最热的地方，常见温度在38℃（100℉）以上。

在美国，曾经出现过的最不同寻常的高温天气有哪些?

当冬天或早春中出现异常温暖的一天时，人们时常会对全球气候变暖忧心忡忡。然而，在较冷的月份中也曾出现过非常暖和的几天，至少在20世纪早期就有过这样的记录。例如，一些出现在1月份的最异常的高温包括：1916年科罗拉多州拉斯阿尼马斯（Las Animas）的29℃（84℉）；1919年蒙大拿州肖托（Choteau，Montana）的26℃（79℉）；1894年内布拉斯加州印第安诺拉（Indianola，Nebraska）的28℃（82℉）。从近期来看，得克萨斯州萨帕塔（Zapata）在1997年1月出现的高温纪录为36.7℃（98℉）；1998年3月31日，马里兰州巴尔的摩（Baltimore，Maryland）的温度达到了36.1℃（97℉），而新罕布什尔州的康科德（Concord，New Hampshire）出现的高温纪录为32℃（89℉）。北美洲的温度记录表明，12月份的高温纪录很可能就是由加利福尼亚州拉梅萨（La Mesa）创下的37.8℃（100℉）。

有记录以来的最高温度有哪些?

全球高温度纪录

地　点	年　份	温度（℃ / ℉）
利比亚埃尔阿齐济耶	1922	57.5/136
加利福尼亚死亡谷	1913	56.7/134
以色列提拉兹维	1942	53.9/129
澳大利亚乌德纳达塔	1960	50.6/123
西班牙塞维利亚	1881	50/122
阿根廷里瓦达维亚	1905	48.9/120
菲律宾土格加劳	1912	42.2/108

什么是百慕大高气压?

百慕大高气压（Bermuda High）指的是西大西洋的一个反气旋系统，它能把温暖、潮湿的空气带到美国东部的沿海地区。百慕大高气压发生在夏季，可持续几周后消散。

南极洲能有多暖和?

南极洲不总是一个温度一直在冰点以下的"冰柜"。在夏天的几个月里,其温度经常可以达到4℃—14℃(高于40℉—50℉)。有记录以来,南极大陆的最高温度15℃(59℉)是1974年1月5日在万达站(Vanda Station)测定的。

什么是热爆裂?

与圣塔·安娜风(Santa Ana)吹向美国南加利福尼亚州低海岸地区时的方式类似,热爆裂通过压缩空气使温度升高。热爆裂一般在夜间发生,常伴有雷暴天气,风暴开始消散时,起伏不定的空气从6 096米(2万英尺)的高空急转直下。气象学家就此进行推理,当雨幡(在到达地面前就蒸发掉的雨)出现在干燥、寒冷的空气中时,热爆裂就会发生。重力向下推动密度变大的空气,同时使地面附近的空气快速压缩,使温度意外升高。

据报道,1960年6月15日,在美国得克萨斯州韦科市(Waco)发生的热爆裂使温度在短时间内骤然升高到60℃(140℉),同时伴有时速为129千米(80英里)的大风。稍近些时候,1996年5月,美国俄克拉何马州的奇克谢镇(Chickasha)和宁卡镇(Ninnekah)的温度在30—40分钟内急剧上升到31℃—39℃(88℉—101℉);2008年8月3日,美国南达科他州(South Dakota)的苏福尔斯市(Sioux Falls)的温度从22℃(72℉)迅速升高到39℃(101℉),并伴有每小时80—100千米(50—60英里)的强劲大风。2009年1月的一天,凌晨3点钟,在澳大利亚发生了热爆裂,温度达到41.7℃(107℉)。这可能是最近在当地发生的热浪和火灾中最为强烈的一次热爆裂。

什么是轻度中暑?

当气温过高,人体摄入水分不足,劳累过度或接受太阳直接照射的时间过长时就

天气能使成垛的干草着火吗?

成垛的干草是最好的引燃物。雷暴发生时一垛干草被闪电击中并燃起大火,这样的场景经常发生。刚割下来的绿色干草也容易被引燃。随着干草枝的腐烂沼气在干草堆中越聚越多,当温度达到足够高时沼气开始燃烧。最著名的事件发生在1995年夏天,美国多个州的干草堆引燃了大火,其中密苏里州(Missouri)的火势尤为猛烈。

会产生轻度中暑。中暑后会发生四肢无力、皮肤湿冷、面色苍白、头晕、心跳不规律及呕吐等症状。情况危急时,轻度中暑甚至能危及人的生命。有人在从事体育活动或军事训练时昏倒死亡,这样的例子有很多。老年人和病人尤其容易患上轻度中暑。

什么是中暑?

中暑又名日射病,当一个人的体温超过41℃(106℉)时就会发生中暑。症状有:脉搏跳动加快、变强,体热、皮肤干燥,最终会失去意识。日射病是需要紧急处理的医疗状况。最直接的治疗方法就是降低体温,但患者不能马上饮水。在美国,每年都有数千人因中暑而死于户外或没有空调的房间里。宠物和家畜在这样的气温条件下也容易中暑。

人体可以忍受的最高温度是多少?

在大学做的实验研究表明,人体在121℃(250℉)的温度下最多能够忍受15分钟。一位教授将自己作为研究对象,在一个更加极端的情况下进行的研究表明:一个身体健康的人在184℃(364℉)的高温下仅能存活1分钟。

在美国还发生过哪些温度激增的特殊事件?

天气模式发生的极端变化(例如,强暖锋或强冷锋通过某个区域时)会使温度迅速变化约4.4℃—26.7℃(40℉—80℉),有时甚至可以持续近1个小时。其中最令人吃惊的例子之一发生在1980年1月12日。当日,奇努克风(Chinook)携着暖空气进入蒙大拿州大瀑布市。美国国家气象局的水文学家报告说,在短短7分钟内,大瀑布市的温度就从−35.5℃(−32℉)升高到了−9.4℃(15℉)。这22℃或47℉的温度变化至少成为美国历史上的一个记录。此前的记录是由蒙大拿州基普镇在1896年12月1日保持的,当日温度在7分钟内变化了2.2℃(36℉),在几小时内共上升了37.7℃(80℉)。

在上面提到的例子中,温度变化都是在极短的时间内发生,而在美国发生的另外一些天气事件中,突然的温度变化是在相对较短的时间内发生的。下表显示的即为其他一些显著的温度变化。

美国24小时内的温度突变事件

地　　点	日　　期	温度变化(℃/℉)	时间跨度
蒙大拿州洛马	1972年1月14—15日	48.6℃/103℉	24小时

续 表

地 点	日 期	温度变化(℃ / ℉)	时间跨度
北达科他州格兰维尔	1918年2月21日	39℃ /83℉	12小时
蒙大拿州基普	1896年12月1日	37.7℃ /80℉	15小时
南达科他州拉皮德城	1943年1月22日	23℃ /49℉	2分钟
蒙大拿州大瀑布城	1980年1月12日	22℃ /47℉	7分钟
蒙大拿州阿西尼布瓦河	1892年1月19日	19.8℃ /42℉	15分钟

寒 冷

可能达到的最低温度是多少?

在物理学中,可能达到的最低温度是0开氏度(即-273.15℃或-459.67℉),也叫绝对零度。在此温度下,分子停止运动,不再有任何热能损失。当然,这种极端的温度只能在一些大学的实验室里获得,在地球的自然界中是不存在的。地球上的最低气温大约为-90℃(-130℉)。据南极洲沃斯托站(Vostok)1997年发布的一个未经核实的数据显示,最低温度为-91℃(-132℉)。

保罗A. 赛普尔是谁? 他与风寒因素这个概念有什么关系?

1939年,南极探险家保罗·A.赛普尔(Paul A. Siple, 1908—1968)在他的学术论文《探险者对南极气候的适应》(*Adaption of the Explorer to the Climate of Antarctica*)中首次提到风寒因素这个概念。1928—1930年,赛普尔参加海军少将理查德·伯德(Rear Admiral Richard Byrd, 1888—1957)组织的南极考察队,是考察队中最年轻的队员。随后又作为伯德考察队的成员,被美国内政部(U. S. Department of the Interior)派去参加美国南极考察队。后来,赛普尔用特定温度的一杯水和风速来做实验,以研究水结冰的速度。他同时也参与了许多与寒冷气候相关的研究工作。

风寒因素是如何影响温度的?

风寒因素又名风寒指数,它是通过数值表明在不同温度下移动大气的风寒效应。1973年,美国国家气象局不仅报告真实的大气温度,而且开始报告与之相对应的风寒温度。多年来,人们认为这一指数高于人体感觉到的风寒效应,因此,2001年建立起

风寒指数图表

风速（mph）	\ 温度（℉） 40	35	30	25	20	15	10	5	0	-5	-10	-15	-20	-25	-30	-35	-40	-45
0	40	35	30	25	20	15	10	5	0	-5	-10	-15	-20	-25	-30	-35	-40	-45
5	36	31	25	19	13	7	1	-5	-11	-16	-22	-28	-34	-40	-46	-52	-57	-63
10	34	27	21	15	9	3	-4	-10	-16	-22	-28	-35	-41	-47	-53	-59	-66	-72
15	32	25	19	13	6	0	-7	-13	-19	-26	-32	-39	-45	-51	-58	-64	-71	-77
20	30	24	17	11	4	-2	-9	-15	-22	-29	-35	-42	-48	-55	-61	-68	-74	-81
25	29	23	16	9	3	-4	-11	-17	-24	-31	-37	-44	-51	-58	-64	-71	-78	-84
30	28	22	15	8	1	-5	-12	-19	-26	-33	-39	-46	-53	-60	-67	-73	-80	-87
35	28	21	14	7	0	-7	-14	-21	-27	-34	-41	-48	-55	-62	-69	-76	-82	-89
40	27	20	13	6	-1	-8	-15	-22	-29	-36	-43	-50	-57	-64	-71	-78	-84	-91
45	26	19	12	5	-2	-9	-16	-23	-30	-37	-44	-51	-58	-65	-72	-79	-86	-93
50	26	19	12	4	-3	-10	-17	-24	-31	-38	-45	-52	-60	-67	-74	-81	-88	-95
55	25	18	11	4	-3	-11	-18	-25	-32	-39	-46	-54	-61	-68	-75	-82	-89	-97
60	25	17	10	3	-4	-11	-19	-26	-33	-40	-48	-55	-62	-69	-76	-84	-91	-98

风寒指数图表

风速（mph）	温度（℃）													
	0	−1	−2	−3	−4	−5	−10	−15	−20	−25	−30	−35	−40	−45
0	0	−1	−2	−3	−4	−5	−10	−15	−20	−25	−30	−35	−40	−45
6	−2	−3	−4	−5	−7	−8	−14	−19	−25	−31	−37	−42	−48	−54
8	−3	−4	−5	−6	−7	−9	−14	−20	−26	−32	−38	−44	−50	−56
10	−3	−5	−6	−7	−8	−9	−15	−21	−27	−33	−39	−45	−51	−57
15	−4	−6	−7	−8	−9	−11	−17	−23	−29	−35	−41	−48	−54	−60
20	−5	−7	−8	−9	−10	−12	−18	−24	−30	−37	−43	−49	−56	−62
25	−6	−7	−8	−10	−11	−12	−19	−25	−32	−38	−44	−51	−57	−64
30	−6	−8	−9	−10	−12	−13	−20	−26	−33	−39	−46	−52	−59	−65
35	−7	−8	−10	−11	−12	−14	−20	−27	−33	−40	−47	−53	−60	−66
40	−7	−9	−10	−11	−13	−14	−21	−27	−34	−41	−48	−54	−61	−68
45	−8	−9	−10	−12	−13	−15	−21	−28	−35	−42	−48	−55	−62	−69
50	−8	−10	−11	−12	−14	−15	−22	−29	−35	−42	−49	−56	−63	−69
55	−8	−10	−11	−13	−14	−15	−22	−29	−36	−43	−50	−57	−63	−70
60	−9	−10	−12	−13	−14	−16	−23	−30	−36	−43	−50	−57	−64	−71
65	−9	−11	−12	−13	−15	−16	−23	−30	−37	−44	−51	−58	−65	−72
70	−9	−11	−12	−14	−15	−16	−23	−30	−37	−44	−51	−58	−65	−72
75	−10	−11	−12	−14	−15	−17	−24	−31	−38	−45	−52	−59	−66	−73
80	−10	−11	−13	−14	−15	−17	−24	−31	−38	−45	−52	−60	−67	−74
85	−10	−12	−13	−14	−16	−17	−24	−31	−39	−46	−53	−60	−67	−74
90	−10	−12	−13	−15	−16	−17	−25	−32	−39	−46	−53	−61	−68	−75
95	−11	−12	−13	−15	−16	−18	−25	−32	−39	−47	−54	−61	−68	−75
100	−11	−12	−14	−15	−16	−18	−25	−32	−40	−47	−54	−61	−69	−76
105	−11	−12	−14	−15	−17	−18	−25	−33	−40	−47	−55	−62	−69	−76
110	−11	−12	−14	−15	−17	−18	−26	−33	−40	−48	−55	−62	−70	−77

了一套新的风寒指数。

风寒是如何计算出来的?

风寒的计算公式为:风寒=35.74 + 0.621 5 T – 35.75($V^{0.16}$) + 0.427 5 T($V^{0.16}$)。风寒的单位为℉,T为大气温度,V为风速(英里/小时)。上表是由美国国家气象局在2009年提供的官方使用的风寒表。

饮酒真的能使身体变暖吗?

在冬日里,喝上一小杯波旁威士忌或其他酒精类饮品也许会使人觉得暖意融融。而事实上,酒精使人体更易受凉。在痛饮一番过后,酒精会导致血管收缩,促使更多血液流向皮肤表面,刺激体内神经,从而使饮酒者感觉更加暖和。然而,真实的情况是流到人体表面的血液会使人失去更多热量,导致体温降低,并更容易被冻伤。此外,酒精会使人失去判断力,所以在滑雪坡道上饮酒的确是一个非常糟糕的想法。

什么是冻伤?

如果人们没有采用充分的保护措施,

在南极洲的麦克默多站(McMurdo Station),竖立着为纪念著名的探险家、飞行家海军少将理查德·伊夫林·伯德(Rear Admiral Richard Evelyn Byrd)而建造的一座半身雕像。(图片来源:美国国家海洋和大气管理局国家环境卫星数据及资讯服务处(NESDIS)的研究及应用所(ORA),迈克尔·冯·沃特(Micheal Van Woert)摄)

长时间暴露于低温中,就会发生冻伤。如果皮肤暴露在外的时间过长,包括神经和血管在内的较深层组织会造成无法复原的损伤。为保护重要器官,身体末端部位的血管开始收缩,温暖的血液流向身体中心,此时处于末端的身体部位(如手指、脚趾、耳朵等)极易发生冻伤。这种自然的调整过程对保持心脏跳动和其他器官的正常工作都是十分重要的。不过,如果其他部位的血液长时间得不到循环,该组织就会死亡。

冻伤的第一阶段是冻结伤,此时皮肤开始失去知觉,但组织却没有受到损伤。一级冻伤时皮肤上开始形成冰晶,而手指和脚趾有温暖的感觉是二度冻伤的先兆。当达到三度冻伤时,身体末端变成青色、白色或红色,到最后一个阶段——四度冻伤时就会变成紫色,进而变成黑色。在这个阶段,神经已经死亡,感觉随之消失,被冻伤的人有可能需要进行截肢手术。避免冻伤的办法很简单,就是待在室内,尤其是当风寒值

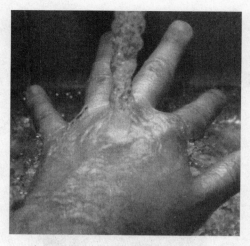

如果冻伤一定要及时就医。如能不能立刻就医，必要时可以用流动的温水浇在冻伤的皮肤表面以减轻症状。

为-45.5℃（-50℉）或更低时。如果你一定要出门，那就穿暖和点，记住不要喝含酒精或咖啡因的饮料，也不要吸烟。因为饮酒和吸烟都能使血管收缩，会加速冻伤的形成。

怎样才能缓解冻伤？

首先，如果你感觉到自己正在被冻伤，那么你应该去专科医生那里寻求救治，同时不要让冻伤的末端（手指和脚趾）部位受到挤压。不要用力揉搓受伤部位，因为这样会对组织造成严重损害，甚至造成部分组织断裂。如果你不能马上就医，那就洗个热水澡（水温控制在38℃—43℃（100℉—110℉）），这要比坐在火炉前缓解冻伤的效果要好得多。

什么是冻疮？

冻疮是指皮肤因长时间暴露于低温、潮湿的天气中而发生的发热、瘙痒、发红以及皲裂的现象。

什么是低体温？

低体温是人体体温由于接触冷水、冰或寒冷的空气而降至危及生命的温度。打寒战和发抖是比较严重的低体温症状，同时还包括迷失方向、困倦、说话含糊不清或不连贯、丧失记忆和失去意识。低体温刚刚发生时，人体温度仅降低到34℃—35℃（94℉—

在夏威夷能得冻疮吗？

当然能。冬天，甚至是春天或夏天，如果站在毛伊岛（Maui）的哈里阿卡拉山（Mount Haleakala）或夏威夷大岛（Big Island）的冒纳凯阿山（Mauna Kea）山顶时，会长时间处于-29℃（-20℉）以下的温度之中，这样的低温足以把人冻伤。

95℉），此时外在环境未必有那么恶劣。举个例子，人体在4℃（40℉）的水中漂浮不到半个小时就会出现低体温。专业的医疗救治当然可以治疗低体温，其中最关键的步骤是使体温保持平稳。有效的治疗方法是让病人吸入潮湿、温暖的空气（43℃—50℃（107℉—122℉）），使呼吸系统和神经系统暖和起来，脑干功能得以恢复，从而重新支配心脏功能。

给汽车加防冻剂时，应该根据预期的低气温或低风寒确定加入的防冻剂量吗？

在参阅汽车用户手册之后，加入适量的防冻剂，以便在当地的预期气温达到最低时保护汽车的冷却器。在互联网上搜索一下，就会找到当地气温的预期低值。

海龟和蛙类的血液中有防冻剂吗？

海龟和蛙类等冷血的爬行动物和两栖动物在南方是怎样存活下来的？长久以来，这一直是个无法解开的谜。与狗、鹿和人等热血动物不同，这些冷血动物的体温会随着气温的下降而迅速下降。很多冷血动物生活在池塘和溪流附近的地面下。随着外界气温的下降，它们的身体放慢了新陈代谢速度，因此在没有充足食物或氧气的情况下，它们也能存活很长时间。此外，人们已经发现很多种类的蛙类和海龟将葡萄糖复合物作为一种防冻剂。如果它们的身体被冻住，这种防冻剂使得血液和其他体液不会形成破坏身体组织的有害结晶体。

感冒时为什么会流鼻涕？

当你吸入冷空气时，鼻黏膜会发生收缩然后膨胀。这样的反射行为促进了黏液的形成，并使少量鼻涕流出。过一会儿，当身体适应较冷的温度后就不会抽鼻子了。

在寒冷的室外就能感冒吗？

寒冷的天气本身不会使人感冒。然而，在冬天感冒现象却十分普遍，原因是人们在室内待的时间更长，与其他人发生的接触更多，而有些人也许会携带病毒或致病病菌。同时，室内的供暖系统不断运转——尤其是在较冷地区，家庭和建筑物内的环境受到污染。病菌会在诸如没有清理干净的空气过滤器和送气管道中滋生。有时，人们会接触到过多的一氧化碳，一氧化碳中毒的早期症状与普通感冒的早期症状十分相似。

为了避免在冬季患上感冒，我们要经常洗手，在公共场所尽量不要用双手碰触口、鼻和眼。最近的研究也已经表明，充足的睡眠（8个小时）可以使患感冒的几率减少66%。

有些海龟（和蛙类）能够过冬是因为它们的血液中含有像防冻剂一样的葡萄糖复合物。

在霜冻之前园丁怎样储藏尚未成熟的西红柿？

园丁们都知道冬季的初次上冻会使很多植物死掉，使尚未收获的水果和蔬菜遭殃。为了使略有青涩的西红柿在自然状态下继续成熟，可以把它们放在纸袋里并存放在一个干燥、阴暗的储藏室中。

农民用什么方法保护作物免受霜冻和突降冰冻的危害？

霜冻和冰冻是对作物造成的主要危害，尤其是在极少发生这类事件的较温暖地区。一些作物如柑橘类水果极易受到损害。多年来，像美国佛罗里达州、加利福尼亚州和得克萨斯州这样的地区，霜冻使橘

对大多数人来说，冬天都是一段难熬的时光。实际上，有些人甚至对寒冷过敏！

子、柠檬、鳄梨以及其他同类水果几乎绝收。熏烟法是保护作物的方法之一。它是利用可以随意搬动的火炉燃烧后产生的浓烟，使近地面的温度略有上升。但是，由于这种方法会对环境造成极大污染，遭到了环境保护者的反对。

另一种预防霜冻的方法是使用巨大的风机。这些大风扇将较暖的空气吹向地面，同时赶走近地面的较冷空气。有趣的是，农民有时会用冰将作物盖住以保护它们免受霜冻的危害！他们用喷洒器向植被喷水，只要温度没有降到−4℃（25℉）以下，就可以有效地保护作物。

与北方相比，为什么发生在美国南方的寒潮会夺走更多人的生命？

简单地说，在南方发生的寒潮更致命，因为那里的人们对寒潮的准备不足，家庭或其他建筑物的隔温更差。

在美国本土的48个州中最寒冷的城市是哪个？

蒙大拿州（Montana）的比尤特（Butte）有幸成为美国本土48个州中最寒冷的城市。那里平均每年有223天的温度都处在0℃以下。

在美国佛罗里达州测得的最低温度都有哪些？

即便在被称作"太阳州"的佛罗里达州，寒冷的天气也不是一件稀奇的事。举例来说，1800年1月11日，在现在的杰克逊维尔（Jacksonville）附近降雪厚度为13厘米（5英寸），而1899年2月13日，佛罗里达州的降雪范围向南移至了Ft.迈耶斯（Ft. Meyers）。1954年3月6日，佛罗里达州米尔顿（Milton）的降雪厚度约为10厘米（4英寸）。佛罗里达州最南部的降雪发生在1977年1月迈阿密（Miami）以南的荷姆斯泰德市（Homestead）。几个世纪以来，这里发生过少量降雪、冻雨和冰雹，其中包括2007年2月3日在潘汉德尔（Panhandle）地区以及2008年1月3日在戴托纳海滩市（Daytona Beach）发生的最近几场降雪。

有人对寒冷过敏吗？

研究表明，有些人确实对寒冷过敏，也可能出疹子。正如对付其他过敏原一样，抗组织胺药可以缓解这种过敏症状。

什么是永久冻土？

永久冻土指的是发生在平均温度为-5℃（23℉）或以下地区，即便是在夏季土层也常年（持续两年或多年）冻结不融。在发现永久冻土的两极地区，建造房屋成为一个难题，因为建筑物下面的冰冻土层可能会解冻，建筑物的地基很容易遭到破坏。

在美国市土的48个州中有没有永久冻土？

没有。尽管如此，北达科他州（North Dakota）和明尼苏达州（Minnesota）经常会出现霜冻将土层表面以下76厘米（30英寸）或多于76厘米冻住的情况。

五大湖曾完全结冻过吗？

五大湖偶尔会完全结冻，最近一次发生在1979年。1993—1994年的冬天，湖水几乎被冻实，但是还没有完全结冻。尽管这种情况不常发生，但是因为冻冰会对船体造成极大的潜在威胁，所以1—3月，五大湖一般都会关闭航运线。

哈得孙河曾经结冻过吗？

位于美国纽约州的哈得孙河（Hudson River）源自马西山（Mount Marcy）上的云泪湖（Lake Tear-of-the-Clouds），流入纽约湾（New York Bay），全长483千米（300英里）。谈到哈得孙河，人们一下就能想到的是它流经纽约中心地区的那一段。这段河不常结冻，最近的一次是在1918年。然而，位于河流发源地附近的高海拔地区的哈得孙河却时常结冻。

有记录以来的最低温度有哪些？

下表根据地区列出了气象学家有记载以来的一些最低温度。

> ### 俄罗斯的莫斯科比明尼苏达州的明尼阿波利斯冷吗？
>
> 莫斯科（Moscow）的纬度为55°45′，而明尼阿波利斯（Minneapolis）的纬度是45°53′。然而，它们却有着相似的气候。两个城市1月份的平均温度都是-10℃（约14℉），而7月份莫斯科和明尼阿波利斯的平均温度分别为18.9℃（约66℉）和23.3℃（74℉）。

低气温纪录

地 点	年 份	温度（℃/℉）
南极洲,沃斯托站	1983	−89.4/−129
格陵兰岛,克林克	1991	−69.6/−93
俄罗斯,奥伊米亚康	1933	−67.8/−90
俄罗斯,维尔霍扬斯克山脉	1892	−67.8/−90
格陵兰岛,北冰	1954	−66/−87
加拿大,育空河斯纳格	1947	−63/−81.4
俄罗斯,乌斯季斯库格	1978	−58.1/−73
智利,科伊艾克奥尔托	2002	−37.7/−36
阿根廷,萨米恩托	1907	−32.8/−27
摩洛哥,伊夫兰	1935	−23.9/−11
澳大利亚,新南威尔士州夏洛特帕斯	1994	−23/−9.4
美国夏威夷州,莫纳凯阿山天文台	1979	−11.1/12

美国的最冷气候纪录是多少？

美国最冷温度

地 点	日 期	温度（℃/℉）*
阿拉斯加州,普罗斯佩克特河	1971年1月23日	−62/−80
阿拉斯加州,塔纳克罗斯	1947年2月3日	−59.4/−75
马萨诸塞州,罗杰斯帕斯	1954年1月20日	−56.7/−70
犹他州,彼得斯幸克	1985年2月1日	−56.1/−69
马萨诸塞州,河畔护林者站	1933年2月9日	−54.4/−66
怀俄明州,莫兰	1933年2月9日	−52.7/−63
科罗拉多州,梅贝尔	1985年2月1日	−51.7/−61
爱达荷州,岛屿公园大坝	1943年1月18日	−51.1/−60
明尼苏达州,托尔	1996年2月2日	−51.1/−60
北达科他州,帕歇尔	1936年2月15日	−51.1/−60
南达科他州,麦金托什	1936年2月17日	−50/−58
爱达荷州,蒂托尼亚	1933年2月9日	−49.4/−57

续 表

地 点	日 期	温度（℃ / ℉）*
威斯康星州, 康德雷	1996年2月4日	−48.3/−55
俄勒冈州, 塞内卡	1933年2月10日	−47.8/−54
纽约州, 老福吉	1979年2月18日	−46.7/−52
密歇根州, 范德比尔特	1934年2月9日	−46/−51
内华达州, 圣哈辛托河	1937年1月8日	−45.5/−50
新墨西哥州, 加维兰	1951年2月1日	−45.5/−50
佛蒙特州, 布龙菲尔德	1933年12月30日	−45.5/−50
缅因州, 大黑河	2009年1月16日	−45.5/−50

＊ 不考虑风寒指数。

枫树糖浆在什么天气下最容易产生？

获取枫树糖浆的适宜温度在夜间, 因为夜间的温度会降至0℃以下, 而白天的温度在0℃以上。在夜间条件下, 糖浆更容易从枫树上滴下。

第四章　云和降雨

云

什么是云?

云是悬浮在空气中大量雨滴的集合体。这些雨滴是由浓聚在核子周围的水或冰晶组成。而核子通常是由灰尘或其他微小粒子,如花粉、火山灰、矿物鳞片以及其他的有机物或无机物质构成。

空气冷却至完全充满湿气或冰晶才会形成云。换句话说,当空气湿度达到100%,云就会形成。每个小云滴的直径仅有几微米。仅一滴雨的形成就需要上百万个云滴。

为什么云是飘浮的?

事实上,云滴受地球重力影响,因此也会下降。然而,由于受到使其飘浮的风力及气压的影响,云滴的下降过程变得十分缓慢。当云滴没有被吹动时,其下降速度大约是每小时10米(30英尺)。

层积云适用于人工降雨技术。（图片来源：美国国家海洋和大气管理局）

什么是"过冷水滴"？

当温度远低于冰点时（低至-40℃，即-40℉），仍保持液体状态的云滴被称为"过冷水滴"。由"过冷水滴"形成的云会对穿行其间的飞机构成潜在威胁，导致机翼和飞机推进器结冰。当"过冷水滴"以雾的形式降至地面时，就会使街道或高速公路形成危险的结冰路面。另一方面，"过冷水滴"会镶嵌在万物上，凝结出层层冰花，使树及其他植物看上去闪闪发光，十分漂亮。

什么是"艾特肯核"？

苏格兰物理学家约翰·艾特肯（John Aitken, 1839—1919）首次发现空气内充满着微小粒子。这些微小粒子包围在可能会浓聚为云的水滴周围。今天，我们通常把这种物质称为"核"。"艾特肯核（Aitken nuclei）"是更为专业的叫法。

如何利用"过冷水滴"实现人工降雨？

人工降雨是一种通过增加云层雨滴使其降水的方法。1946年，化学家、气象学家文森特·舍费尔（Vincent Schaefer, 1906—1993）和物理学家、化学家以及诺贝尔化学奖得主欧文·朗缪尔（Irving Languir, 1881—1957）共同进行了一次实验。实验中，两位科学家在含有冷却至-40℃（-40℉）云滴的云室内置入-78℃（-109℉）的干冰后，发现云室内开始有雨滴形成。于是，两人在真实生活中进行了试验。1946年冬，他们在飞机上将携带的干冰（即冷冻的二氧化碳）倾倒在一大片层积云里。当看到由干冰制造出的雪花漫天飞舞时，试验成功的结果令两位科学家十分欣喜。

曾与舍费尔共事过的美国物理学家伯纳德·冯内古特（Bernard Vonnegut, 1914—1997）后来开始尝试使用其他物质进行实验，以寻求更加有效的"种云"方法。冯内古特发现碘化银可以更好地实现这一任务，这种化学物质被沿用至今。此后，海盐甚至是水滴等其他物质也开始被用于云的催化。然而，这些催化云的方法似乎在冬季才更奏效。

什么是"伯杰龙-芬德森机制"？

伯杰龙-芬德森机制（Bergeron-Findeisen mechanism）是瑞典气象学家特·哈罗德·珀斯德维尔·伯杰龙（Tor Harold Percival Bergeron, 1891—1977)提出的理论。在该理论中他阐明了冰晶、水蒸气以及温度等在云的形成过程中发挥的作用。这一理论至今仍为学界广为接受，同时也被后来的德国气象学家华特·芬德森（Walter Findeisen, 1909—1945）所证实。因此，云的形成过程被称做"伯杰龙-芬德森机制"。

一大片积云飘浮在靠近美国佛罗里达州迪尔菲尔德（Deerfield）海滩的大西洋上方。（图片来源：美国国家海洋和大气管理局提供，拉尔夫·F. 克莱斯格（Ralph F. Kresge）摄）

人们如何利用干冰降雨来提高机场能见度的？

当天气变得足够冷时，用干冰进行机场除雾被证明是十分有效的方法。但令人失望的是，在美国，由于受天气条件的限制，只有5%的情况可以使用这种方法降雨除雾。

什么是"云室"？

"云室"原本是为研究放射线而设计的。1912年，苏格兰物理学家查尔斯·汤姆逊·里斯·威尔逊(Charles Thomson Rees Wilson,1869—1959)发明了"云室",并因此获得了1927年的诺贝尔物理学奖。其过程是使全封闭的室内充满水蒸气,并使其达到过饱和状态。当碘化粒子穿过封闭密室时便形成了核子,水滴就会在其周围形成。这一过程的优点是:物理学家能看到粒子,并对其活动展开进一步研究。

首位对云进行分类的人是谁?

1802年,法国博物学家让·拉马克(Jean Lamarck,1744—1829)首次提出对云进行系统分类。然而,他的分类方法并未得到广泛认可。一年后,英国人卢克·霍华德(Luke Howard,1772—1864)提出的云分类系统得到普遍认可,并沿用至今。

在霍华德的分类系统中,他将云的一般外形("团云"与"层云")和距地面的高度作为区分手段,并使用拉丁名称及前缀词来描述云的特征。例如,表示形状的名字有cirrus(卷曲状或纤维状)、stratus(层状)以及cumulus(块状或者堆状)。用于描述距离地面高度的前缀词有cirro-(指距地面约6 000米(20 000英尺以上)的高云族)以及alto-(指距地面约1 800—6 000米(6 000—20 000英尺)的中云族)。低云族则无此类前缀词。nimbo和nimbus意为"云层产生降雨",并可作为一个名称或前缀词加在其他词上使用。

四种主要云族及其类型是什么?

云的分类方式有:

1. 高云族。此类云族几乎全部由冰晶组成,其底部距地面约5 000—13 650米(1.65万—4.5万英尺)。
   A. 卷云(来自拉丁语,意为"一缕头发")是以片状或窄条状呈现的、轻薄的、像羽毛一样的晶体云。
   B. 卷层云是云体轻薄且似幕纱或薄纸的白色云,其表面呈斜纹状或纤维丝状。由于云内含有冰,人们认为卷层云与日晕或月晕的形成有关。
   C. 卷积云是云块较薄,呈白色鳞片状或棉片状的云。卷积云内可能含有"过冷水滴"。
2. 中云族。此类云族主要由水组成,其底部距地面2—7千米(6 500—23 000英尺)。
   A. 高层云外表好似蓝色或灰色的幕纱,或是以逐渐与高积云融合到一起的层状云呈现。透过这类高层云,太阳仍模糊可见,而一些云层较厚的扁平状高层云则可以完全遮挡住太阳。
   B. 高积云多为白或灰色,且多以圆形的密集云条或层状呈现。
3. 低云族。此类云族几乎全部由水或"过冷水"组成。当温度低于冰点时,云层

积雨云的顶端在天空中看上去就像一个巨大的棉花球。

内还可能会有雪和冰晶出现。低云族的云底是从近地球表面开始,一直攀升至中海拔高度2千米(6 500英尺)。

A. 层云是灰色,云底相对较低,云体构成均匀的薄板状云,但层云有时也呈现为浅灰色且形状不规则的片状云。有时,由于层云较薄,阳光很容易穿透云层。同时,这些云还会带来细雨或降雪。

B. 层积云是在云层顶部形成的球形、团块状云。

C. 雨层云是云内含有雨、雪以及冰珠,且形状相对不规则的灰色或暗黑色云。

4. 直展云族。此类云族由高于冰点温度的"过冷水"组成,云的顶部可延伸至很高,其底部距地面300—3 300米(1 000—10 000英尺)。

A. 积云是云块互不相连、云底扁平、云顶呈穹状的晴天云。通常来说,它不会向垂直方向大面积延伸,也不会产生降雨。

B. 积雨云是一种不稳定且云体较大的直展云。在其泡状云顶内常伴有阵雨、冰雹和雷电。

还有哪些术语可以用来描述云?

除了传统上主要依据云的海拔高度及特征进行命名外,的确还有很多不同的拉丁词汇也被用来描述云。这些名字被附加在云的主要名称前使用。例如，"堡状积云"是一种顶部看起来形状像是城堡塔的积云。下表对所有不同类型的云分别进行了描述。

云的类型	描述
弓形云	拱形或弓形
堡状云	角塔或塔状
浓云	菜花形
叠云	双层云体且部分重合
纤维状云	纤维，细丝形
絮状云	绒状，草皮形
碎云	不规则状
淡积云	扁平状，云体低小

美国俄克拉何马州塔尔萨市（Tulsa, Oklahoma）上空的乳状云。（图片来源：美国国家海洋和大气管理局中心图书馆图片资料室；海洋和大气研究室/环境研究实验室/美国国家强风暴实验室）

云的类型	描 述
砧状云	铁砧形
杂乱云	卷绕混乱状
多孔云	薄且带有孔洞状
荚状云	透镜形
乳状云	圆形,乳房状
中度云	凸出,中等尺寸(常指卷云)
雾状云	形状模糊不清
敝光云	厚密状
碎状云	破碎状
漏隙云	半透明状
伞顶云	罩或帽状
降水状云	雨云
轴辐状云	云线从云体向外辐射状
密状云	厚密状,灰色卷云
成层状云	水平薄板形
透光云	透明状
管状云	弯且向下延展状
钩卷状云	卷云顶端成钩形
波状云	波涛状
匀状云	均匀分布状
帆状云	帆状
肋骨云	骨或肋骨形

什么是"贝母云"?

贝母云在距地面19—32千米(12—20英里)处出现,外表类似卷云或荚状高积云。贝母云外表十分漂亮,因其虹色效果有时会被称为"珍珠母"——"过冷水滴"折射的太阳光使这些云的边缘看上去色彩斑斓,于是产生了一种珍珠母的效果。这种云常见于一些气候变化不明显的地域,如阿拉斯加、苏格兰(Scotland)以及斯堪的纳维亚半岛(Scandinavia)等地。贝母云只在日出前或日落后的几个小时内存在。

什么是荧光云?

荧光云形成于海拔75—90千米(47—56英里)处,是大气层内肉眼可见的最高的云。受高层大气风的影响,荧光云飘移速度可达161千米/小时(100英里/小时)。这

93

些类似卷云的云只会在夏季形成,且只存在于北纬50度—70度和南纬40度—60度的地方。荧光云常见于黎明,多为蓝或银色,有时,还带有红色斑块。据推测,荧光云的形成也许是上层大气中的流星灰所致,因为当流星活动频繁时,这种云会变得更常见。

什么是"骡尾"?

更专业的术语名称为"纤维卷云"。这类云的云体长而弯,外表呈纤维状,又因此得名"骡尾"。

美国多云天气最多的城市有哪些?

就城市的年均阴天数来说,位列美国"多云天气最多的城市"前10名的为:

1. 俄勒冈州阿斯托里亚(Astoria, OR)、华盛顿州魁雷约特(Quillayute, WA):240天
2. 华盛顿州奥林匹亚(Olympia, WA):229天
3. 华盛顿州西雅图(Seattle, WA):227天
4. 俄勒冈州波特兰(Portland, OR):223天
5. 蒙大拿州卡利斯比(Kailspell, MT):213天
6. 纽约州宾汉姆顿(Binghamton, NY):212天
7. 西弗吉尼亚州贝克利(Beckley, V)、艾尔肯斯(Elkins): 211天
8. 俄勒冈州尤金(Eugene, OR):209天

哪种云曾被误认为是不明飞行物?

因为荚状高积云(常被称为"荚状云")外形酷似不明飞行物(UFO),多年来常被媒体误报为不明飞行物,所以又被称为"飞盘云"。这些云经常以透镜状叠加出现,因此也被赋予多个别名,如帽状云、条形云、转轮云、冠形云、焚风云、台布云、奇努克拱形云(Chinook arch)、毕旭波云(Bishop)、摩柴哥脱云(Moazagotl)等。此类云的一个显著特点是:即使在风速达到每小时241千米(150英里)时,它们看上去仍然是静止不动的。这些云常见于高山地区,那里的空气以"驻波"(即不流动的波浪)的模式移动。潮湿的空气在云的上方回环,当凝聚的水汽顺风向地面移动时,就会逐渐蒸发掉。

什么是"鲭鱼天"?

"鲭鱼天"是高积云或卷积云在天空中形成的独特图案。因其看上去像是鲭鱼背

有时,不常见的碟状透镜云会被误认为是不明飞行物(UFO)。

上的鳞片而得名。

什么是"桌布云"?

南非开普敦(Cape Town)附近有一座桌山(The Table Mountain),每当空气飘离山顶向各方四面散去时,整座山就会被一大片薄云所覆盖。此时形成的云看上去就像是一大张亚麻布(即一块桌布),因此当地人将这种云命名为"桌布云(Table Cloth)"。

有多少地球表面被云覆盖?

不管在什么时候,地球表面都会有大约一半的地方被云层所覆盖。

飞机是如何制造云的?

当空气条件适合且湿度充分时,飞机的尾气常常可以制造出一条压缩尾线,这条尾线被称作"飞行云"。飞行云是一条条"云线",通常蒸发得非常快。如果空气中充满水蒸气,飞行云能变成卷云。

什么是"飞行云"？

　　"飞行云（contrail）"是其英文名称"condensation trail（凝结尾迹）"的缩略词，指的是喷气式飞机上升到一定海拔高度后，受气压影响，凝结在飞机尾气周围的水蒸气。第二次世界大战期间，由于担心飞行云会泄露B29战机的位置，人们首次对飞行云进行了研究。现在，由于气候学家担心飞行云会对全球变暖产生一定影响，因此他们也开始关注飞行云。例如，一项研究结果表明，有飞行云的地方往往形成卷云的几率更大。科学家同时也担心，喷气式飞机尾气中含有的化学物质可能会对对流层和低层大气内发生的化学反应有负面的影响。

降　雨

什么是蒸散？

　　蒸散是指包括水蒸气从地球表面（如湖泊、河流或水坑）蒸发以及水从植物体内向大气蒸腾的运动过程。

水文循环是如何进行的？

　　水文循环指的是水从大气降落到地面、河流、海洋和植物上，之后又返回到大气中去的过程。我们可以在这个循环圈中任意选取一点来进行测验。大气中的水形成云或雾，降落（降雨）到地面。一部分降水渗入到地面，滋养植物；另一部分则汇聚成水流，流入江河，再汇入大洋或形成地下水（水的地下资源）。一段时间后，以水坑、河流和海洋等形式存在的水就会蒸发到大气中，植物中包含的水分也会蒸腾到大气中。水向大气中运动的过程被统称为"蒸散"。

什么是潜热？

　　潜热这一概念由苏格兰化学家约瑟夫·布莱克（Joseph Black，1728—1799）提出。同期的瑞士气象学家、地质学家、物理学家琼·安德鲁·迪鲁克（Jean Andre Deluc，1727—1817）也提出了同样的理论。水在凝结、冷却或凝固时会失去能量。也就是说，水会因此散发热量。水凝结成水蒸气时释放的热量相当于每克水所含的热量（600卡），水凝固时释放的热量为每克80卡。这些热量为风暴的形成提供了能量。

什么是"白视"？

对于什么是"白视"，并没有一个官方的定义。它是由降雪造成的一种严重视力障碍，被民间俗称为"白视"。暴风雪或暴雪等天气状况可能会造成"白视"。如果在降雪时有阳光照射，情况会更糟糕。这就像在雾天开车时打远光灯一样，光线向后反射，射入人的眼睛，使人丧失视觉。

雨的下降速度有多快？

降雨的速度受雨量大小、风速及雨滴大小的影响。在静止空气中，一般大小的雨滴的下降速度约为每小时11千米（7英里）。稍大的雨滴可以达到26—32千米/小时（16—20英里/小时），而最小的雨滴在向地面飘落的过程中下降速度小于1.6千米/小时（1英里/小时）。因此，较大的雨滴在距地面1 500米（5 000英尺）的"雨云"中形成后，降落到地面，通常来说会用时约3分钟。

历史上曾用什么方法驱散浓雾？

过去人们曾试图使用直升机来驱散雾。法国人曾在机场使用喷气发动机来加热空气。但是，这两种方法都非常不实用。

降雨是否有其他种分类方法？

有。降雨可被分为3类：

● 对流雨。当近地面空气受太阳照射变热时，空气逐步抬升，而后在高海拔处冷却形成水滴。这样，对流雨就产生了。
● 地形雨。气团在上升时，与某种地貌（如山峰）相遇，进而形成了地形雨。同时，当气团穿过山体时，山体就会把气团中的湿气留住（其原理与雨刷器的工作原理相似）。与对流雨产生时的情况一样，空气会在高海拔处冷却，地形雨通常会在迎风的坡面形成。
● 气旋雨。由不同气团交锋所形成。不同的气团碰撞，导致热气团上升。气旋雨通常会引发飓风雷暴天气和飓风。

97

雨滴是什么形状的?

虽然雨滴的形状一直被描述为珍珠状或泪滴状,但高像素的照片显示,体积大点的雨滴是球状的,其中心处有一个半透明的洞(形状像面包圈)。这种形状的雨滴由"水表压力"(即水的表面压力)造成。如果雨滴的直径大于2毫米(0.08英寸),在下降时就会发生变形。空气压力使雨滴底部变平,雨滴侧面的体积变大。如果雨滴的直径超过6.4毫米(0.25英寸),在下降的过程中其底部会继续延展,侧面的体积也会变得更大。同时,雨滴的中部变细,形状像男士佩戴的领结一样。最后,在不断下降的过程中,一滴雨就分裂为两个球状雨滴。

雨滴最大能有多大?

在雨滴破裂成更小的雨滴之前,物理学定律限制了雨滴的大小。因此,尽管最大的雨滴仅有0.635厘米(约0.25英寸),雨水表面的张力仍然能使雨滴凝聚成一个整体。

美国国家海洋和大气管理局的雨水收集器放置在美国夏威夷的冒纳罗亚(Mauna Loa, Hawaii)附近,用于测量酸雨。(图片来源: 美国国家海洋和大气管理局特种部队,约翰·波特尼尔卡海军中校(Commander John Bortniak)摄)

如何测量降雨?

美国国家气象局等机构使用非常精确的仪器(精确到1/100厘米)来测量降雨。因为建筑和树木可能会对降雨的测量产生干扰,而雨量计和翻斗雨量计等测量仪器可以在不受当地建筑物和树木影响的情况下收集雨水。

什么是微量降雨?

当降雨量小到不能用雨量计来测量时,这样的降雨被称为"微量"。

如何测量居住地的降雨量?

任何底部和侧面扁平的容器都能用来测量居住地的降雨量。容器顶部和底部的宽度必须一样,直径大小都可以。因此,一

个为测量降雨量而特地购买的专业测量仪器或是一只普通的咖啡杯都可以用来测量
降雨量。

什么是布吕克纳周期?

　　布吕克纳周期（Brückner cycle）指的是平均周期为35年的气候振动,在此周
期内,"湿年"之后通常是"较干年"。周期也可能短至20年,长至50年。这个周
期是根据德国地理学家、气象学家爱德华·布吕克纳（Eduard Brückner）的名字
而命名的。它还与周期内的温度高低有关。布吕克纳对气候变化和冰川进退也十
分感兴趣,他在这个方面提出的理论是基于对冰川和树木年轮的研究做出的。然
而,由于这些"布吕克纳周期"会出现很大变化,气候学家们对气候的长期和短期
变化更感兴趣。

关节炎或关节疼痛的人能够预测雨天吗?

　　一些人声称自己能够预感到暴风雨的来临,因为他们会感觉膝盖疼、牙
神经跳动或身体其他部位疼痛。一份由美国宾夕法尼亚大学（University of
Pennsylvania）的科学家所做的研究报告指出,有关节痛的人能够感受到湿度的
增加和气压的下降,这也预示着风暴即将到来。

美国哪个地区降雨最多?

　　在夏威夷考艾岛（Island Kauai）的怀厄莱阿莱山（Wai'ale'ale）,那里的年均降雨
量多达1 168厘米（460英寸）——每年约12米（超过38英尺）。

什么地方每年下雨的日子最多?

　　提到每年降雨日子最多的地方,获得冠军的是夏威夷考艾岛的怀厄莱阿莱山,那
里每年的雨天多达350天。

世界上哪个地区降雨量最大?

　　按总降雨量计算,世界上最潮湿的地方是印度的梅加拉亚邦（Mawsynram）,每年
的降雨量达到1 188厘米（468英寸）,这主要是由季风雨造成。附近的另一个地区乞

拉朋齐（Cherrapunji）年均降雨达到 1 170 厘米（460 英寸）。第二大潮湿的地区是哥伦比亚的图图纳多（Tutunedo, Colombia）。那里的年均降雨量达到 1 177 厘米（463.4英寸）。据非官方统计，哥伦比亚的另一地区罗洛（Lloro）年均降雨量达到 1 328 厘米（523 英寸），但这种说法并没有得到确切的证实。

什么是雨恐惧症和雾天恐惧症?

雨恐惧症指的是对雨的非理性的害怕；而雾天恐惧症指的是对雾天的恐惧和担心。

那些关于从天空中降落鱼、青蛙和昆虫的故事是否是真实的?

尽管老话中的"天上下猫下狗"（意为"倾盆大雨"）只是一种表达方式，但仍有很多关于雨的奇闻逸事的报道，其中就有人们被伴随着雨水从空中降落下来的青蛙、蝗虫、鱼或其他生物砸到头的事例。例如，1873年，《科学美国》（Scientific American）杂志的一篇文章就报道了在密苏里州的堪萨斯市（Kansas City, Missouri），青蛙在暴风雨中从天而降。1901年，美国明尼苏达州的明尼阿波利斯市（Minneapolis, Minnesota），也有青蛙和蟾蜍随风暴降落。1995年，英格兰的谢菲尔德（Sheffield）发生了"青蛙风暴"。

关于这种降雨中含有两栖动物的情况，有一种可能的解释就是暴雨把青蛙和蝗虫等昆虫卷入到空气中，而大风又把它们抛到较远的地方。这种理论也可以解释空中下"鱼雨"的报道。例如，住在加利福尼亚州福尔瑟姆（Folsom）的一对夫妇，声称他们在2006年的9月看到了"鱼雨"。在这一年的早些时候，印度的甘露（Manna）也有类似的目击报道。科学家对这样的解释表示赞同，理由是暴雨能够造成时速达320千米（200英里）的大风，所产生的力量能够举起如帆船般重的物体。

其他生物，比如鸟类和飞行类昆虫也会成为这种诡异天气的受害者。不难想象，鸟类被卷入到暴风雨中，从空中摔落导致受伤或失去方向。蚂蚱和蟋蟀等昆虫也非常容易遭受暴风雨的伤害。例如，1988年，气象学家预测到非洲的一群红蝗遭遇强风，会被一路吹向加勒比海（Caribbean），并以"昆虫雨"的形式降落。

亚马孙雨林的降雨量是多少?

世界上最大的雨林包围着亚马孙河（Amazon River）流域，其大部分位于巴西的边境地区。那里的年均降雨量达到200厘米（80英寸）。有趣的是，尽管拥有充沛的降雨和浓密的植被，亚马孙地区的土地却并不肥沃，也不太适合农作物种植。

阿拉伯沙漠是否降雨？

位于阿拉伯半岛（Arabian Peninsula），覆盖面积达230万平方千米（90万平方英里）的阿拉伯沙漠实际上非常干枯，但这里也有降雨。沙漠的部分地区的年均降雨量仅有35毫米（1.38英寸）。暴雨偶尔也会导致山洪灾害。最糟糕的情况发生在1995年，风暴和高压风引发了山洪灾害，并造成吉达（Jiddah）附近地区5人死亡。

是否所有的降雨都到达地面？

不是。雨或其他形式的降雨在到达地面前也可能蒸发，特别是在空气非常干燥的情况下（湿度低）。美国西南部地区的"干"风暴非常常见，会产生雷电，但只带来少量的降雨。蒸发的雨水在空气被冷却、气压发生改变后极易诱发气流下沉和下击暴流。因此，"干"风暴警示飞行员们会有潜在的飞行危险。

1935年4月18日，美国得克萨斯州斯特拉特福德（Stratford）附近发生了大规模沙尘暴，令人毛骨悚然，这令原本身处经济大萧条的美国雪上加霜。（图片来源：美国国家海洋和大气管理局，乔治 E. 马什·阿伯姆（E. Marsh Album）摄）

什么是幡雨?

幡雨是未降落地面前就蒸发掉的雨的别称。

地球上最干旱的地方是哪里?

地球上最干旱的地方可能是位于太平洋海岸附近智利的阿塔卡马（Atacama）沙漠，那里（特别是阿里卡镇）的年平均降雨量大约为0.05厘米（0.02英寸）。气象学家认为，长期持续的干旱是由于洪堡特洋流（Humboldt Current）阻碍阿塔卡马沙漠地区降雨的结果。阿塔卡马沙漠的部分地区已有几个世纪未见一滴降雨。

在美国历史上哪次干旱造成的经济损失最大?

在整个历史进程中，美国曾发生多次严重干旱。最著名的是上世纪30年代的"沙碗暴"（Dust Bowl）事件。然而，如果从经济损失的严重程度来衡量，应该是1988—1989年的干旱，当时的经济损失高达400亿美元，重创了美国经济。约一半以上的美国人口受到了此次灾害的影响。

什么是沙尘暴? 沙尘暴对美国的影响有哪些?

1933—1939年发生的"沙碗暴"和沙尘暴，使美国的中心地带受到不同程度的破坏。最严重的干旱发生在1934—1939年，最严重的沙尘暴发生在1935年。沙尘暴将良田变为废土，巨大的沙尘暴还席卷了俄克拉何马州、得克萨斯州、堪萨斯州、科罗拉多州、新墨西哥州，甚至还有美国东部的很多州。但是，干燥炎热的天气并不是造成这种恶劣情况的唯一元凶。当时农民对土地资源的使用不当也严重损耗了土壤质量。大部分人都没有像我们如今这样轮换种植作物和灌溉土地。因此所造成的严重后果

1977年的沙尘暴带来了哪些后果？

自"沙碗暴"事件以来，美国所遇到最严重的沙尘暴发生在1977年2月，当时暴风从科罗拉多州到得克萨斯州，一路掠过农田，掀起巨大的沙尘云。沙尘暴将300万吨的沙土倾倒在俄克拉何马州。沙尘云继续掠过密西西比州（Mississippi）和阿拉巴马州（Alabama），造成了极其严重的微粒污染，之后穿过美国，直达大西洋。

是,当重大干旱发生时,农作物枯死,土地也很容易受到侵蚀。强风将泥土纷纷吹散,带走了原本已不够肥沃的土地仅存的养分。

"沙碗暴"事件不仅造成谷物的损失,同时还引发了前所未有的移民潮,像以往的农民放弃自己的土地一样,人们纷纷涌向西部各州,如加利福尼亚州。作家约翰·斯坦贝克(John Seteinbeck)在其1939年出版的著名小说《愤怒的葡萄》(*The Grapes of Wrath*)中,描述了当时这些人所遭遇的困境。除此之外,为告知后人,当时在美国农业安全局工作的摄影家多萝西娅·兰芝(Dorothea Lange)和亚瑟·罗斯坦(Arthur Rothstein)都以黑白照片的方式记录了这一灾难性事件。今天,在美国中部地区,"沙碗暴"的影响依旧存在。对当地农业社区而言,曾繁荣一时的商业中心已变成空无一人的"鬼城"。现在,这里的土壤仍处在恢复之中。

什么是毛毛雨?

按降雨来衡量,毛毛雨指的是非常微小的水滴。平均直径约为0.05厘米(0.02英寸)。

地球上哪个地方保持最小降雨量的记录?

从1903年10月至1918年1月,智利的阿里卡镇没有可测量到的降雨。

美国哪个城市保持着干旱时间最长的纪录?

从1912年10月3日至1914年11月8日,共767天,加利福尼亚州的巴格达(Bagdad)没有发生降雨。

40%的降雨概率代表什么意义?

如果早间天气预报报道某区域有40%的降雨概率,这代表在整个区域(通常是在城市地区)范围内,至少0.0025厘米(0.001英寸)的雨量有40%的几率会降落在这个

为什么在城市里平时比周末更易于降雨?

城市平时的降雨概率更高,这是由于工厂的密集运作和车辆尾气排放出的颗粒使潮湿空气形成了更多的降雨。同样原因产生的热空气也使降雨的几率增加。一项对巴黎市区内的研究结果显示,平时降雨增多,而周末锐减。

区域的某个地方。

湿　度

什么是湿度？

湿度指的是空气中所包含的水蒸气的量或饱和度。由于气压和温度的不同，在水蒸气转化成真正的降雨前，空气中所包含的湿度也不同。

绝对湿度和相对湿度的区别是什么？

绝对湿度指的是混合在空气中的水的"实际"含量，测量单位为"毫克/升"。相对湿度指的是在某一特定气温和气压下，绝对湿度与水蒸气的最大含量的百分比。例如，在一个大气压下，如果气温在37℃（98℉）的1升空气中含有44克（约1.5盎司）的水蒸气，水的实际含量为11克，那么相对湿度则为25%（11/44×100=25%）。

相对湿度是否能超过100%？

不能。曾有理论指出，当云在超饱和状态时，其相对湿度有可能略超过100%，但这一理论已被证明是错误的。

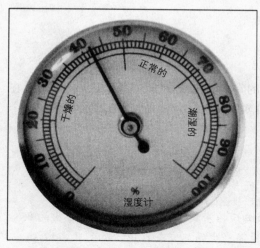

这种用于测算湿度的湿度计已经使用了上百年。

什么是室内湿度？

由于我们的居住环境受空调、火炉或电扇的影响很大，室内湿度常与室外天气状况有很大不同。例如，在冬天室内非常干燥时，静电增加，会造成人们皮肤干燥不适。室内湿度过高时会产生霉菌，其中一些霉菌对人体有伤害。此外，过干或过潮的空气也会破坏房屋结构。过潮的木头会招来白蚁等害虫啃食木质支撑物和地板。对大多数人而言，最适合人体的湿度水平介于30%—60%之间。

什么是湿度计？

湿度计是用来测量湿度的仪器。意大利艺术家、发明家莱昂纳多·达·芬奇（Leonardo da Vinci, 1452—1519）因研制出第一个湿度计而备受赞誉。1664年，弗朗切斯科·福利（Francesco Foll, 1624—1685）进一步完善了达·芬奇的设计。瑞士物理学家、地质学家霍勒斯·本尼迪克特·德·索绪尔（Horace Bénédict de Saussure, 1740—1799）也在此基础上设计了首部机械湿度计。湿度计基本分为两种：干湿电灯泡湿度计和机械湿度计。第一种是使用干、湿两个电灯泡温度计来比较由湿度所造成的气温变化。第二种是使用随湿度而扩大或缩小的有机物质（如金发），或者使用由氯化锂构成的半导体或其他电阻级别能够随湿度而改变的材料。

谁发明了露点湿度计？

露点湿度计是干湿电灯泡湿度计的一种，1820年由约翰·弗雷德里克·丹尼尔（John Frederic Daniell, 1790—1845）发明。它主要是由两个薄玻璃电灯泡和一个玻璃试管组成。一个电灯泡里装有一个温度计并被注满乙醚，另外一个电灯泡是空的。当空电灯泡里的空气冷却后，连接在试管另一端的电灯泡中的乙醚就会压缩温度计，从而形成露点温度。与丹尼尔的这一发明相类似的一些仪器至今仍在使用，比如冷镜式温度计，其原理是通过在镜面上形成的冷凝来测量露点。

下雨或下雪时，相对湿度是否总会达到100%？

虽然云层内形成的降雨和降雪要求湿度达到饱和度，但是当降水到达海拔较低地区或地面时，在温度较低的空气中也会出现雨、冰雹或雪。

谁发明了测量湿度的设备？

测量大气湿度的湿度器是由法国物理学家纪尧姆·阿蒙东（Guillaume Amontons, 1663—1705）发明的。

什么是"加湿器发烧症"？

如果你没有按照生产商的建议清洗加湿器，细菌和霉菌就会在里面滋生，这样你就会生病。同样，加湿器中的水应使用蒸馏水而不是自来水，因为自来水中溶解的矿物质会形成微小的白色粉尘在室内四处飞散,从而传播细菌。虽然由细菌引发的疾病有很多种(从过敏反应到一般性感冒都由细菌引起),但是,如果得病的主要原因是使用了没有维护好的加湿器的话,这类疾病就被统称为"加湿器发烧症"。

使人感到最舒适的理想相对湿度是多少?

对人类而言,一般认为最适合人体的湿度介于30%—60%之间,当湿度保持在50%以下时会更有利于控制室内的微尘含量。较低的湿度更容易诱发皮肤干燥和皲裂,引发疼痛甚至是呼吸问题。湿度较高会影响降雨在调节体温方面所起到的作用,会使人感到燥热。北方的气候特征是,冬天空气干燥,湿度会下降至5%以下,这与沙漠的湿度水平是一样的。

什么是露水?

露水指的是凝结在冷表面上的水蒸气。通常情况下,露水在温度低的夜晚形成,之后随着白天到来而蒸发。

什么是露点?

露点指的是空气中充满湿气并且达到最大值时的温度。当相对湿度达到100%,露点要么和气温一样,要么比气温低。如果一层很薄的空气接触到某个物体表面,然后被冷却到露点以下的温度,真正的露点就形成了。这就是为什么露点通常在夜晚或清晨形成的原因:随着气温的下降,空气中所包含的水蒸气的含量也在下降。多余的水蒸气会在它所接触到的物体表面凝结成很小的水滴。雾和云就是由于大量的空气被冷却至低于露点温度而形成的。

露点、湿度和相对湿度的区别是什么?

虽然湿度和露点都是用来测量空气中水的含量,但湿度是用空气和水的百分比来表示,而露点则是用温度来表示。露点所标示的温度是空气达到100%饱和状态下的温度。露点和当前温度的差越大,表明空气的湿度就越低。露点和相对湿度的共性是两者都属于测量手段,不同点是相对湿度用百分比来表示,而露点用温度来表示。

绝对湿度和特定湿度的区别是什么？

绝对湿度指的是每立方米空气中水蒸气的含量，测量单位为"克/立方米"。特定湿度是指每克空气中水蒸气的含量。

露水是否会降落？

虽然这是个常见的说法，但事实上露水并不会降落，这一点在1814年由美籍苏格兰物理学家威廉·查尔斯·威尔士（William Charles Wells，1757—1817）所做的示范中得到了证实。通过展示，威尔士向公众证明，当水蒸气凝结时，露水实际上是在物体表面形成的。

地球上哪个地方最为潮湿？

按照最高露点温度来说，最高值出现在沿红海（Red Sea）的埃塞俄比亚（Ethiopia）海滩。这里，6月份下午的平均露点能高达28.9℃（84℉）。当然，正如人们所了解的那样，世界范围内热带雨林的湿度都非常高。

冰、雪、冰雹和霜

雪是怎么形成的？

雪在云内的形成与水的形成很相似。水蒸气聚集在由灰尘或其他粒子形成的原子核周围，当云内的温度足够低时，水分子便开始结合，从而形成晶体。当晶体足够重时，在重力的作用下，就会降落到地面。

冰的六重分子对称结构使雪花形成了独特的六角形晶体图案。水是由一个氧原子和两个氢原子以一种"V"字形结构组合而成。当温度足够低时，水分子就会聚合在一起，自然地形成了六角环形。随着这种图案不断形成，雪花也渐渐变大，直至为肉眼所见。

水总是在0℃（32℉）才结冰吗？

就一般标准而言，水的冰点是在0℃或32℉，不过这一标准只有在一个标准大气压下，且水质纯净（不是盐水或其他含有杂质的水）时才成立。盐水（取决于盐度多少）

的冰点低于纯净水。另外，当气压高于一个标准大气压时，纯净水的融点也会随之降低。然而，若使标准冰点稍有变化则需要增大更多的气压。要使水的冰点为1℃（30℉），那么所施加的气压则需要达到134。

因为云内水滴一定是在像灰尘这类的杂质周围凝聚，所以其冰点并不一定是0℃（32℉），而在温度低至-40℃（-40℉）时，云内水滴仍可以保持液体状态。换句话说，只有当核子周围的水滴结合在一起时，这些水滴才能够结冰并形成冰晶。另一方面，因为冰山实际上是由淡水组成的，所以盐水湖上的冰山基本能够在冰点结冰。这是由于海洋里的冰通常形成得比较慢，使冰晶能够排除盐类等杂质。另一方面，作为每年夏天都会解冻的北极冰层的组成部分，冰流是由海冰构成的。海水在没有表层干扰的情况下，能在-2℃（28℉）时结冰。

封冻湖或滑冰场的冰还具有一个有趣的特性，那就是摩擦力是如何使滑冰成为可能的。人们曾认为，冰刀在冰面上形成的压力使水由固态变为液态，于是制造出一层光滑面以便滑冰者在冰上滑行。近来，也有结论指出，冰刀与冰面之间产生的摩擦力使冰融化，所以才使滑冰成为可能。

在冬天，为什么湖和池塘只在水的表面结冰？

湖、池塘及其他水域内的冰之所以能浮到水面是因为液体水的密度比固体冰要大。当水温在3.3℃（38℉）以下，其密度就变得越来越小，浮力越来越大。这对于生活在小水域的鱼和其他动植物是一个好消息，因为它们可以在冰层之下生活。

什么是恐雪症？

恐雪症指的是对雪的害怕和恐惧。

冻雨、冰雨及冰雹之间的区别是什么？

冻雨是指以液体形式降落且与冰冻物体接触时可以转换为冰的雨。冻雨会使物体形成一种叫"雨凇"的光滑表面。因为很快会变成雨或雪，冻雨通常只持续很短的时间。冰雨是以冰珠的形式存在的冻雨或部分冰冻的雨。当雨从温暖的大气层降落，经过离地球表面较近的冰冷气层后，冰雨就形成了，形状如坚硬、透明小冰珠。冰雨以很快的速度砸向地面后会被弹起，并伴有急促的击打声。冰雹则是更大的冰雨。

霜和冰冻的区别是什么？

当气温下降至-2.8℃（27℉）以下且持续时间超过4小时，很多国家气象部门都会发布冰冻预警。因为担心温度过低会破坏庄稼，园丁及农民会十分关注冰冻。但冰冻的好处是能够消灭蚊子和其他害虫，有益于日后的农种。

与冰冻相比，霜的形成并不需要如此低的温度。事实上，当空气温度略高于冰点几度，而物体表面温度等于或低于冰点温度时，在汽车车窗和其他物体表面便会形成霜。

什么是雨凇和雾凇？

从字面意思上来看，雨凇是冰冻的雨或小雨落到地面上所形成的一层薄冰，而雾凇则是在大风条件下，由冰冻的雾或薄雾所形成。雾凇有两种：软凇和硬凇。软凇是外表乳白、像糖果般的冰晶。通常会在电线、电线杆和树枝等细高的物体表面形成，形状如鳞片、羽毛或针尖。硬凇的外表不像软凇那样乳白，呈梳子状。而且硬凇更加密集，与软凇相比也不容易被折断。在多风的天气，当温度在−2℃至−8℃（18℉—28℉），湿度达到90%或以上时，硬凇才能形成。而软凇既可以在类似条件下形成，也可以在气温低于−2℃（18℉）时形成。

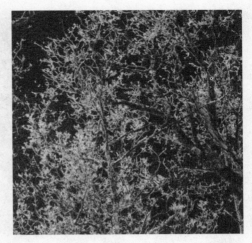

北卡罗莱那州艾什威尔（Asheville）附近的雾凇为树枝披上了一层外衣。（图片来源：美国国家海洋和大气管理局，格兰特·W.顾吉（Grand W. Goodge）摄）

什么是冰暴？

冰暴是在冬季出现的最恶劣的天气状况之一。冻雨在地面上集聚，覆盖了万事万物的雨凇或雾凇层越积越多，为路面、建筑物、电话网以及植被披上了"冬衣"，这时，就会发生冰暴。当然，这种天气对汽车驾驶是非常危险的，很多人因为在旅行中遭遇冰暴路面而丧命。飞机机翼上形成的冰层会阻碍其正常运转，即使有工人不断除冰，机场也会在这种情况下取消航班。冰暴可以将电力线压低甚至造成断电事故，一些老树由于承受不住冻雨的压力而倒塌。例如，一场冰暴引发的严重后果可能会使一棵高15.2米（50英尺）、树冠平均周长6.1米（20英尺）的大树被重约4 500千克（1万磅）的冰瞬间压倒。

冰雹是如何形成的？

冰雹指的是包含球状冰的降雨。冰雹通常由同圆心、洋葱状的冰层构成，以很小

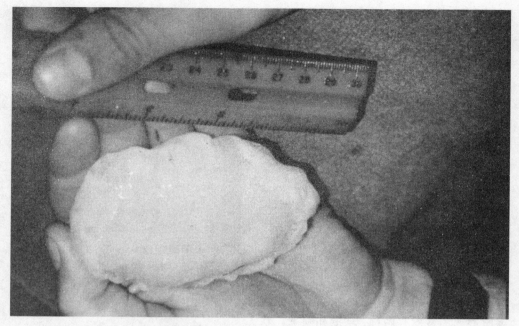

得克萨斯州因降落过超大的冰雹石而著称。图为1995年6月8日降落的一块冰雹石。（图片来源：美国国家海洋和大气管理局中心图书馆图片资料室；海洋和大气研究室/环境研究实验室/美国国家强风暴实验室）

的核为中心，其形状随着雪半融化或重新冰冻的状态而改变。当冻雨和冰朝着空气中的小颗粒（如灰尘）凝聚时，冰雹就会在积雨云或雷雨云中形成。这些颗粒被云中的风吹过不同的气温带，从而不断地累积成更多的冰层和融雪，体积也随之增大。

冰雹石是否总是圆的？

通常来说，冰雹石是圆形或圆块状的小冰球，有时也会呈椭圆形或突起的尖状。

最大的冰雹石有多大？

一般大小的冰雹平均直径为0.64厘米（约0.25英寸）。然而，1939年有报道称，一块重量达3.4千克（7.5磅）的冰雹落在印度的海得拉巴州（Hyderabad state）。但是，科学家认为这块大冰雹应该是由一些小冰块在部分融化之后黏合在一起形成的。1986年4月16日有报道称，一块重达1千克（2.5磅）的冰雹落在孟加拉的戈巴尔甘尼（Gopalganj, Bangladesh）区域。在德国也有关于重达2.04千克（4.5磅）的冰雹的报道。

截至目前，美国最大冰雹记录的保持者是2003年6月落在内布拉斯加州欧若拉（Aurora, Nebraska）的一块冰雹，其周长达47.625厘米（18.75英寸）。在此之前，最大的冰雹记录则是由1970年9月落在堪萨斯州科菲维尔（Coffeyville）的冰雹所保持的，其周长达44.45厘米（17.5英寸）。然而，按重量来说，后者才是记录的保持者，落在科菲维尔的冰雹重量为0.76千克（1.67磅），而落在欧若拉的冰雹为0.59千克（1.3磅）。

按体积大小，冰雹分为几类？

在美国，气象报告中经常使用下列用语描述冰雹的大小。而冰雹的实际大小常常与所用的比喻词不吻合。

描　　述	直径（厘米/英寸）
豌豆	0.65/0.25
弹珠	1.25/0.50
便士，10美分，大弹珠	1.90/0.75
5美分，卫生球	2.25/0.88
25美分	2.50/1.00
50美分	3.20/1.25
核桃	3.80/1.50
高尔夫球	4.45/1.75
鸡蛋	5.00/2.00
网球	6.35/2.50
篮球	7.00/2.75
茶杯	7.60/3.00
柚子	10.25/4.00
垒球	11.40/4.50

是否存在陨冰？

答案是肯定的。因为陨冰不像冰雹那样在云层中形成，所以它并不是冰雹。陨冰是较大的冰块，它形成的天气条件也不需要有雷雨。陨冰可能很小，重500克（约1/3磅），也可能大得惊人，曾有一块重量为62千克（137磅）的陨冰落在巴西。但是，陨冰是怎样形成的？一种理论认为它来自空中飞行的飞机，但并不是从飞机洗漱间的排水管中排出的，因为如果是那样的话，在冰块中会发现污染物和洗涤剂。然而，飞机在飞行中仍会产生冰块并使其脱落，由于喷气式飞机飞行速度极快，冰块在3分钟内就会降落到地面，因此陨冰很可能来自蔚蓝的天空。然而，越来越多的气象学家对这种观点并不买账。他们推测，在对流层中冷却的水蒸气状况（科学家对此仍知之甚少）或许能够解释陨冰的成因。

什么是"冰雹带"？

冰雹带是冰雹形成的理想地区，通常出现在山脉背风坡的中纬度地带。以下地区有这样的冰雹带：美国和加拿大的中部平原区、欧洲中部、乌克兰部分地区、中国南部、阿根廷，南非的中部和南部地区以及澳大利亚的东南部。

著名的冰雹降落记录有哪些？

1968年，伊利诺伊州（Illinois）的一场风暴带来了23.2万立方米（820万立方英尺）的冰雹，它们落在6.2万公亩面积的范围内。1980年，在艾奥瓦州(Iowa)奥瑞安特（Orient）发生的一场冰雹风暴带来了1.8米（6英尺）深的冰雹流。

> ### 在美国康涅狄格州哈特福特发现的 巨大"冰石"是冰雹吗？
>
> 1985年4月30日，美国康涅狄格州（Connecticut）哈特福特（Hartford）一名13岁男孩发现了一块重达680千克（1 500磅）的冰块。冰块很明显是从空中落到他家后院的。尽管没有人知道它到底是从哪里来的（虽然大块的冰偶尔会从飞机上落下），但这绝对不是一块天然的冰雹。

美国"下冰雹最多的城市"有哪些？

美国年均冰雹降落量最多的前10名城市有：

- 怀俄明州夏安（Cheyenne, WY）
- 俄克拉何马州塔尔萨（Tulsa, OK）
- 得克萨斯州阿马里洛（Amarillo, TX）
- 俄克拉何马州俄克拉何马城（Oklahoma City, OK）
- 堪萨斯州威奇托（Wichita, KS）
- 得克萨斯州达拉斯（Dallas/Ft. Worth, TX）
- 得克萨斯州阿灵顿（Arlington, TX）
- 科罗拉多州丹佛（Denver, CO）
- 科罗拉多州科罗拉多斯普林斯（Colorado Springs, CO）
- 路易斯安那州什里夫波特（Shreveport, LA）

冰雹是否有年轮圈？

答案是肯定的。但和树木不同的是,冰雹的年轮圈并不代表冰雹的年轮。1806年,意大利物理学家亚历山德罗·伏特(Alessandro Volta, 1745—1827)对这些圈进行了研究。他经过分析后得出结论:冰雹会在降落前,随上下气流的变化而几次改变其海拔高度。随着温度和湿气水平的改变,冰层会以不同的速度聚集在"胚"(核)的周围,从而形成更多的冰层。

冰雹是否有致命的危险？

急剧下降的冰雹体积大、重量沉,速度快,所产生的力量可以击碎玻璃、扭曲汽车、毁坏屋顶、破坏庄稼(仅在美国,年均经济损失就高达10亿美元)甚至会致命。例如,1953年7月降落在加拿大艾伯塔(Alberta)的一场冰雹风暴造成3万只鸭子丧命。1978年7月,在美国蒙大拿州(Montana)发生的冰雹风暴中约有200只羊丧命。

在美国,很少有人因为冰雹而丧生。最近的记录是在1979年7月30日,冰雹降落在科罗拉多州的福特科林斯(Fort Collins),造成一名婴儿死亡,约70人受伤。然而,在世界的一些贫困地区,风暴造成的危害是较为普遍的,因为这些地区的建筑不够结实,在风暴天气容易倒塌而使屋内的人受伤。例如,1986年3月22日,在中国四川省发生的一场猛烈的冰雹风暴造成9 000多人受伤,100人死亡。一个月后,孟加拉国的戈巴尔甘尼有报道称,重达3千克(超过2磅)的冰雹使92人丧生。

什么是明冰？

顾名思义,"明冰"指的是当温度在-3℃—0℃(27℉—32℉)之间,水滴降落或凝结在物体表面形成的清澈、非晶质的冰。

什么是霰？

霰,也叫雪球,这个词很有趣,意思是很软的冰雹。当"过冷水"使雾凇围绕雪花内核形成时,霰就产生了。霰比一般的雪要重,呈颗粒状。因此,如果大量的霰堆落在山丘或山坡上就可能造成险情,如雪崩。

霜覆盖在窗户上,形成了美丽的水晶线图案。

113

霜是什么时候形成的？

温度是零点或低于零点时，在物体表面形成的晶体沉淀就是霜。当大气中的水蒸气没有在第一时间成为液体而是直接浓缩成冰时，就会发生上述现象。这一过程被称为升华。霜通常出现在清凉、平静的夜晚，特别是在地面空气非常潮湿的初秋季节。"多年冻土"是指地面被完全冻住，不能彻底解冻的土地。

除了雾凇霜，还有哪些类型的霜？

在不同的天气条件下，霜的样式也会有所不同。有时，它形成的景观非常漂亮。霜的类型包括以下几种：

平流霜/风霜是在植物或其他物体边缘形成的霜。风霜通常在寒冷的大风天，形成于物体的迎风面。

蕨类状霜/窗霜因其在窗户上形成类似蕨类植物的形状而得名，特别是在那些不太绝缘的窗户上。玻璃表面的杂质为水蒸气形成冰晶提供了可以凝聚的内核，使这些冰晶以复杂的方式向外发散。

霜花是植物和天气之间发生的一种极为少见的相互作用的结果。植物根茎中的水由于寒冷可能会消失或者凝结成花朵般的形状。因为它们非常易碎，霜花通常在形成的几小时内就会散开。

白霜是指在清凉的夜晚，当物体表面温度低于空气温度时形成的。从外观上来看，白霜为白色的、结构分散的晶体。从表面上看起来它可能和雾凇很像，但不同的是，它的形成条件不需要湿气或雾。

雪和冰雹的区别是什么？

雪是由云中的水蒸气降落到地面前凝结而成的。冰雹是由云中的水滴（雨滴）转化成的冰。

雪中水的含量是多少？

正如任何有除雪经验的人所了解的那样，在不同的条件下，雪呈现出多种状态——从轻薄、蓬松到厚重、密实和泥泞。作为一条经验法则，每25.4厘米（10英寸）地面上的积雪融化后大约相当于2.54厘米（1英寸）的降雨量。

"没有任何两片雪花是一模一样的",这种说法正确吗?

有些雪花拥有惊人相似的形状,但是这些"双胞胎"并非在分子结构上完全一样。1986年,云物理学家南希·奈特(Nancy Knight)认为,她在一架满是油渍的飞机滑梯上发现了两片完全一样的晶体。这样一对晶体可能是同一片雪花晶体分开的两半,或者是紧挨着的两片,因此同时遭遇了同样的天气条件。不巧的是,由于照片不能捕捉到可能存在的不同的分子结构,专家无法进一步研究这两片雪花的更小组成部分。

巨型雪花是何时被观测到的?

1887年1月28日,在美国蒙大拿州的福特·基奥治(Ft. Keough)的一场降雪中,雪花竟有38.1厘米(15英寸)之大。当然,降落的雪花不是由单个的晶体构成,而是由堆状的冰晶凝结在一起形成的较大的雪花。在观测到这些雪花不久后,1888年在英国夏尔牛顿郡(Shirenewton)经历的一场暴雪中,雪花有9.5厘米(3.75英寸)。

是否能够预测雪晶的形成?

雪晶形成后有几种形态:针状晶体、片状晶体、戴帽柱晶体和羽毛状的松枝晶体。温度和湿度水平决定了雪花会形成哪种形状。所以,只要这些条件是已知的,就能够预测雪花形成的形状。当然,在自然条件下,要做到这点是不现实的。但在实验室中,可以根据需要模拟出形成某种特定形状的雪花的条件。

除雪对健康有什么影响?

在北方冬季严寒的气候条件下,由于老年人或身体不太健康的人在除雪活动中运动过量,导致心脏病发作率急剧攀升。因为男性比女性更主动地去承担除雪任务,所以在冬季死于暴雪的人中约有3/4是男性,其中又有一半是年龄超过60岁的老人。因此,在不确定身体是否足够健康时,在进行除雪活动之前,应征求医生的意见。

最大降雪发生在哪里?

华盛顿州的贝科山(Mt. Baker)保持了单个季节最大降雪量的记录:2 896厘米(1 140英寸)。

什么是钻石尘？

钻石尘，又名"冰棱镜"，指的是在天气极冷且包含充足的湿气时，空气中形成的细小的冰晶。钻石尘所产生的景象非常美丽。当天气好时，那些闪耀的、几乎肉眼看不见的晶体会出现在半空中，被阳光照射，看起来就像是在微风中飘动的闪闪发光的钻石。

威尔逊·A.本特利因拍摄出高清晰度的雪花照片而闻名于世。这些雪花照片拍摄于1902年。（图片来源：美国国家海洋和大气管理局）

第一个研制出人造雪的人是谁？

1936年，日本北海道大学（Hokkaido University）的物理学家中谷宇吉郎（Ukichiro Nakaya, 1900—1962）是首个研制出人造雪的人。他从威尔逊·A.本特利（Wilson A. Bentley, 1865—1931）拍摄的照片中获得了灵感，之后又设计了富有诗意的雪花分类体系，并在1954年出版的《雪晶体：自然的和人工的》（*Snow Crystals: Natural and Artificial*）一书中对这一体系进行了详细描述。

是否有关于雪花的分类体系？

人类总是乐于对世间万物进行分类，当然也包括雪花。1951年，国际雪花和冰委员会（International Commission on Snow and Ice）对每一种雪花进行了命名，这项任务十分艰巨——要知道，"没有两片雪花是一模一样的"。

按照国际分类体系，雪花有哪些类别？

官方机构对雪花类型的描述如下：

● 星盘晶体。正如其名字一样，星盘晶体是一种类似星状的雪花，呈清晰的平面六角形，并带有六片分支。
● 扇盘晶体。扇盘晶体与星盘晶体很相似，但其突出的脊背指向六面晶体中的每一个面。
● 双盘晶体。两个星盘晶体通过"戴帽"相连从而形成双盘晶体。通常，其中一个双盘晶体要比另一个大很多。

- 裂盘和裂星晶体。当两个单个晶体的部分合并成为一个晶体时就会形成裂盘和裂星晶体。如果不仔细看,裂盘和裂星晶体很像是一个单独的六片分支晶体。例如,如果一个只有两片分支的部分晶体与一个只剩下四片分支的部分晶体合并到一起时,就会形成一个看上去很完整的带有六片分支的单个晶体。
- 简单棱柱晶体。简单棱柱晶体是有六片分支、细小且呈扁平状的雪花。这类晶体虽然用肉眼难以区分,但却十分常见。
- 树枝星晶体。树枝星晶体就像长满树枝的树一样从晶体的六个分支上延伸出来。
- 松枝星晶体。松枝星晶体是一种像蕨类植物的多褶皱树枝星晶体。
- 辐射松枝晶体或特殊的树枝状结晶。这是一种分支部分不只是在二维,而且还在三维方向向外延展的树枝状结晶。
- 戴帽柱晶体。戴帽柱晶体看起来像是有六个平直侧面的柱子一样(可以想象一下两个连接在一起的六边形组合)。
- 空心柱晶体。除柱体两端为中空或空洞状外,空心柱晶体与戴帽柱晶体相似。
- 12边雪花。当两个六面雪片以30°角连接在一起时,它们会呈现出带有12个分支的雪片或戴帽柱状晶体。
- 针形晶体。正如其名字一样,针形晶体表现为细长的冰晶状。当温度在-5℃(23℉)时,针形晶体通常会形成。
- 三角晶体。三角晶体常常在温度为-2℃(28℉)时形成。三角晶体像有一半分支尚未完全形成时变了形的星状雪花,因此产生出了三角形状。
- 子弹形莲座晶体。当几个柱形晶体融化后又冻结在一起时就形成了子弹莲座晶体。这种晶体看上去就像是几枚弹头以奇怪的角度连接在一起一样。
- 霜面晶体。多余的水滴被冻结在已经形成的雪花上时,就会在雪花表面产生一层绒毛,看起来毛茸茸的。
- 不规则晶体。不规则晶体是秩序混乱的雪花破损融化后又结合在一起的一种晶体。

"雪花人"是谁?

美国的农民摄影师威尔逊·A.本特利(Wilson A. Bentley, 1865—1931)因拍摄了2 400多张雪花的照片而获得"雪花人"的绰号,人称"雪花本特利"。他拍摄了大量雪花照片,充分捕捉到了雪花的自然美,1931年出版了《雪晶体》(*Snow Crystals*)。

24小时内保持最大降雪记录的美国城市有哪些?

自20世纪90年代以来,美国一些地区有着惊人的降雪量,记录如下:

地 点	时 间	降雪量(厘米/英寸)
阿拉斯加州,瓦尔德斯 (Valdez, AK)	1990年1月15日	120.6/47.5
南达科他州,戴德伍德(Deadwood, SD)	2008年11月24日	110.7/43.6
纽约州,布法罗(Buffalo, NY)	1995年12月9—10日	96.3/37.9
纽约州,纽约(New York, NY)	2006年2月11—12日	68.3/26.9
蒙大拿州,格拉斯哥(Glasgow, MT)	2008年10月12日	32.5/12.8

美国的最大降雪量记录有哪些?

单次风暴带来的最大降雪量记录是480厘米(189英寸),由加利福尼亚州的沙斯塔山滑雪碗(Mount Shasta Ski Bowl)在1959年2月13—19日期间创造的。一天内的最大降雪量记录由科罗拉多州的盐湖城(Salt Lake City)保持,从1921年4月14—15日,降雪量达193厘米(76英寸)。保持年度最大降雪量记录的地区是华盛顿州雷尼尔山(Mount Rainier)的天堂岭站(Paradise Ranger Station),从1971年2月19日—1972年2月18日降雪量达到了3 110厘米(1 224.5英寸)。天堂岭站还是年均降雪量最高纪录的保持者,高达1 727厘米(680英寸)。1911年3月,加利福尼亚州提马洛克(Tamarack)的最大积雪厚度达到了11.4米(37.5英尺)。

为了防止雪被风刮起覆盖住建筑物,人们经常使用防雪护栏。

亚利桑那州是否下雪？

海拔高的地区通常降雪较大。例如，坐落在海拔高度2 133米（7 000英尺）的弗拉格斯塔夫（Flagstaff）经历过非常寒冷的冬季，1937年1月22日的温度曾降至−34.4℃（−30℉）。尽管弗拉格斯塔夫的气候被官方认定为"半干旱"，这个城市的年平均降雪量仍然能达到254厘米（100英寸）。然而，即使在亚利桑那州这样低海拔的地区也并非没有降雪。1957年11月16日，图桑（Tucson）的降雪量罕见地达到了16.5厘米（6.4英寸）。当然，对于其他天气非常炎热的城市来说，这种情况并不常见。

美国有哪些人们认为不会下雪的地区出现了降雪？

1895年2月14日，路易斯安那州（Louisiana）的雷恩镇（Rayne）出现了61厘米（2英寸）的降雪。另一个较早的记录是在1800年1月10日，佐治亚州（Georgia）的萨凡纳市(Savannah)降下了46厘米（18英寸）厚的雪。2008年12月11日，新奥尔良（New Orleans）的人们在自家前院的草坪上惊讶地发现了积雪。

什么是大雪预警？

大雪预警是指当积雪量在12小时内达到10厘米（4英寸）或以上时，由美国国家气象局向公众发布的预警信息。与暴风雪预警不同的是，在发布大雪预警时不需要根据强风的情况做出报告。

防雪护栏的用途是什么？

防雪护栏通常被修建在几乎没有防护的植被或建筑物前，目的是防止大风将雪吹进来。防护栏有防风装置，能有效地阻止被风吹入的雪。

什么是"雪卷"？

不只是人们喜欢堆雪人，有时，大自然也会加入到游戏中来。在大风、寒冷的条件下，微风会将雪花卷动起来。随着雪花不断地卷动，雪越积越多，所形成的雪球也开始变得越来越大。据了解，这种"雪卷"的直径会增大至几米（几英尺）。

哪几个城市是美国十大降雪城市？

美国年度平均降雪量排名在前10位的城市 *

城　　市	年均降雪量（厘米/英寸）
加利福尼亚州,特拉基（Truckee, CA）	516.6/203.4
科罗拉多州,斯廷博特斯普林斯（Steamboat Springs, CO）	440.2/173.3
纽约州,奥斯维戈（Oswego, NY）	389.4/153.3
密歇根州,苏圣玛丽（Sault Ste. Marie, MI）	333.2/131.2
纽约州,锡拉丘兹（Syracuse, NY）	305.3/120.2
密歇根州,马奎特（Marquette, MI）	300.2/118.2**
宾夕法尼亚州,米德维尔（Meadville, PA）	282.4/111.2
亚利桑那州,弗拉格斯塔夫（Flagstaff, AZ）	282.2/111.1
纽约州,沃特顿（Watertown, NY）	281.4/110.8
密歇根州,马斯基根（Muskegon, MI）	268.9/105.9

* 所包含的城市人口数为1万人及以上,数据是1971—2000年间的平均值。

**马奎特机场的平均降雪量达456.7厘米（179.8英寸）。

天气太冷时就不会有降雪吗？

　　无论天气有多冷,空气中都会包含一些湿气。这些湿气会以非常小的雪晶体的形式从空气中脱离出来。人们常常把非常寒冷的空气和没有降雪联系在一起,因为通常来说寒冷的空气都很干燥,并且这些自北纬度地区入侵的空气常常使人联想到冷锋后的晴朗天气。如果降雪量大,人们认为空气相对潮湿,且在暖锋前或在较强低气压之后出现。在北冰洋地区年复一年不断累积的雪,充分说明了无论天气有多冷,降雪都会发生的。

是否可以用雪来保暖？

　　像木头、石头和泥土一样,雪也可以用来绝缘。如果地面上的雪量充足,人们就可以在雪面上挖开一个小洞穴或圆顶结构,爬到里面去,身体的热量会使洞内的温度升高。为了能更有效地取暖,挖开的洞深度最好在地表以下2米（6英尺）左右,并且将洞穴开口置于背风面。这样的临时性结构可以使温度保持在15℃（60°F）或更高,十分舒适。在冬季,当一个人迷路或被困在室外时,这是一个很好的避免暴露在外面的方式。

在多高的气温条件下依然能形成降雪?

当地面温度为4℃—9℃（高于40℉）时依然有降雪的可能。发生这种情况时，雪通常是在较低温度的云层中形成，在降落到地面前还没有完全融化。有这样一个例子，当纽约城的拉瓜迪亚机场（LaGuardia Airport）的温度为8℃（47℉）时，人们依然看到了降雪。

什么是雪线?

雪线具有两种不同的指代意义：（1）山或山脉边的海拔线。在这一海拔线高度之上会有降雪，在此之下则转为降雨。（2）纬度线。在这一纬度以北的地区被雪覆盖。

当你"能看到自己的呼吸"时,看到的是什么?

孩子们会觉得冬天在室外呼吸很有趣，呼出哈气的感觉就像是龙喷出烟一样。很明显，从他们嘴里呼出的不是烟而是水蒸气。实际上，当人们呼出的湿气（湿度）离开空间有限的温暖的口中，进入到寒冷的空气中时就转化成了雾。在冬季，一两个人呼出的气体不会对寒冷的空气造成影响。但是，有人观测到，成群的动物聚集在一起会产生雾气团。

地球上年降雪量最大的地方有哪些?

最高年均降雪

地　点	降雪量（厘米/英寸）	记录年限
哥伦比亚，罗洛（Lloro, Columbia）	1 330.9/523.6*	29
印度，摩辛兰（Mawsynram, India）	1 187.2/467.4	38
夏威夷州考艾岛，怀厄莱阿莱山（Mt. Walaleeale, Kauai, HI）	1 168.4/460	30
喀麦隆，代本贾（Debundscha, Cameroon）	1 028.7/405	32
哥伦比亚，基布多（Quibdo, Columbia）	899.2/354*	16
澳大利亚，昆士兰，贝伦登克（Bellenden Ker, Queensland, Australia）	863.6/340	9
加拿大，不列颠哥伦比亚，亨德森湖（Henderson Lake, British Columbia, Canada）	650.2/256	14
波斯尼亚—黑塞哥维那，茨尔克维卡（Crkvica, Bosnia-Herzegovina）	464.8/183	22

* 估值。

一天之内最高降雨记录是多少?

　　1979年7月,热带风暴克劳德特(Claudette)给美国得克萨斯州的艾尔文(Alvin)附近地区带来一场降雨,在24小时内雨量高达约109.2厘米(43英寸),并由此创下了纪录。

智利阿里卡(Arica)附近的海岸线以地球上最干旱的地方而闻名。

地球上哪些地方的年均降水量最少?

年均最少降水量

地　　点	降水量(厘米/英寸)	记录年限
智利,阿里卡(Arica, Chile)	0.076/0.03	59
南极洲,阿蒙森斯—考特南极站(Amundsen-Scott Station, Antartcita)	0.2/0.08	10
苏丹,瓦迪·哈勒法(Wadi Halfa, Sudan)	<0.025/0.1	39
墨西哥,巴塔喀斯(Batagues, Mexico)	3.05/1.2	14
阿富汗,扎兰吉(Zaranj, Afghanistan)	3.45/1.36	无法获取

地　　点	降水量（厘米/英寸）	记录年限
也门共和国，亚丁（Aden, Yemen）	4.57/1.8	50
南澳大利亚，木卡（Mulka, South Australia）	10.29/4.05	42
俄罗斯，阿斯特拉罕（Astrakhan, Russia）	16.26/6.4	25
夏威夷，普亚卡（Puako, HI）	22.68/8.93	13

第五章　风暴天气

哪个国家的天气状况最糟糕?

这个"殊荣"恐怕非美国莫属了。因为美国曾遭受飓风、洪水、干旱、热冷浪、暴风雪,还有全球最强大的龙卷风活动。可以说,美国所经历的恶劣天气状况比其他任何国家都多。

近年来,灾难给美国造成的经济损失和伤亡情况如何?

自1990年以来,自然灾害给美国造成约5 400亿美元的经济损失,近5 000人死亡。这一不幸的灾难包括2005年卡特里娜飓风(Katrina)灾难,其本身的破坏力就造成1 833人死亡,1 340亿美元的经济损失。由于飓风、龙卷风、干旱、洪水、暴风雪和冰暴、热浪、野外火灾等恶劣状况,一般情况下,美国本土所遭受的年均损失高达180亿美元。下表按年份记录了由此带来的经济损失和死亡人数。

1990—2008年美国天气灾害所造成的损失

年　份	损失(单位: 10亿美元)*	死亡人数
1990	7.1	13

年　份	损失（单位：10亿美元）*	死亡人数
1991	6.2	43
1992	45	87
1993	40.9	338
1994	8.4	81
1995	18.6	99
1996	18.7	233
1997	10	114
1998	27.7	399
1999	12.2	651
2000	7.2	140
2001	7.8	46
2002	15.6	28
2003	14	131
2004	49.5	168
2005	171.2	2 002**
2006	11.8	95
2007	10.9	22
2008	56.7	274

* 损失以2008年的美元为单位，按通货膨胀调整。
** 包括卡特里娜飓风所造成的损失。

什么是紧急救援计划？

美国所发生的大多数灾难（约85%）都是由天气造成的，其他一些原因则包括地质学事件（如火山爆发、地震）和恐怖活动。为了尽可能地减少这些悲剧所造成的损失，美国专门成立了由联邦、各州和当地机构组成的联合体系，共同发布天气预警、计划疏散路线和协调救援行动。救援工作还包括建立社区预警项目、加强建筑机构规范和设计计算机模型等工作，当然，气象学家在此类工作中发挥了关键性作用。

在美国，与天气相关的森林火灾是如何造成悲剧性灾难的？

干燥、炎热和闪电等天气条件是造成美国一些森林毁灭性火灾的原因。例如，1894年9月1日，中西部地区的热浪引发了明尼苏达州欣克利（Hinkley）附近的森林火灾，结果造成400人死亡。1871年10月8日，被称为"佩什蒂戈（Peshtigo）"的火灾造成密歇根州(Michigan)和威斯康星州（Wisconsin）1 800人丧生。北方的天气非常容易引发森林火灾。在阿拉斯加州温暖、干燥的夏天，森林火灾的发生频率就会大幅上升。

一些动物是如何预测暴风雨即将来临的？

有很多民间传说讲述了如何根据动物的行为来预测天气。事实上，也的确有一些仅通过观察动物就可以判断暴风雨即将来临的方法。生物学家和其他科学家以及每天和动物打交道的人记录了如下一些事实：

- 当暴风雨来临时，鹅不愿意飞起来。有一种解释是，当坏天气来临时气压会下降。当一些较大的鸟类（比如加拿大鹅）从地面飞起时，气压就会急剧下降。然而，这些鸟知道低气压是暴风雨来临前兆，很可能是出于它们的本能。
- 海鸥和其他一些海洋动物在坏天气到来前更愿意待在地面上。
- 很多农民认为，牛会远离山头并成群待在一起。鹿和麋鹿也有类似的情况发生。
- 因为蛙类喜欢潮湿的环境，在暴风雨来临时或之前，青蛙会长时间待在水外。如果人们听见青蛙更大声地鸣叫，就可以判断是要下雨了。
- 蚊子和一些叮咬类的黑色飞虫在坏天气来临前会更猛烈地叮咬或吸血，可能是为了免于在暴风雨来临时为了寻找庇护所而挨饿，从而进行的食物储备。

暴风雪和雪崩

什么是暴风雪？

根据美国国家气象局规定，当风速超过56千米/小时（35英里/小时）并且能见度小于400米（0.25英里）时所形成的冬季风暴被认定为是暴风雪。降雪不一定马上发生，但是一定会有强风和漂流，并且漂流物堆积高度应超过25厘米（10英寸）。

1888年暴风雪后果如何？

1888年2月，一场严重的暴风雪袭击了美国的高原地区，造成很多人和动物死亡。3月11—14日，另一场更具破坏性的暴风雪从缅因州的东海岸席卷至切萨皮克湾（Chesapeake Bay），一路造成了巨大破坏。在暴风雪经过的地区以及纽约州的萨拉托加温泉（Saratoga Springs），降雪达到了1.32米（52英寸），形成的漂流物达16米（52

英尺）深，风速达到113千米/小时（70英里/小时）。到暴风雪停止时，死亡人数已经超过了400人。

1996年暴风雪的破坏程度如何？

1996年的暴风雪从佐治亚州到宾夕法尼亚州一路肆虐，保险索赔达到近6亿美元，死亡人数达187人。华盛顿州、西弗吉尼亚州、新英格兰地区和纽约城积雪深度都达到约0.6米（2英尺）或更深。另外有报道称，宾夕法尼亚州的洪水造成7亿美元的损失。这次风暴累计造成的总损失额高达30亿美元。

在暴风雪中如果车子抛锚你该怎么做？

这种情况下，如果你远离建筑物并且找不到可以求助的人，最好的办法是待在车里而不是下车随处乱走，以免发生迷路或被冻死。如果你手边有带电的手机就有获救的希望，但如果没有，最好还是待在车里。经过检查确认汽车的排气管道没有被雪或冰堵住之后（要谨防一氧化碳中毒），要让车一直启动着以尽可能保持车中的温度。同时，要打开汽车的危险警示灯，向外界（如警察）求救，并向除雪车发出警示，以免与你的车靠得太近。在冬季，车上最好配有毛毯、食物、备胎和应急工具。不要喝白酒来取暖或保暖，但若是携带能够装热饮料或汤的热水瓶还是很方便的。

很大的噪声能引发雪崩吗？

有这样一个古老的说法，在危险的雪天，如果制造一些声音较大的噪声（比如大喊或拍手）就可能引发雪崩。事实上，真正能够引发雪崩的声音要非常大（比如音爆），而噪声是不会引发雪崩的。在90%的事故中，雪崩是由于一个人或一群人的体重所引发的，或者是由于雪地车或其他机器在不结实的雪面上运动造成的。

在暴风雪中，家养动物的状况如何？

农场和圈养的动物当然和人一样会在暴风雪中遭受灾难。例如，1886年的暴风雪侵袭了美国中部平原各州。得克萨斯州、俄克拉何马州、内布拉斯加州和堪萨斯州等一些受灾较严重的地区约有80%的牲畜死亡。1966年，暴风雪造成内布拉斯加州、明尼苏达州、北达科他州和南达科他州的10万头牲畜死亡，降雪厚度达9米（30英尺），漂流物堆积的高度超过9米（30英尺），强风风速达到160千米/小时（100英里/小时）。

是什么引发了雪崩？

引发雪崩的最危险的天气条件是有大量降雪，或者大风在短时间（几个小时或几天而不是几星期）内将雪吹到一起，聚集成堆。"干板"雪崩最危险。在雪崩发生时，一大片在短时间内形成的厚厚的雪覆盖在另外一片已经形成很久但很薄的雪层上。干板雪崩通常是由行人在不结实的雪面上行走引发的。而"湿板"雪崩，正如它的字面含义，指在较坚硬的雪层上覆盖着一层较湿的雪层。

雪崩最有可能发生在倾斜度为30°—45°的山上，虽然"湿雪"在倾斜度小至10°的山上也可以滚落下来，"干雪"通常在倾斜度在20°—22°的山坡上引发雪崩。雪崩的发生很突然，一旦雪板断裂，几乎没有人能逃到山下。速度高达95—130千米/小时（60—80英里/小时）的雪崩可以瞬间阻断一切事物的去路。

大多数雪崩是由于重雪堆受重力影响下落形成，但有时粗心的雪上驾驶员和滑雪者也能成为雪崩的"诱因"。

哪个月份最容易发生雪崩？

在美国，很多雪崩发生在2月。科罗拉多州、阿拉斯加州和蒙大拿州是雪崩造成死亡人数最多的地区。

什么是雪泻？

"雪泻"指的是非常松软的一层雪面。经常能够看到雪崩中含有滚落到山下的雪泻。通常会引发雪崩的"雪泻"是一层干雪板或湿雪板。

在美国，有多少人因雪崩而丧生？

由雪崩所造成的死亡情况并不常见，但也偶尔发生，这通常是由于人们的疏忽或者没有注意到已经发布的雪崩公告造成的。下表列出了近10年因雪崩而死亡的人数。

美国1998—2008年雪崩死亡人数

时　间	死亡人数
1998—1999	29
1999—2000	22
2000—2001	33
2001—2002	35
2002—2003	30
2003—2004	23
2004—2005	28
2005—2006	24
2006—2007	20
2007—2008	36

最严重的雪崩记录是什么？

1970年，秘鲁的容加依城（Yungay）发生雪崩，造成2万人死亡。

在第一次世界大战期间，曾使用过哪种特殊武器？

在战争期间，为了在战争中取胜，欧洲的一些战场故意引发雪崩，利用其作为战争的武器。据估算，有4万—8万名士兵因此丧生。

什么是世纪暴风雪？

多年来，很多暴风雪已经被称为"世纪暴风雪"。发生在20世纪的一些暴风雪就有资格获此"殊荣"，或者至少可以被提名。1975年1月10—11日，一场巨大的暴风雪侵袭了美国中西部地区，其中内布拉斯加州的降雪达到48厘米（19英寸）深，南、北达科他州的气温都降至−62℃（−80℉），艾奥瓦州的风速飙升至每小时145千米（90英里）。80人在此次暴风雪中丧生。

另一场有资格获此"殊荣"的暴风雪在1993年登场。这场暴风雪袭击了美国东海岸地区，造成318人死亡，其中包括在海中丧生的48人。半数美国人在不同程度上受到了暴风雪的影响。暴风雪从缅因州到佛罗里达州，其中佛罗里达州狭长地带的降雪甚至达到15.2厘米（半英尺）深。代托纳比奇（Daytona Beach）的气温降至0℃以下。基韦斯特（Key West）的风速狂飙到175千米/小时（109英里/小时）。同时，田纳西州（Tennessee）勒孔特山（Mount LeConte）的降雪量高达142厘米（56英寸），纽约州锡拉丘兹市（Syracuse）的降雪深度为109厘米（43英寸）。

1993年的这场风暴越过了美国边境，从美国以北的加拿大直到以南的中美洲。在高峰期，其能量相当于3个具有同等风力的飓风的能量总和。风暴结束时，其倾倒在地面上的水量约为54.3万亿升。"1993暴风雪"也许能与一些致命性的龙卷风一起荣获20世纪"世纪风暴"的称号。

飓风、季风和热带风暴

什么是完美风暴？

"完美风暴"是作家塞巴斯蒂安·荣格尔（Sebastian Junger）在1997年创作的一部小说的主题，2000年上映的同名电影由乔治·克鲁尼（George Clooney）、戴安·琳恩（Diane Lane）和马克·沃尔伯格（Mark Wahlberg）主演。实际上，完美风暴是一件令人感到恐怖的真实事件。1991年10月的最后几天，距加拿大新斯科舍（Nova Scotia）海岸几百千米（几百英里）外的一个温带气旋正在形成。与此同时，格蕾丝飓风（Grace）——一个相对较弱的2级飓风，也正从南方向这一风暴区逐渐移动。当格蕾丝接近北面的气旋时，气旋所产生的风引发了不同寻常的事件。一般来说，热带飓风向北移动时会驶离海岸线。但是，不断向东北方向以漩涡状旋转的气旋风则将格蕾丝吹向了东北海岸。两股风暴最终合并，引发了1991年众所周知的"万圣复活节风暴"。

"万圣复活节风暴"是美国历史上破坏性最强的风暴之一。风速达到了120千米/小时（75英里/小时），即65节，海浪达到12米（39英尺）高，有12人在这次风暴中丧生，其中包括"安德里亚·盖尔号"（Andrea Gail）箭鱼船（在荣格尔小说中提到过这艘船）的6名船员，经济损失达10亿美元。在与另一气旋交汇后，"万圣复活节风暴"在11月1日转变为飓风。对于温带低气压系统来说，这一事件是极其不寻常的。然而，为了避免新名字有可能给美国媒体带来的不便，国家气象局并没有重新命名新形成的飓风（名字仍为"万圣复活节风暴"）。

什么是季风？

在亚洲南部产生的季风指的是夏季从海洋吹向大陆，冬季从大陆吹向海洋的风。

4—10月，风自西南方向吹来。10月—来年4月，风自东北方向（相反的方向）吹来。夏季的季风给陆地带来许多潮气，给地势低的一些河流峡谷带来了致命性的洪灾，但也给南亚的一些以农业为支柱产业的地区提供了水分。

"季风"一词是怎么来的？

"季风（monsoon）"一词来自阿拉伯词语"mausin"，意为季节。

什么是亚伯达低压？

亚伯达低压指的是在太平洋锋面上所产生的风暴，通常经过加拿大艾伯塔的落基山脉（Rocky Mountains）。这一迅速移动的风暴从东南部向大平原地区（Great Plains）运动，沿途形成了冷空气和降雪。

从太空观察到的"卡特里娜"飓风图像，外形完整清晰，这一强大的风暴系统正向墨西哥湾海岸运动。（图片来源：美国国家航空航天局）

什么是西伯利亚冷空气？

这一术语指的是北冰洋极寒气候的爆发，从加拿大北部和美国的阿拉斯加州向美国其他地区蔓延。

什么是飓风？

飓风指的是在大西洋盆地形成的，风速达到或超过119千米/小时（74英里/小时）的热带风暴。飓风通常在7—9月间，在北大西洋和加勒比海（Caribbean Sea）形成，这时海洋表面比较暖和，温度超过26.5℃（80℉），为风暴的形成提供了能量。海水蒸发到空气中形成了云，而"科里奥利效应（Coriolis effect）"使云产生了旋转。

要形成飓风，海拔较高处和较低处的风速不能有太大差别。如果风速差很大，云和风彼此相对，而不是共同作用，所形成的巨大气旋使风速加快，发生偏移的风会使飓风变得不稳定。飓风不会在靠近赤道的地区（纬度5°以内）产生，因为"科里奥利效应"只有在远离赤道的地区才会变得更强,而且形成飓风所需要的低气压区域也不能离赤道太近。

什么是热带风暴?

热带风暴可以被看做是不太剧烈的飓风(也可以将飓风称为"更剧烈的热带风暴")。如果风速在61—119千米/小时(38—74英里/小时),就可以判断其为热带风暴而不是飓风。

什么是热带低压?

一个热带低压包括一系列风速低于61千米/小时(38英里/小时)的规则的风暴。热带低压有可能会变成热带风暴或飓风。

什么是科里奥利效应?

科里奥利效应是以法国数学家古斯塔夫·科里奥利(Gustave Coriolis,1792—1843)的名字命名的。1835年,科里奥利首次对它作出了解释。他认为,当在一个旋转的观测点观察物体时,物体看起来是以曲线或环形的方式进行运动的。想象一下,在一个操场上,你站在一条旋转行李传送带的旁边,你的两个朋友分别骑行在旋转的传送带的两端,二人相对。其中一个朋友拿着一个球,并努力使球向与他相对的人滚去。此时,球看起来偏离了原来的方向,滚出了操场。然而,从你的角度看(因为你远离了那一边),球是按直线滚动的,但是它并没有滚到你朋友那边,因为当球滚动时,传送带也在它的下面同时移动,并且被认为应该接住球的人也不在原来的位置上了。

现在,想象一下地球在公转的轨道上同时自转。在地球之上,一场悬在大气中的飓风正在形成。飓风周围的空气向眼前运动,飓风所在的区域正是低气压地带。然而,

科里奥利效应能使马桶里的水向下流,浴盆中的水顺时针旋转吗?

不能。科里奥利效应对小体积的水的影响是很小的。排水的向下流动主要是由容器的形状决定的。有趣的是,如果你的身体完全对称(但没有人是完全对称的),两条腿一样长,那么由于科里奥利效应,当你在绝对平坦的路面上行走时就可能向某一边倾斜。

由于地球的自转,当空气朝眼部运动时,它已经偏向了右侧(在北半球)或左侧(在南半球)。这使得飓风云在北半球逆时针旋转,在南半球顺时针旋转。

飓风引发的哪种灾难最具破坏性?

由飓风的风暴潮所引发的洪水是最具破坏性的元素。飓风的低气压中心会使周围大量的水上升。伴有的强风和低气压的飓风将山洪般的水推向地面,使得沿海地区发生洪灾,造成巨大的损失。飓风有时也会引发龙卷风,从而造成更大的破坏。

飓风的运动速度有多快?

一般的飓风在海面上的运动速度为每天400千米(约250英里),或者16—24千米/小时(10—15英里/小时)。当然,正如人们所了解的,飓风前进的速度也可以很快,可达96.5千米/小时(60英里/小时),1938年发生的"新英格兰飓风"就是个很好的例子。

什么是风暴潮?

不要将风暴潮与海啸弄混淆。风暴潮指的是风速和气压的改变对水的表面造成影响,从而引发海水的突然上升。飓风引发的巨大海浪或涌浪随着飓风在海上运动,向各个方向蔓延。这些涌浪涌向海岸的速度比实际风暴要快3—4倍,因此它在飓风到来之前就到达了地面。在人们采用更先进的气象预报体系和卫星前,这些涌浪能够警示飓风的到来。当主体风暴到来时,涌浪就变成了风暴潮,将水平面高度最多提高7.5米(25英尺),并使沿海地区引发巨大洪灾。据相关统计,2005年卡特里娜飓风(Katrina)引发的风暴潮有8.5米(28英尺)之高。

为什么在南大西洋见不到飓风?

南大西洋海水表面的低温和大气条件,如易于在北半球出现的热带辐合区(Intertropical Convergence Zone),使得飓风不太可能在赤道的南部形成。但是,在2004年3月,飓风确实席卷了巴西海岸,这一事件很不寻常。

极地低压是否与北极飓风类似?

一些较强的飓风即使向北运动到很远的北极地区,依然会继续保持很活跃的状态,比如1992年的"安德鲁"飓风(Andrew)。但这时它们已经不能再被看做是热带风暴或飓风了。有一些被称为"极地低压",就像是在北极圈上形成的小型飓风。极地低压(超热带低压)的直径范围在100—500千米(50—250英里)之间,而在很多情况下热带季风是其规模的两倍大。极地低压不仅范围小,而且持续时间也比南部飓风短,很少超过36小时,一般仅为12小时左右。然而,极地低压依然可以很猛烈,产生强风和降雪。

在英国是否出现过飓风?

实际上,发生在英国的是由低气压系统带来的如飓风般猛烈的大风。1990年1月25日,一场风速高达193千米/小时(120英里/小时)的风暴席卷了英国,造成45人死亡,损失10亿美元。即便如此,令英国人记忆更加深刻的恐怕是1987年的大风暴。虽然这次风暴不能被归类为飓风(飓风仅限于热带),但在当时,这场风暴造成了18人死亡,同时也是近3个世纪以来侵袭过英伦岛的最严重的风暴。

飓风是否侵袭过南加州?

虽然南加州偶尔出现过热带风暴,但这里的海岸线没有飓风侵袭的记录。1939年发生的致命性热带风暴夺走了45人的生命。1976年9月10日的热带风暴凯思琳(Kathleen)带来了巨大的洪灾。21世纪的飓风在规模和数量上都在增大,也有可能有一天飓风会越过墨西哥北部到达南加州。

什么是藤原效应?

藤原效应是以日本气象学家藤原咲平(Sakuhei Fujiwhara, 1884—1950)的名字命名的,两股飓风彼此足够接近,围绕一个共同的中心点旋转。这种情况产生的条件是两股风暴彼此的距离要在500—1 500千米(300—900英里)之间,而且彼此的力量均等才能够像双人舞的舞伴一样和谐共舞,否则其中较强的风暴会吞没另一股较弱的风暴。

最强的飓风风速能达到多少?

最强的飓风风速能超过322千米/小时(200英里/小时)。地球表面的摩擦力使最大风速不能超过362千米/小时(225英里/小时)。

什么是辛普森飓风等级?

辛普森飓风等级的全称是萨菲尔—辛普森飓风潜在破坏等级。它是由工程师赫伯特·萨菲尔（Herbert Saffir, 1917—2007）和飓风专家辛普森（Simpson, 1912—）在1971年发明的。根据飓风强度以及破坏性，他们将飓风划分为5个级别，1级最弱，5级最强。

萨菲尔—辛普森飓风等级

强度	风速（千米/小时或英里/小时）	破坏性
1	137—176/74—95	较小，对建筑物没有实际破坏；活动房车、树木和灌木可能被破坏，引发沿海洪水并对小型码头造成微小破坏。
2	177—204/96—110	对门窗、屋顶造成破坏；对活动房车、植物和桥墩造成更大破坏；未受保护的泊位使小艇受到威胁；飓风到来前地势低的地区洪水泛滥2—4小时。
3	205—241/111—130	移动房屋被破坏，小的民用住宅和公共事业设施建筑被破坏；洪水更加肆虐，地势低于海平面之上1.5米（5英尺）以下的9.7千米（6英里）范围内的内陆地区受灾。
4	242—287/131—155	建筑物发生结构性毁坏，屋顶可能被彻底掀翻；靠近海岸的建筑物低层被严重毁坏；地势低于海平面之上3米（10英尺）以下的9.7千米（6英里）范围内的内陆地区受灾。海滩和海岸线会受到严重腐蚀。
5	>287/>155	住宅和工业建筑的屋顶被粉碎；一些建筑会被彻底破坏，海岸线475米（500码）以内的其他一些建筑的低层严重受损，洪水蔓延到地面以上5米（15英尺）；海岸线18.5千米（10英里）以内的居民需要大范围撤离。

飓风是如何被命名的？

美国在1950年采用了命名体系，按照字母顺序对每场飓风进行命名。1953年，这一命名惯例被世界气象组织采纳，从图书馆资料选取名字并在国际会议中最后表决通过。直到1978年，所有的命名都是以女性的名字命名，但在1979年的飓风季，这样的惯例被打破，飓风也开始采用男性的名字。这些名字的来源有英语、西班牙语或法语。

所采用的名字反映了大西洋、加勒比海和夏威夷地区的文化和语言。当热带风暴以63千米/小时（39英里/小时）以上的风速向前旋转运动时，迈阿密州、佛罗里达州附近的国家飓风中心就会为"第4区域（大西洋和加勒比海地区）"从6个列表中为其选取一个名字。其中不包括以字母Q、U、X、Y和Z开头的名字，因为以这样的单词很少。

2005年,飓风威尔玛袭击了佛罗里达附近地区。房主对他的房子忧心忡忡。

2013年将要发生的飓风都叫什么名字?

2009—2013年飓风名称

2009	2010	2011	2012	2013
安娜	亚历克斯	阿琳	阿尔贝托	安德里亚
贝尔	邦尼	布雷特	百丽儿	巴里
克劳德特	科林	辛迪	克瑞斯	香塔尔
丹尼	丹尼尔	唐	戴比	多里安
埃里卡	厄尔	埃米莉	欧内斯特	艾琳
费雷德	菲奥娜	富兰克林	佛罗伦斯	费尔南德
格瑞斯	加斯顿	格特	戈登	加布里埃尔
亨利	赫米娜	哈维	海琳	胡姆贝托
伊达	伊戈尔	艾琳	艾萨克	英格丽德
杰奎因	朱莉娅	约瑟	乔伊斯	杰瑞
凯特	卡尔	卡蒂娅	科克	凯伦
拉里	丽莎	李	莱斯利	洛伦佐

2009	2010	2011	2012	2013
曼迪	马修	玛瑞娜	迈克尔	梅利莎
尼古拉斯	尼科尔	奈特	纳丁	内斯特
奥德特	奥图	奥菲莉娅	奥斯卡	奥尔加
彼德	葆拉	菲利浦	佩蒂	巴勃罗
罗丝	里查德	瑞娜	拉斐尔	丽贝卡
山姆	莎莉	肖恩	山迪	塞巴斯蒂安
特里萨	托马斯	泰米	托尼	塔尼亚
维克图	维吉尼	文斯	瓦莱丽	范
旺达	沃尔特	惠特妮	威廉姆	温迪

美国历史上最大的自然灾害是什么？

1900年9月8日，发生在美国得克萨斯州加尔维斯顿（Galveston）地区的飓风为美国带来了史上最严重的自然灾害，死亡人数为8 000—12 000万人。然而，迄今为止，损失最为惨重的一次自然灾害则是由"卡特里娜"飓风导致的。这次飓风在2005年8月袭击了墨西哥湾地区，1 800人在此次灾难中丧生并造成了1千亿美元的经济损失。

哪些飓风的名称已经不再被使用了?

严重的风暴灾害造成了生命和财产损失后，飓风的名称就不会再被使用。遭受此类灾害的国家将会向世界气象组织申请，以新的名称来替换相应的已经不再使用的旧名称。

艾格尼斯（1972）	康尼（1955）	弗雷德里克（1979）	胡安（2003）
艾丽西娅（1983）	戴维（1979）	乔治斯（1998）	卡特里娜（2005）
艾伦（1980）	迪安（2007）	吉尔伯特（1988）	基思（2000）
艾利森（2001）	丹尼斯（2005）	歌莉娅（1985）	克劳斯（1990）
安德鲁（1992）	戴安娜（1990）	哈蒂（1961）	连尼（1999）
安妮塔（1977）	黛安（1955）	黑兹尔（1954）	莉莉（2002）
奥德丽（1957）	堂娜（1960）	希尔达（1964）	路易斯（1995）

贝琪（1965）	多拉（1964）	霍顿斯（1996）	玛里琳（1995）
比乌拉（1967）	埃德娜（1968）	雨果（1989）	米歇尔（2001）
鲍勃（1991）	埃琳娜（1985）	伊内兹（1966）	米契（1998）
卡米尔（1969）	埃勒维兹（1975）	艾欧尼（1955）	诺埃尔（2007）
卡拉（1961）	菲比安（2003）	艾瑞丝（2001）	欧泊（1995）
卡门（1974）	菲力克斯（2007）	伊莎贝尔（2003）	瑞塔（2005）
凯罗尔（1954）	菲菲（1974）	伊西多尔（2002）	洛葛仙妮（1995）
西莉亚（1970）	佛罗拉（1963）	伊万（2004）	斯坦（2005）
恺撒（1996）	弗洛依德（1999）	珍妮特（1955）	威尔玛（2005）
查理（2004）	弗兰（1996）	珍妮（2004）	
克利奥（1964）	弗朗西斯（2004）	琼（1988）	

古斯塔夫（Gustav）和艾克（Ike）都是2008年的飓风，其名称可能也不再使用了。

为威廉·莎士比亚创作名著《暴风雨》带来灵感的事件是什么？

《暴风雨》（*The Tempest*）被认为是英国著名剧作家威廉·莎士比亚（William Shakespeare，1564—1616）的最后一部剧作。这部神秘、浪漫的戏剧描写了失事船的水手发现他们身处在一座居住着精灵与妖怪的海岛上的故事。很多学者相信，这部剧是受"海洋冒险"号（Sea Venture）的故事的启发。故事讲述的是，1609年的飓风使一艘船沉入百慕大附近海域。最后，船长决定将船撞向礁石，挽救了150名船员的性命。

自1920年以来，发生过多少次5级飓风？

直到1971年，人们才提出"萨菲尔—辛普森飓风等级"。实际上，从20世纪20年代开始就有了关于飓风风速和风暴潮的可信记录。根据这些数据统计，从1928年起，在大西洋曾发生过31次5级飓风，其中8次发生在2003年以后（仅2005年就发生了4次）。一些气候学家在谈到全球变暖问题时指出，全球变暖会使热带风暴发生的次数增多。频发的飓风恰好为此观点提供了证据。在所有这些飓风中，实际上仅有4次登陆过美国领土，其他的飓风大都发生在美国中部或加勒比海岛地区，或者在飓风到达波多黎各、墨西哥湾或大西洋沿岸之前逐渐减弱到4级或以下。以下是5级飓风发生的年代顺序表。

20世纪20年代以来发生的5级飓风

飓风名称	发生时间	影响地区
奥基乔比	1928	波多黎各、佛罗里达州、佐治亚州、美国东岸海滨、美属维尔京群岛、巴哈马、瓜德罗普岛（Guadeloupe）、维尔京群岛、小安的列斯群岛（Lesser Antilles）
巴哈马	1932	巴哈马、美国东北部、纽芬兰（Newfoundland）、冰岛（Iceland）
劳动节	1935	佛罗里达州、佐治亚州、南卡罗来纳州、北卡罗来纳州、弗吉尼亚州、巴哈马、大本德（Big Bend）
新英格兰	1938	巴哈马、纽约、罗得岛（RI）、马萨诸塞（MA）、康涅狄格（CT）、新罕布什尔（NH）、佛蒙特（VT）、魁北克（Québec）
福特·劳德代尔	1947	巴哈马、佛罗里达州、路易斯安那州（LA）、密西西比州（MS）
道格	1950	美国东岸海滨、小安的列斯
容易	1951	百慕大（Bermuda）
珍妮特	1955	伯利兹（Belize）、墨西哥、背风群岛（Leeward Islands）
克利奥	1958	在海面
堂娜	1960	波多黎各、美国东部海岸、海地（Haiti）、古巴（Cuba）、巴哈马、多米尼加共和国（Dominican）、背风群岛、加拿大东部
埃塞尔	1960	路易斯安那州、密西西比州
卡拉	1961	得克萨斯州、尤卡坦半岛（Yucatán Peninsula）、美国中部
哈蒂	1961	伯利兹
比乌拉	1967	得克萨斯州、尤卡坦半岛、墨西哥北部、大安的列斯（Greater Antilles）
卡米尔	1969	阿拉巴马州（AL）、密西西比州、路易斯安那州、古巴、美国东岸中部
伊迪丝	1971	得克萨斯州、路易斯安那州、美国中部、委内瑞拉（Venezuela）、墨西哥
安尼塔	1977	墨西哥北部
戴维	1979	波多黎各、佛罗里达州、佐治亚州、美加东海岸地区、古巴、巴哈马、海地、多米尼加共和国、向风群岛（Windward Islands）
艾伦	1980	得克萨斯州、尤卡坦半岛及北墨西哥、海地、牙买加、向风群岛
吉尔伯特	1988	得克萨斯州、美国南部中心地区、尤卡坦半岛、委内瑞拉、海地、多米尼加共和国、牙买加

飓风名称	发生时间	影响地区
雨果	1989	美国东部海岸、波多黎各、美国及英属维尔京群岛、多米尼加共和国、蒙特塞拉特岛、瓜德罗普岛
安德鲁	1992	佛罗里达州、路易斯安那州、巴哈马
米契	1998	佛罗里达州、尤卡坦半岛、美国中部
伊莎贝尔	2003	美国东岸沿海地区及宾夕法尼亚州及俄亥俄州内陆地区、安大略（Ontario）、巴哈马、大安的列斯
伊万	2004	佛罗里达州、阿拉巴马州、路易斯安那州、得克萨斯州、东部海滨、古巴、牙买加
埃米莉	2005	得克萨斯州、尤卡坦半岛及墨西哥东北部、牙买加、开曼群岛（Cayman Islands）、洪都拉斯（Honduras）、向风群岛
卡特里娜	2005	佛罗里达州、路易斯安那州、密西西比、阿拉巴马、东部海滨、巴哈马、古巴
瑞塔	2005	佛罗里达州、阿肯色州（AR）、密西西比州、路易斯安那州、得克萨斯州、古巴
威尔玛	2005	佛罗里达州、尤卡坦半岛、美国中部、牙买加、开曼群岛、巴哈马、加拿大东部
迪安	2007	波多黎各、牙买加、海地、伯利兹、尼加拉瓜（Nicaragua）、洪都拉斯、墨西哥、圣卢西亚斯（St. Lucia）、多米尼加、马提尼克（Martinique）、背风群岛
菲力克斯	2007	美国中部、委内瑞拉、向风群岛南部

2008年的"飓风季"的情况如何？

经过2006和2007两年的平静后，2008年再次袭来的飓风成为有史以来最强的"飓风季"之一。尽管没有5级飓风，但还是发生了两次4级飓风（艾克和古斯塔夫）和3次3级飓风（柏莎（Bertha），奥马尔（Omar）和帕洛马（Paloma））。同5级飓风一样，古斯塔夫和艾克都没有在内陆登陆，但是减弱的古斯塔夫还是对美国得克萨斯州的加尔维斯顿造成了巨大的破坏。大约有1 000人死于8次飓风灾害，其中主要的5次均被确定为3或4级。此外，还有8次没有发展成为飓风的热带风暴。尽管这次没有5级飓风发生，但2008年的"飓风季"打破了连续数月发生较大强度飓风的记录。在5个月内连续发生的这些较大风暴为：7月（柏莎）、8月（古斯塔夫）、9月（艾克）、10月（奥马尔）以及11月（帕洛马）。在这些飓风中，古斯塔夫给美国带来的灾难最为严重。由于风暴潮及海浪达到了令人难以置信的15米（50英尺）高，加尔维斯顿市不得不疏散民众。很多人在这次灾难中失去了自己的家园。

导致美国历史上损失最惨重的飓风有哪些?

导致美国损失最惨重的前10名飓风

飓风名称	年份	飓风强度	损失（单位：10亿美元）
卡特里娜（路易斯安那州的附近各州）	2005	3	100—135
安德鲁（佛罗里达州和路易斯安那州东南部）	1992	5	36
查理（佛罗里达州）	2004	4	14
雨果（亚特兰大海岸线及南卡罗来纳州查尔斯顿（Charleston））	1989	4	14
伊万（阿拉巴马州及佛罗里达州）	2004	3	14
艾格尼斯（亚特兰大海岸线及佛罗里达州）	1972	1	11
贝琪（佛罗里达州东南部及路易斯安那州）	1965	4	10.8
佛朗西斯（佛罗里达州）	2004	2	8.9
卡米尔（阿拉巴马州、路易斯安那州及密西西比州）	1969	5	7.5
珍妮（得克萨斯州东部）	2004	3	6.9

1900年以来，世界范围内发生的最致命的热带风暴有哪些?

1900—2008年，世界范围内发生的最致命的飓风和气旋

名 称	地 点	年 份	死亡人数
宝拉（Bhola）	孟加拉国	1970	150 000—500 000
未命名	孟加拉国	1991	131 000—138 000
纳尔吉斯（Nargis）	缅甸	2008	100 000—140 000
两个未命名气旋	孟加拉国	1965	约60 000
未命名	孟加拉国，印度	1963	22 000
安得拉邦气旋（Andhra Pradesh）	印度	1977	10 000—20 000
米契飓风（Mitch）	中美洲	1998	11 000—18 000
奥里萨（Orissa）	印度	1971	约10 000
气旋05B	印度	1999	约10 000
加尔维斯顿飓风	得克萨斯州加尔维斯顿	1900	8 000—12 000

美国被飓风彻底摧毁的城市有哪些?

自19世纪以来,美国已有几个城市被飓风完全或几乎完全摧毁。

被飓风摧毁的美国城市

城 市	年 份
佛罗里达州,坦帕(Tampa,FL)	1848
得克萨斯州,印第安诺拉(Indianola,TX)	1886
得克萨斯州,加尔维斯顿(Galveston,TX)	1900
佛罗里达州,迈阿密(Miami,FL)	1926
密西西比州,帕斯克里斯琴(Pass Christian,MS)	1969
密西西比州,比洛克西(Biloxi,MS)	1969
佛罗里达州,霍姆斯特德(Homestead,FL)	1992
路易斯安那州,新奥尔良(New Orleans,LA)	2005

密克罗尼西亚雅浦岛(Yap Island,Micronesia)的红树林沼泽有助于防止海啸和气旋对海岸线造成损坏。世界上有人居住的很多地方之所以变得"脆弱不堪",其部分原因是由于很多植物(如红树林)已经被移除。(图片来源:国家海洋和大气管理局,系统发展办公室高级顾问本·米耶梅特(Ben Mieremet)摄)

为什么袭击了印度洋的气旋被证明有很强的破坏性?

虽然与造成墨西哥湾巨大死亡灾害的强力飓风相比,袭击了印度、孟加拉国、缅甸以及其他东南亚国家的气旋相对较弱,但由于在海岸线附近居住的人口密度很高,无数人在这次灾难中丧生。这些人大都生活在破旧的棚户区以及条件恶劣的避难所内。2008年袭击缅甸的气旋对伊洛瓦底三角洲(Irrawaddy Delta)地区也造成了相当严重的损害。伊洛瓦底三角洲是一处地势较低的半岛地带,曾是水稻及虾的养殖农场。这些农场后来又被红树林所取代,从而在可能发生的气旋与土地之间形成一道天然的缓冲屏障。

气旋和台风之间有哪些不同?

"气旋"和"台风"其实是飓风的另外两种叫法。当飓风发生在国际日期变更线以西的太平洋西北地区时常被称为"台风",而当飓风发生在印度洋及澳大利亚附近一带时则被称为"气旋"。

什么是"反气旋"?

与被涡流空气围绕的低压气团不同,反气旋是在高压区域内,中心气团的空气以

由美国派出的AP-3飞机飞行至飓风眼附近。(图片来源: 美国国家海洋和大气管理局)

顺时针（在北半球）和在赤道以南按逆时针方向旋转的大气涡旋。与气旋相比，反气旋内的空气旋转得更快，反气旋的中心气压与周围的气压差更大。

什么是"飓风眼"？

飓风眼是涡流风暴中心相对平静的区域。飓风眼的直径长度范围从7—74千米（4—40英里）不等（而飓风威尔玛（Wilma）的风眼直径仅有3.2千米（2英里）宽），因此晴朗无云，明媚的阳光清晰可见。通常飓风越剧烈，飓风眼就会越小。风眼是被"眼壁"所包围着的，因为这一环形"墙壁"可高至空中11.3千米（7英里），于是"眼壁"这一术语根据其字面含义应运而生。一旦穿过"眼壁"，就会再次进入到飓风区内，其风速可高达278千米/小时（150英里/小时）或以上。

什么是"螺旋带"？

云在飓风外部呈弯曲的带状排列，看上去很像是在螺旋状的银河系内，因此被称为"螺旋带"。螺旋带可延展至飓风眼以外的几百千米（几百英里）处。

什么是"同心眼壁"？

大多数飓风都以一个风眼为中心旋转，但有时也会形成第二个"眼壁"同时围绕着这个风眼旋转。因为第二个"眼壁"包围着第一个"眼壁"，因此被称为"同心眼壁"。

什么是超级飓风？

麻省理工学院（Massachusetts Institute of Technology）的教授克里·伊曼纽尔（Kerry Emmanuel）是一位使用电脑模型来模拟飓风运动方面的权威专家。在设定某一极端场景时，伊曼纽尔假定了如果一颗行星撞击了地球海洋情况将会如何。当然，撞击的后果会产生巨浪和大量的热量，但还会造成另外一个负面影响——超级飓风。之所以会产生超级飓风是因为深层海水被加热。奇怪的是，飓风覆盖范围仅为16—32千米（10—20英里），而造成的巨大风力能达到800千米/小时（500英里/小时）。这样的飓风向大气中投掷的湿气高度能达到40千米（25英里）。

飓风观察和飓风预警有什么区别？

与龙卷风监视和龙卷风预警有些类似，飓风观察指的是在未来36小时内满足飓风的形成条件已经具备。飓风预警指的是在未来24小时内飓风有可能着陆。飓风观察和预警都是由美国国家气象局的国家飓风中心发布的。

国家飓风中心是什么机构？

位于迈阿密附近佛罗里达国际大学（Florida International University）的国家飓风中心，是美国国家气象局的一部分。它的主要任务是预测加勒比海和墨西哥湾地区的飓风并及时发出危险预警。总部大楼本身为了抵御飓风进行了严密的加固。建筑的外墙达到25.4厘米（10英寸）厚，窗户使用的是向下滚落的百叶窗，并且处在足够远的内陆地区能够避免暴风潮的侵袭。其设计本身能确保大楼在风速达到210千米/小时（130英里/小时）的情况下仍然安全。这样，几乎可以在任何飓风侵袭后进行正常的工作。

飓风能产生多少能量？

一般的飓风产生的能量相当于400颗氢弹，每颗载有20兆吨的爆炸能量。

是否能够阻止飓风？

无论为了何种实际用途，答案都是不能。曾有一些提议比如使用云种植技术，但迄今为止，科学界仍然没有找到一个解决办法。20世纪50年代，美国联邦政府启动了"破台计划"，就是将银碘化晶体倾倒在飓风眼的周围。所依据的理论是，通过播种云在风暴中制造第二只眼，这样以削弱、甚至使原来的飓风眼瓦解掉。之后在1961、1963、1969、1971年都进行了试验，虽然结果看起来很有希望，但并没有得出结论性数据。1961年，埃斯特（Esther）飓风在通过云种植后，能量似乎被削弱了30%，但并没有证据表明风暴不是靠自身削弱的能量。20世纪70年代，政府放弃了这项计划，虽然

在热带的哪些地区可以免受飓风的危害？

飓风不会袭击赤道两侧5纬度内的地区。因此，那里是阳光明媚的热带地区，同时又不必担心会发生飓风。

一些私人公司仍然继续进行一些相关试验，但大多数气象学家认为，没有切实有效的方法来破坏飓风的形成。事实上，要实现这一目的存在的问题是，云种植需要"过冷水滴"，但飓风云层中所包含的湿气不够充分。

什么是"风暴永远不会死"？

1992年11月，台风盖（Gay）在越过太平洋几千千米（几千英里）后持续了几天的时间，最终在美国的阿拉斯加州、加拿大的不列颠哥伦比亚省（British Columbia）和美国的加利福尼亚州登陆。在高峰期，风暴的风速高达322千米/小时（200英里/小时）。从美国登陆后，风暴继续越过大平原地区，在到达东海岸时又恢复了能量。12月11日，台风盖在美国东海岸演变为一场新的风暴，风速高达145千米/小时（90英里/小时）。

什么是"1938年大飓风"？

自从欧洲人到来，这可能是美国东北部所遭受到的最严重的风暴。从新英格兰地区到长岛（Long Island），"1938年大飓风"沿途给当地造成了严重破坏，600人因此丧生。这次风暴又被称为"长岛快车（Long Island Express）"。

2005年的飓风卡特里娜给美国造成了1 000多亿美元的经济损失，其中新奥尔良州受害严重。

什么是飓风卡特里娜？

飓风卡特里娜是一场破坏性飓风的名字。这场飓风在大西洋产生，之后越过墨西哥湾，并于2005年8月底侵袭美国新奥尔良和许多南部沿海城市。

飓风卡特里娜侵袭后，多少人因防水堤坝被破坏和洪水而丧生？

最后公示的数据表明，1 836人在飓风卡特里娜着陆后丧命。

2005年新奥尔良遭受的灾难是由于洪水和飓风造成的吗？

引发灾难的最初原因是飓风卡特里娜，飓风掀起的巨浪和海水破坏了新奥尔良的防御堤坝。城市的49%处于海平面之下。当人造堤坝坍塌后，洪水涌入淹没了大部分城市。

洪　　水

多大的雨量才可以形成洪水？

地区不同，形成洪水的雨量也有很大的不同。在美国西部的一些沙漠地区，或在一些较大的市区，只需要几分钟的强降雨就会导致峡谷和地势较低地区的突发性洪水。在可能有较大降雨量的地区，通常需要更多的降雨（有时为几天或几星期）才会导致河水泛滥，堤坝涨满，使居住在下游的人们开始担心洪水的到来。降雨较多的地区通常都有较好的天然排水系统，同时这类地区也成了那些可以较容易吸收多余水量的植物的栖息地。

洪水是什么导致的？

当较大水量涌入某一地区而无法被土壤吸收或被排放到河水、溪流等地时就形成了洪水。短时间内，某一地区的集中强降雨使水量骤然上升达数厘米时通常会导致洪水的发生。此外，由飓风或热带风暴引发的海洋巨浪和风暴潮也可以导致洪水的发生。当然，海啸也可以引发洪水。例如，2004年，由印度洋海底地震引发的海啸造成了周边11个国家23.8万人死亡。遇难者中的大部分是死于巨大海浪的突袭及其引发的洪水。此外，洪水也可能由人为的因素引发，如水坝或堤坝的损坏。

严重的洪水经常威胁居住在河流、海边和湖边的人们。

什么是山洪暴发?

洪水的发生可以相对缓慢,比如河水或湖水慢慢涨起来,越过河岸。洪水也可以突然发生,比如堤坝突然倒塌。洪水突然发生的情况就被称为"山洪暴发"。

在飓风卡特里娜发生时,是什么引发了新奥尔良地区的洪水?

现在大多数人一致认为,如果美国陆军工程兵团(U.S. Army Corps of Engineers)建造的运河堤坝能够完成抵御风暴浪潮的任务,就会使新奥尔良地区免受很大程度的破坏。但是因为大多数堤坝被摧毁,所以城市80%的地区被水淹没。

为什么山洪暴发能导致那么多人死亡?

简单地说,人们并没有认识到山洪暴发的威力,而事实是只要152.4毫米(半英尺)的激流就能把一个成年人冲倒并卷走。涌动的洪水只需几厘米(几英尺)深就能够推动汽车或小火车。洪水能淹没人们,也能因其中致命的物体碎片致人死亡。当然,也有山洪暴发突然侵袭人类的情况,如果发生在夜晚,那些还在睡梦中的人们就会在无意识的状态下遭遇洪水袭击。有时,正是由于人们缺乏简单的常识才导致死亡的发

> **一些学者认为在《圣经》一书中使诺亚及其家人幸免遇难的洪水是怎样造成的?**
>
> 一些建筑学家认为,在公元前5400—公元前5200年的某个时候,幼发拉底河(Euphrates River)的水淹没了周围的村庄,覆盖面积达10.4万平方千米(约4万平方英里)。虽然这次洪水没有摧毁地球,但对当时生活在当地的人们来说,无疑是世界末日。这次水灾也成为《圣经》中故事的素材,为世人广为熟知。

生。在某些事故中,当山洪暴发突然向人们倾泻而来,人们就站在干燥的河床上,而不是向河流上游跑。为了安全,他们向河流下游跑,希望自己比洪水跑得更快,但这是徒劳的。这也是为什么1976年洪水袭击科罗拉多州大汤普森(Big Thompson)时,死亡人数众多的原因。

历史上有哪些洪水是由恶劣天气造成的?

并不是所有历史记录中的致命性洪灾都是由恶劣天气造成的。例如,荷兰海堤的坍塌多次造成了悲剧性的洪灾,从而导致数千人丧生。下表列举了一些历史上与最恶劣的与天气有关的洪灾。

与恶劣的天气有关的洪灾和死亡人数统计

地　　点	死亡人数	年　份
中国黄河(Yellow River, China)	100万—370万	1931
中国黄河(Yellow River, China)	100万—200万	1887
中国长江(Yangtze River, China)	14.5万	1931
英国和荷兰(England and the Netherlands)	10万	1099
委内瑞拉,加拉加斯(Caracas, Venezuela)	1万	1999

什么是"1993年大洪灾"?

1993年,大雨引发了河流洪水泛滥,美国艾奥瓦州的情况最为严重。国家海洋和大气管理局的感应器观测显示,整个艾奥瓦州看起来就像"第六大湖"一样。密西西比河有些地方的宽度在11.3千米(7英里)左右,河水从河堤溢出,造成了约200亿美元的财产损失,48人死亡,8.5万人被遣散。

历史上最具破坏力的洪灾有哪些?

1889年,美国宾夕法尼亚州的约翰镇(Johnstown)社区上游的堤坝坍塌,造成2 200人死亡。一些世界上最严重的洪灾发生在中国。1931年黄河洪灾造成310万人死亡。

什么是"涝原"?

"涝原"指的是河流四周的地区,这些地区在未被人类建筑改变的情况下,当河流发生洪灾时就会被淹没。"涝原"的宽度可以是几米(几英尺),也可以是几十千米(几十英里),主要取决于河流本身和当地的地形。虽然人们建造了防洪堤坝和防洪墙(住户和商家就建在这些防护措施的后方),但"涝原"并没有消失。如果这些防护措施坍塌或被毁坏,洪水就会充满"涝原",这时的情况与人类在没有占领这些地区之前是一样的。

人们为什么会生活在"涝原"?

千百年来,人们一直生活在"涝原"地区。肥沃的农业土地围绕在"涝原"周围,并且附近的水资源也使人们的生活更加丰足。不幸的是,当河流发生洪灾时,这些地区会受到严重的破坏,人们的损失惨重。在水灾发生时所采取的一些抵御危险的措施,如防洪堤、水坝、堤防和其他设施都是用来减小破坏程度的。有时,当这些结构被破坏时(如水坝被瓦解),大面积地区就会被水淹没。生活在无法预测到未来情况的地区的人们不得不在两者间权衡:一方面是发生水灾的可能,另一方面是舒适的生活。

什么是百年洪水?

百年洪水指的不仅是洪水的规模,还指洪水可能发生的几率。百年洪水即在任意一年洪水都有1%的发生几率。这与洪水发生的频率无关。与发生频率相关的是洪水的大小程度,所以百年洪水远比一般性的每年发生的洪水的威力要大得多。而500年洪水有1/500(即0.2%)的发生几率,其破坏力远大于百年洪水。

什么是国家洪水保险计划?

国家洪水保险计划是由美国联邦政府在1956年为保障住户和商家所资助建立的一项保险计划。这项计划建立了洪灾保险率地图,显示发生百年洪水的分界线和500年洪水的区域。保险金额是根据洪灾的危险而定。联邦紧急管理局(The Federal

Emergency Management，简称FEMA）负责监测这一项目，要求任何遭受灾难的居民想要获得灾难资助的话必须提前购买洪灾保险。这样，在下次洪灾发生时，他们就会得到赔偿。

如何获得社区洪水地图？

能够看到所在地区的洪灾保险率地图的最好办法就是与当地政府联系，他们的计划和应急管理局会提供你所需要的地图。政府并不建议居民从联邦紧急管理局购买洪灾保险率地图，因为这些地图经常会发生变化，而且地图上的信息最好是由计划和应急专家来解读。

1973年5月24日，一阵龙卷风袭击了俄克拉何马州的联合城。当龙卷风暴发生时，俄克拉何马州也许是全美最危险的居住地。（图片来源：美国国家海洋和大气管理局中心图书馆图片资料室；海洋和大气研究室/环境研究实验室/美国国家强风暴实验室）

发生洪灾时应该如何应对？

如果已经预测到洪水，要打开电池供电的收音机收听有关疏散时间和地点的信息。如果洪水或山洪已经向你袭来，要迅速向位置高的地方转移。而且，不要在驻水（不流动的水）中开车，因为洪水会很快把车抬高，使其无法移动，甚至会把你卷入到旋流中。

龙　卷　风

龙卷风和闪电哪一个更具致命性?

在美国,死于闪电袭击的人远多于遭遇龙卷风而丧命的人。平均来说,每年约有80人死于龙卷风侵袭,而死于闪电袭击的人数则超过了100人。

什么是龙卷风?

龙卷风非常强大,然而,即便是再小的风暴,如果其风力具有破坏性也能够推倒建筑物和其他结构。龙卷风中的风形成一股暗灰色的空气(虽然也有可能是白色、带蓝色甚至是红色的,主要取决于龙卷风如何反射太阳的光束),其中心部分像吸尘器一样运转,把物体吸起来后又沿着风暴的路径抛出去。龙卷风能持续几分钟到1小时或更久。它们是自然界最具威力的破坏性灾难之一,最大的龙卷风有时候直径能超过1.6千米(1英里),破坏路径长达160千米(100英里)。

第一个认真研究龙卷风的人是谁?

约翰·彼·芬利(John P. Finley,1854—1943)是美国陆军通信兵勤务队(U.S. Army Signal Service)的一名工作人员,也是一位气象学家。他于1887年出版了《龙卷风》(Tornadoes)一书,是首个就龙卷风这一主题发表权威专著的人。

"超级细胞雷暴"产生能量巨大的风暴及龙卷风。这是1980年在得克萨斯州迈阿密上空所见的"超级细胞雷暴"。(图片来源:美国国家海洋和大气管理局中心图书馆图片资料室;海洋和大气研究室/环境研究实验室/美国国家强风暴实验室)

所有的漏斗云都是龙卷风吗?

不是,如果要将漏斗云归类为龙卷风,那么它的旋涡顶部要接触云层,底部要接

153

触地面。如果不是这样,就只能被看做是漏斗云。而且,并不是所有的龙卷风都有可见的漏斗云。如果在旋涡中没有灰尘和碎片,龙卷风可能是不可见的或者肉眼几乎看不见。有趣的是,有一种没有漏斗云的龙卷风,因为下降到地面上但并不旋转的云也可被归为龙卷风。

"龙卷风" 这个词的来源是什么?

这个词来自拉丁词根"tornare",意思是旋转。"Tronada"是西班牙语,意思是雷雨,被看做是"龙卷风"这个词的来源。

什么是威烈—威烈风?

威烈—威烈风是澳大利亚语对龙卷风或尘卷风的称呼。

引发龙卷风的原因是什么?

到目前为止,科学家还不能明确地解释龙卷风是形成的原因。一般的理论认为,龙卷风从云系中形成,通常在"超大胞风暴"中缓慢旋转,但是较弱的风系也能产生龙卷风。目前的理论认为,处于风暴体系中的中尺度气旋被大气温度和"下动流"的各种明显变化所包围。然而,一般来说,形成龙卷风的云系是不应该存在强风和温度变化的。但是,一旦漏斗开始形成,就像滑冰者把手臂靠近身体能够获得旋转速度一样,龙卷风也获得了进一步形成的速度和力量。

龙卷风通常在飓风中形成吗?

热带风暴和飓风引发龙卷风的形成,这种情况十分普遍。有时,一次风暴会引发多次龙卷风。最具代表性的例子是,1967年飓风比尤拉(Beulah)引发了115次龙卷风。2004年的飓风弗朗西斯(Frances)引发了123次龙卷风,是有记录以来最多的一次。

什么能使龙卷风消散?

正像不太了解龙卷风的形成原因一样,对于它们为什么会消散,人们也不太清楚。有一种理论认为,当较冷的空气开始向风暴外流出时,处在风暴中心的中气旋开始被较冷空气包围,龙卷风就失去了充分的能量和动力。然而,情况并不一定总是如此,因为有观测表明,在冷空气外流之后形成了龙卷风。

美国每年有记录的龙卷风有多少?

美国典型的龙卷风季会有大约800次龙卷风产生。然而,在1990年前后,随着包括多普勒雷达和龙卷风追踪器在内的观测手段不断改进,能观测到的龙卷风次数不断增加。所以,之前官方统计的平均数字应该有所上升。

什么是藤田-皮尔森龙卷风级数?

藤田-皮尔森龙卷风级数(Fujita and Person Tornado Scale)通常指的就是藤田级数(Fujita and Scale),1971由芝加哥大学的教授藤田哲也(T. Theodore Fujita, 1920—1998)和艾伦·皮尔森(Allen Pearson, 1925—　)提出。艾伦·皮尔森后来成为美国国家强风暴预测中心的负责人。藤田级数根据龙卷风的风速、路径、长度和宽度对其进行分类。分类级别从F0(非常微小)到F5(毁灭性破坏)。这一分类等级在2007年被"加强版藤田龙卷风级数"所代替。

藤田-皮尔森龙卷风级数

级数	速度(千米/小时或英里/小时)	破　坏　力
F0	64—116/40—72	微小破坏:树木、广告牌、烟囱被损坏。
F1	117—180/73—112	中度破坏:移动式房车被掀翻,汽车被刮出路面。
F2	181—253/113—157	破坏较大:屋顶被掀起,移动式房车被损毁,大树被连根拔起。
F3	254—331/158—206	破坏严重:较结实的房屋被摧毁,树被连根拔起,汽车被刮离地面。
F4	332—418/207—260	灾难性破坏:房屋被移平,汽车被掀翻,物体像导弹一样被刮飞。
F5	419—512/261—318	毁灭性破坏:建筑物被刮离地基,汽车如发射导弹般被掀起。这类龙卷风不超过2%。
F6	513—611/319—380	至今没有记录,但如果这样的龙卷风产生,后果将是毁灭性的。

什么是"加强版藤田龙卷风级数"?

为了比原来的藤田龙卷风级数更详细地反映出被记录的实际损失,美国国家气象局在2006年2月提出,并于2007年2月1日首次使用了"加强版藤田龙卷风级数(简称EFS)"。最近,气象学家得出结论,比以前认定的速度更慢的龙卷风也能破坏建筑物。之前采用的等级标准被认为太过笼统,不能详细描述破坏的不同类型,而且也很难评估那些建筑物少、人口密度低的地区的破坏程度。新的等级标准用28种破坏指标来描述建筑物种类、结构和植物,并按照不同破坏程度进行分类,能够对潜在的破坏提供更详细的描述。另外,"加强版藤田龙卷风级数"采用了同样的级数标准,从0到5级。

加强版藤田龙卷风级数

级数	速度(千米/小时或英里/小时)	破 坏 力
EF0	105—137/65—85	树枝折断,根系较浅的树木被吹倒;房屋板壁和排水沟受损;部分屋顶表皮脱落或有轻微损坏。
EF1	137—177/86—110	移动式房车被掀翻;门、窗和玻璃爆裂;屋顶严重受损。
EF2	178—217/111—135	大树被吹倒;树干分裂;移动式房车被完全损毁,有地基的房屋被移动;汽车被掀离地面,屋顶被刮起;部分较轻的物体如导弹般飞离出去。
EF3	218—265/136—165	树木破裂被连根拔起;移动式房车被彻底摧毁,有地基的房屋楼层倒塌,地基不好的建筑被掀起或吹出一段距离;购物中心等商业建筑严重受损;重型汽车被掀翻,火车脱轨。
EF4	266—322/166—200	框架结构的房屋被吹走;汽车被吹出一段距离;较大物体成为危险的发射体。
EF5	>323 />200	房屋被彻底损毁,即使有钢筋加固的建筑物也受到严重破坏;如汽车大的物体被掀出90米(300英尺)甚至更远的距离。毁灭性灾难。

人们目前还使用其他的龙卷风强度等级吗?

是的。大不列颠气象学家根据龙卷风及风暴研究组织(TORnado and storm Research Organization,简称TORRO)的标准,按照风速强度的不同,将龙卷风从T0到T10进行等级划分。T0级龙卷风风速为64千米/小时(40英里/小时),而T10级"超级龙卷风"的风速可高达435—480千米/小时(270—299英里/小时)。

强度为多少级的龙卷风可以被认定为"重大"龙卷风?

当龙卷风达到EF2或更高级别时,在规模上通常会被定为"重大"的。而EF4级和EF5级龙卷风被认定为"剧烈",事实上也的确如此。

自1970年以来,F5级龙卷风在美国发生过多少次?

自1970年以来,F5级龙卷风在美国发生过28次。其中有6次发生在1974年4月的龙卷风大爆发期间。

1970—2008 年间美国发生的 F5 级龙卷风

地　　　点	日　　　期
得克萨斯州, 卢博克 (Lubbock, TX)	1970 年 5 月 11 日
路易斯安那州, 德里 (Delhi, LA)	1971 年 2 月 21 日
得克萨斯州, 米尔斯谷 (Valley Mills, TX)	1973 年 5 月 6 日
印第安纳州, 黛西希尔 (Daisy Hill, IN)	1974 年 4 月 3 日
俄亥俄州, 齐妮亚和塞勒公园 (Xenia and Sayler Park, OH)	1974 年 4 月 3 日
肯塔基州, 勃兰登堡 (Brandenburg, KY)	1974 年 4 月 3 日
阿拉巴马州, 霍普山 (Mt. Hope, AL)	1974 年 4 月 3 日
阿拉巴马州, 泰纳 (Tanner, AL)	1974 年 4 月 3 日
阿拉巴马州, 几内 (Guin, AL)	1974 年 4 月 3 日
俄克拉何马州, 斯皮罗 (Spiro, OK)	1976 年 3 月 26 日
得克萨斯州, 布朗伍德 (Brownwood, TX)	1976 年 4 月 19 日
艾奥瓦州, 约旦 (Jordan, IA)	1976 年 6 月 13 日
阿拉巴马州, 伯明翰 (Birmingham, AL)	1977 年 4 月 4 日
俄克拉何马州, 断弓城 (Broken Bow, OK)	1982 年 4 月 2 日
威斯康星州, 巴纳费尔德 (Barneveld, WI)	1984 年 6 月 7 日
俄亥俄州, 奈尔斯 (Niles, OH)	1985 年 5 月 31 日
堪萨斯州, 赫斯顿 (Hesston, KS)	1990 年 3 月 13 日
堪萨斯州, 戈塞尔 (Goessel, KS)	1990 年 3 月 13 日
伊利诺依州, 平原镇 (Plainfield, IL)	1990 年 8 月 28 日
堪萨斯州, 安德沃 (Andover, KS)	1991 年 4 月 26 日
明尼苏达州, 桑德勒 (Chandler, MN)	1992 年 6 月 16 日
威斯康星州, 奥克菲尔德 (Oakfield, WI)	1996 年 7 月 18 日
得克萨斯州, 扎莱尔 (Jarrell, TX)	1997 年 5 月 27 日
阿拉巴马州, 快乐森林市 (Pleasant Grove, AL)	1998 年 4 月 8 日
田纳西州, 韦恩斯伯勒 (Waynesboro, TN)	1998 年 4 月 16 日
俄克拉何马州, 桥溪和摩尔 (Bridge Creek & Moore, OK)	1999 年 5 月 3 日
堪萨斯州, 格林斯堡 (Greensburg, KS)	2007 年 5 月 4 日
艾奥瓦州, 帕克斯堡 (Parkersburg, IA)	2008 年 5 月 25 日

什么是"海龟"？

气象学上所使用的英文单词"Turtle（海龟）"并非真的指有甲壳的爬行动物。其真正含义是一种由硬质材料所包裹的装置，这种装置可以被置于龙卷风移动路线上，用于测量气压、湿度以及温度。遗憾的是，并不能用它测量风速，但的确可以用它来采集其他有价值的数据。

F6级龙卷风曾经发生过吗？

没有。尽管旧的藤田等级的确有F6级龙卷风——据估测，理论上风速可以达到611千米/小时（380英里/小时），但历史上没有任何关于这种强度的龙卷风的记录。"加强版藤田龙卷风级数（EFS）"实际上根本没有将F6级龙卷风纳入其体系当中，并且将任何风速超过320千米/小时（200英里/小时）的龙卷风全部定为F5级。

气象学家们真的掌握龙卷风风速的可靠数据吗？

答案是否定的，这也是在龙卷风分类过程中遇到的最大问题。龙卷风的风速是用多普勒雷达以及视频监测的科学方法来进行估算的，但迄今为止，还没有成功地使用风速计这种物理方法来测量风速。

什么是"旋风"计划？

"旋风（VORTEX）"是"龙卷旋转起源的验证实验（Verification of the Origin of Rotation in Tornadoes Experiment）"的英文缩略词。1994—1995年，在艾瑞克·拉斯姆森（Erik Rasmussen）的带领下，于美国国家强风暴实验室进行。该实验的目的旨在使用气象气球、飞机、海龟探测器以及可以拍照并装有雷达装置的车辆来收集更详尽的数据。此研究主要研究的是在"超级细胞雷暴"中形成的龙卷风，并收集了需要花若干年才能分析完的数据信息。

一般而言，龙卷风会移动多远？

实际上，大多数龙卷风存在的时间都相当短，有的不足一小时，更多的龙卷风仅存在几分或几秒钟。据估算，一般的龙卷风在发生时大约会移动8千米（约5英里）。当然，历史上也存在过"寿命"很长的龙卷风，如1925年3月18日发生的龙卷风就曾穿越过长达346千米（215英里）的一段地带。

什么是"多旋龙卷风"？

有时，一个龙卷风环流中心可以被叫做"子旋涡"或"吸入旋涡"的更小的龙卷风包围。包围着中央龙卷风的子旋涡最多可达7个，常见的为2—5个。有趣的是，这些更小的龙卷风反而表现得更为强烈，其旋转的风速可达160千米/小时（约100英里/小时），甚至比中央旋风的风速更快。

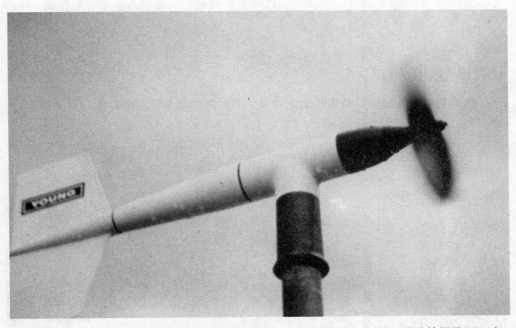

安装在"旋风计划车"上的风速仪正在监控得克萨斯州北部的气象状况，照片拍摄于1994年。（图片来源：美国国家海洋和大气管理局中心图书馆图片资料室；海洋和大气研究室/环境研究实验室/美国国家强风暴实验室）

子漩涡与卫星龙卷风的区别是什么？

有时很难把它们区分开，但卫星龙卷风常独立存在且规模较大，而多旋涡龙卷风内的子旋风是在中央龙卷风内形成的。

直径达 1.6 千米（1 英里）旋转的漏斗形大龙卷风与较小且快速旋转的龙卷风相比哪个更危险？

两种龙卷风可能会一样危险。考虑龙卷风的致命性和破坏性时，很多因素都应该包含在内，例如，旋涡的旋转速度以及被风吹起的碎片数量。

什么是"绳状龙卷"？

绳状龙卷是对具有细、弯的特征且外形似绳的龙卷风的简单描述语。一些人错误地认为，"绳状龙卷"的出现是常规龙卷风开始逐渐消散的征兆（龙卷风逐渐消散的英文表达法为"roping out"），而实际上，这种龙卷风有着与较宽的漏斗形龙卷风一样的强度。

什么是"楔形龙卷"？

楔形龙卷是外形较厚的束柱形龙卷风。其可见的漏斗形柱体高度与宽度相当。

1973 年 5 月，强大的龙卷风暴给俄克拉何马州的联合城带来了空前的灾难。（图片来源：美国国家海洋和大气管理局中心图书馆图片资料室；海洋和大气研究室/环境研究实验室/美国国家强风暴实验室）

龙卷风有哪些奇怪的"行为"?

众所周知,龙卷风会对一处房屋或建筑物有很强的破坏力,但紧邻的建筑却可能完好无损。这种随机性的破坏行为可能是由非常微小的龙卷风所致,或由若干个卫星龙卷风包围着的"多旋龙卷风"所致。举个例子,绳状龙卷在地面经行的路径只有大约几米的宽度。另一方面,"多旋龙卷风"的子旋涡(或吸入式旋涡)在速度和宽度上有着很大的不同。有时,龙卷风可能不会真正到达地面,但可以低至在刮过时将多层建筑的顶部卷走,而农场房屋和沿公路而建的商业区却没有遭到破坏。龙卷风还表现出了其他一些古怪的"行为",如在行进过程中变得忽强忽弱,或者绕回原地袭击同一地点两次。正如"加强版藤田龙卷风级数"的制定者们认识到的一样,建筑物的强度在应对龙卷风上起着重要的作用。

什么是"龙卷风走廊"?

与其他国家相比,美国的龙卷风发生率较高。大部分龙卷风发生在整个中部地区,这一地区被称为"龙卷风走廊"。每年这里要发生约200次的龙卷风暴。"龙卷风走廊"主要集中在得克萨斯州北部、内布拉斯加州(Nebraska)、堪萨斯州以及俄克拉何马州(强龙卷风高频发地区)。然而,龙卷风也常常发生在路易斯安那、密西西比、阿拉巴马、密苏里(Missouri)、阿肯色(Arkansas)、肯塔基、田纳西(Tennessee)、伊力诺依(Illinois)、印第安纳、爱荷华以及俄亥俄等州。之所以在"龙卷风走廊"会发生如此多的龙卷风,是因为来自墨西哥湾的温暖、潮湿的空气在向北移动时与从西而来的干燥空气以及上升气流相遇,从而为龙卷风的形成创造了相当好的条件。

龙卷风发生期间,在美国的哪个州居住最危险?

马萨诸塞州(Massachusetts)。与其他州相比,由于马萨诸塞人口密度大,所以龙卷风发生时,死亡的人数更多,破坏程度也更为严重。居住在俄克拉何马州可能还会更危险,因为此地遭遇的龙卷风暴比其他任何州都要多。

美国历史上有记录的"最致命的龙卷风"有哪些?

美国最致命的龙卷风

地　　　点	时　　间	死亡人数
伊利诺伊州、印第安纳州、密苏里州(IL,IN, Mo)	1925年3月18日	695
密西西比州,那切兹(Natchez, MS)	1840年5月6日	317

地　　　点	时　　间	死亡人数
密苏里州,圣·路易(St. Louis, MO)	1896年5月27日	255
密西西比州,图泊洛(Tupelo, MS)	1936年4月5日	216
佐治亚州,盖恩斯维尔(Gainesville, GA)	1936年4月6日	203
俄克拉何马州,伍沃德(Woodward, OK)	1947年4月9日	181
路易斯安那州,阿米特(Amite, LA)/密西西比州,普维斯(Purvis, MS)	1908年4月24日	143
威斯康星州,新里士满(New Richmond, WI)	1899年6月12日	117
密歇根州,弗林特(Flint, MI)	1953年6月8日	115
得克萨斯州,维科(Waco, TX)	1953年5月11日	114
得克萨斯州,戈利亚德(Goliad, TX)	1902年5月18日	114
内布拉斯加州,奥马哈(Omaha, NE)	1913年3月23日	103
伊利诺伊州,马顿(Mattoon, IL)	1917年5月26日	101
西弗吉尼亚州,辛斯顿(Shinnston, WV)	1944年6月23日	100
密苏里州,马什菲尔德(Marshfield, MO)	1880年4月18日	99
佐治亚州,盖恩斯维尔和霍兰(Gainesville & Holland, GA)	1903年6月1日	98
密苏里州,波普拉布拉夫(Poplar Bluff, MO)	1927年5月9日	98
俄克拉何马州,斯奈德(Snyder, OK)	1905年5月10日	97
马萨诸塞州,伍斯特(Worcester, MA)	1953年6月9日	94
密西西比州,那切兹(Natchez, MS)	1908年4月24日	91
密西西比州,斯塔克维尔(Starkville, MS)&阿拉巴马州,维科(Waco, AL)	1920年4月20日	88
俄亥俄州,洛兰和桑达斯基(Lorain & Sandusky, OH)	1924年6月28日	85
堪萨斯州,尤德尔(Udall, KS)	1955年5月25日	80
密苏里州,圣·路易(St. Louis, MO)	1927年9月29日	79
肯塔基州,路易斯维尔(Louisville, KY)	1890年5月27日	76

在美国,龙卷风平均每年导致多少人死亡?

在美国,每年由于龙卷风而死亡的人数约为60人。多数人是被卷起的物体残骸或碎片致死。

龙卷风几乎影响了美国音乐史?

如果你注意到了"美国最致命的龙卷风"一表中所列出的城市,也许位列第四位的城市密西西比州的图泊洛会引起你的注意。图泊洛是美国著名摇滚歌星"猫王"埃维斯·普里斯利（Elvis Presley, 1935—1977）的家乡。发生于 1936 年 4 月 5 日的这次龙卷风暴夺去了 200 多人的性命，而当时还是个婴儿的埃维斯却在这次风暴中幸免于难。

世界历史上最致命的龙卷风是哪次？

1989 年 4 月 26 日，一次龙卷风暴突然袭击了距孟加拉国达哈卡（Dahaka）以北 65 千米（约 40 英里）的地方。风暴过后，共有 1 300 人死亡，1.5 万人受伤，大约 10 万人因此失去了家园。

最易发生龙卷风的月份有哪些？

在美国，3—8 月为龙卷风发生率最高的月份。当然，在其余的月份里，龙卷风在美国南部地区也会形成。与其他月份相比，大多数龙卷风更易于发生在 5 月。而据记载显示，因龙卷风造成死亡人数较多的月份则是 4 月。历史上龙卷风爆发次数最多的时期是从 1974 年 4 月 3—4 日。在美国 13 个州（伊利诺依州、印第安纳州、密歇根州、俄亥俄州、田纳西州、肯塔基州、阿拉巴马州、密西西比州、西弗吉尼亚州、弗吉尼亚州、北卡莱罗纳州、南卡莱罗纳州以及佐治亚州）先后出现了 148 次龙卷风。龙卷风造成 315 人遇难，5 500 人受伤，并穿越了大约 4 000 千米（2 500 英里）的区域。

除 1974 年的"龙卷风大爆发"之外，还有哪些强龙卷风袭击过美国？

1965 年 4 月 11 日，在"圣枝主日"当天，美国中西部地区遭受了 37 次龙卷风的袭击，256 人因此丧生，5 000 多人受伤。1984 年 5 月 28 日，发生在南卡罗莱纳州和北卡罗莱纳州的 22 次龙卷风暴夺走了 57 人的生命，1 248 人因此受伤，经济损失达 2 亿美元。（次年 5 月 31 日，加拿大安大略省爆发了 41 次龙卷风暴，75 人丧生，经济损失达 4.5 亿美元）。在 20 世纪 90 年代初还发生过两次集中爆发的龙卷风暴。1991 年 4 月 26—27 日，先后有 54 次龙卷风在得克萨斯州和艾奥瓦州登陆。在这次风暴中有 21 人死亡，208 人受伤。次年的 11 月 21 日，发生在 13 个州的 94 次龙卷风暴袭击了从美国中西部至东海岸的广大地区，对当地人的生命和财产造成了极大破坏。这次大爆发造成了 26 人死亡，641 人受伤。

龙卷风更易于在一天中的某些特定时刻发生吗?

龙卷风可能在一天中的任意时刻发生,但其中有40%的龙卷风发生在凌晨2点至下午6点。发生在夜里的龙卷风十分危险,因为那时人们还在睡梦之中,在警报声响起时,他们还没有做好任何逃生的准备。

1984年,一面云墙正压向俄克拉何马州。(图片来源:美国国家海洋和大气管理局中心图书馆图片资料室;海洋和大气研究室/环境研究实验室/美国国家强风暴实验室)

什么是中气旋?

中气旋是一种气流直径通常可达2—10千米(1—6英里)的旋风。中气旋常常产生于"超级细胞雷暴"云体内或其他巨大的积雨云雷暴中。因为风切变导致风暴内风向或风速的突变,致使气体在平行于地面的上方以旋转的方式形成环流。这样,上升气流便在环流的垂直方向上不断发展,从而形成了垂直于地面的旋风。

什么是云墙?

云墙可以被看做是对龙卷风即将在积雨云中形成的警报。随着积雨云下面中气旋的不断扩大,能量开始逐渐积蓄。当温暖、潮湿的空气开始向上移动并变得密集时,中气旋便开始旋转。这种不间断的聚集促使正在形成的云墙逐渐开始了如气旋一般的旋转。当然,与可能形成的龙卷风相比云墙的旋转速度较慢。风暴追逐者观察并了解到,云墙在1小时内就会演变为一个成形的龙卷风。

什么是"海狸尾"?

人们为暴雨期间出现的"宽平状下降云"取了一个有趣的名字——"海狸尾"。"海狸尾"通常会在降雨区外的任何地方出现并且易于在朝向云墙的方向形成内向旋转的漩涡。

被称为"风暴追逐者"的专业气象学家或业余风暴爱好者,他们所进行的观测研究对于美国国家气象局以及国家海洋和大气管理局都十分有益。(图片来源:美国国家海洋和大气管理局中心图书馆图片资料室;海洋和大气研究室/环境研究实验室/美国国家强风暴实验室)

谁是风暴追逐者?

风暴追逐者指的是那些追踪和拦截重大风暴和龙卷风的科学家和业余风暴爱好者。他们追逐风暴的原因有两个:第一,收集研究重大风暴所使用的数据;第二,为雷达站标示的强风暴提供可视观察。另外,追逐风暴的电视工作者能够提供风暴急剧变化的录影信息。追逐风暴是一项非常危险的活动,因为在过程中产生的强风、大雨、冰雹和闪电都会威胁到人的生命。追逐风暴的人需要针对强风暴进行行为训练。

罗杰·詹森(Roger Jensen, 1933—2001)被认为是第一个积极的风暴追逐者。作为一位"自学成才"的天气观测者和职业摄影师,他花费50年的时间记录了有关龙卷风和雷雨的数据。大卫·郝德利(David Hoadley, 1938—)被看做是这一领域的先锋,他是对"风暴踪迹"这一主题最早进行时事报道的人。成为风暴追逐者的第一位科学家是尼尔·沃德(Neil Ward, 1914—1972),他曾经在俄克拉何马州诺曼市的国家强风暴实验室工作,并且因资历丰富而被官方评价为"风暴追逐之父"。

风暴追逐者和风暴侦察者有什么不同?

风暴侦察者不需要开车在全国到处跑,花时间去寻找危险风暴,但侦察员要非常机警,能够发现当地潜在的危险风暴信号,并向国家气象局汇报相关信息。

什么是天空警示计划?

20世纪70年代早期,美国国家气象局筹划了天空警示计划,目的是组织专业和业余的气象观察者帮忙向公众提供有关龙卷风和其他危险天气条件的早期预警信息。要加入这项计划,不需要具备气象学家的资格,计划组会雇人将你培训成为风暴侦察者。许多业余无线电报务员成为这项计划的积极志愿者。一些组织如美国无线电转播联盟(American Relay Radio League,简称ARRL)、业余无线电应急服务(Amateur Radio Emergency Services,简称ARES)、业余无线电爱好者民用紧急服务(Radio Amateur Civil Emergency Services,简称RACES)都为美国国家气象局工作。同时,联邦应急管理局(Federal Emergency Management Agency,简称FEMA)也参与到这项计划中,帮助挽救更多人的生命。

什么是"熊的笼子"?

通常强降雨和冰雹在中气旋的南部和西部形成,但如果出现在可能存在或正在形成的龙卷风的东北部,就会被风暴侦察者称为"熊的笼子"。这是风暴中最危险的区域,因为龙卷风在雨的遮挡下变得模糊难辨,在没有任何预警的情况下袭击地面。能见度低,再加上破坏性冰雹、强风和山洪暴发,这些都是危险因素。

是否有方法可以预测龙卷风?

　　要准确预测龙卷风的确很难，即使是气象学专家也只能在条件适合时发布龙卷风预警。有些人认为冰雹、风或闪电能够预示龙卷风，虽然大冰雹和其他恶劣天气确实在龙卷风形成前经常发生，但情况也并非总是如此。还有一种观点认为，如果你观察到气压计的指数突然下降，可能这时龙卷风就要形成了。然而，这种预测方法同样不太准确。在龙卷风来临前的几天或几小时内，气压下降都有可能发生。最好的办法是，在有可能发生糟糕风暴的时候，仔细收听天气预报并且相信气象学家在条件适合的时候发布的预警信息。

龙卷风观测仪被置于龙卷风经过的路上，用来测量气压、湿度、温度等信息，这些信息对于研究者而言会有很大的帮助。（图片来源：美国国家海洋和大气管理局中心图书馆图片资料室；海洋和大气研究室／环境研究实验室／美国国家强风暴实验室）

洛杉矶是否曾经发生过龙卷风?

　　是的，包括洛杉矶在内的南加利福尼亚州偶尔会遭遇弱龙卷风。幸运的是，目前在这个州并没有死亡记录。2008年5月22日，圣地亚哥（San Diego）的河滨县（Riverside County）有两次龙卷风登陆。同月，洛杉矶也发布了龙卷风预警，警示英格伍德（Inglewood）的郊区房屋会遭到较小规模的破坏。自1918年，由洛杉矶官方证实过的龙卷风就有30多次。

龙卷风是否袭击过美国和加拿大以外的国家?

　　是的，但是美国对龙卷风记录最为全面，所以说很难确定其他国家龙卷风的频率和猛烈程度。加拿大草原遭受过严重的龙卷风袭击，其原因可以解释为，北美洲的气候条件适合龙卷风的形成。有较大的龙卷风记录的其他国家包括英国、意大利、法国西部、巴西、阿根廷、俄罗斯、孟加拉、中国、印度北部、巴基斯坦、日本、南非和新西兰。英国大概每一年半会遭受一次龙卷风。因为很多龙卷风发生在人口稀少的内陆地区而没有被人察觉，所以在澳大利亚实际发生的龙卷风的次数要比观察到的多。

龙卷风是否总是逆时针运动？

根据经验法则，北半球的龙卷风逆时针旋转，而南半球的龙卷风则是顺时针旋转。但像任何规则一样，例外的情况也是存在的。人们偶尔也会观测到反气旋龙卷风（在北半球顺时针旋转）。此时的龙卷风通常与较弱的"风暴胞"一起形成的较弱的旋风，或者有时以"水龙卷"的形式出现。1998年，在加州桑尼维尔（Sunnyvale）附近曾经观测到最强的反气旋龙卷风。"超级细胞雷暴"既能生成气旋龙卷风，也可能生成反气旋的龙卷风，但是很罕见。

龙卷风观察和龙卷风预警有什么区别？

龙卷风观察指的是，在未来几小时内的天气条件符合龙卷风的形成条件。发布"观察"时，最好要及时收听广播和电视台发布的最新信息，一旦需要寻求必要的庇护场所，应随时做好充分的准备。龙卷风预警指的是，通过你所在地区的多普勒雷达或观测者本人已经侦测到龙卷风的到来，并且你应该马上寻找紧急避难场所。

当龙卷风来临时，应该做什么？

尽量待在较低的楼层（除非是在移动式房车或室外，在这种情况下，你应该选择结实和安全的庇护场所；现在很多移动式房车所在的空场中心都设有龙卷风避难所）。待在房间的中心位置，并躲在坚固的家具下方。远离窗户，抓紧桌子腿或其他稳定的东西，并且用手护住头部和颈部。如果你家有地下室，最好躲在那里。如果没有，室内的浴室通常是家里最结实的房间。在那里，你可以爬进浴缸以便更好地保护自己。

为了让室内外气压均衡，打开门窗是否是个明智的做法？

长期以来一直有这样的说法：当龙卷风临近时，室外的气压会大幅下降，这样室内的高气压就会引起爆炸。这种说法是不对的，因为龙卷风是借由风速和吹起的碎片来破坏和撕毁房屋的，打开门窗会增加飞行物体进入房间和击中室内物体的可能性。

如果你在室外，龙卷风发生时最好的藏身之处是哪里？

当龙卷风来临时，在你没有时间到达龙卷风避难所或地下室的情况下，如果附近也没有其他可以躲避的场所，风暴专家建议你最好寻找一处沟渠或深沟以躲避龙卷风。（不要躲在高速公路的立交桥下，因为碎片很容易吹到里面，有致命危险。）有些人认为待在山谷中会很安全，因为山体会阻挡住龙卷风。事实上，龙卷风会席卷山谷，甚至能到达山的顶峰。在提顿（Teton）海拔高度超过3 000米（1万英尺）的野外地区就有龙卷风发生过的记录。在1974年，"超级龙卷风大爆发"期间,很多龙卷风横扫过阿帕拉契山脉（Appalachians）的高处地带。

还有一种说法认为,当龙卷风预警发布时,站在河岸边是安全的。然而,多起事故就在像密西西比河（Mississippi）和密苏里河（Missouri）这样大的河流和溪水附近或水中发生龙卷风时发生了。当龙卷风侵袭时,在河上行驶的船发生沉船事故的事情也发生过。

美国哪个月份最容易发生龙卷风?

一项研究表明,5月是美国最容易发生龙卷风的月份,平均次数为329次,而2月份则最安全,平均仅有3次。另一项研究表明,12月份和1月份通常是最安全的,发生最多次数龙卷风的月份是4月、5月和6月。2月份,龙卷风的发生频率开始增加,且通常发生在中部海湾各州;3月份,活动中心向东移动,到达东南部的大西洋各州,4月份龙卷风在这里的活动频率达到顶峰。5月份活动的中心在南部的平原各州;6月份活动的中心转移到北部平原和大湖地区（进入纽约西部）。1999年5月发生的"龙卷风大爆发"造成的损失最大,俄克拉何马州和堪萨斯州在不到48小时内遭遇了至少74次龙卷风,其中包括在俄克拉荷马城郊区发生的一次F5级龙卷风,造成11亿美元的损失。

什么是阵风卷?

在雷暴外流附近看到的阵风卷是一种不接触云层的弱气旋。阵风卷除了会折断树枝和掀翻除草工具外,其破坏力还是很小的。

什么是水龙卷?

水龙卷通常与热带气旋有关,是可以在水面上形成的龙卷风。因为水龙卷能够将水卷起来,而不是吸纳灰尘和瓦砾,所以形成的漏斗云是可见的。尽管比龙卷风威力弱,水龙卷依然可以致命。据了解,水龙卷可以摧毁小型船只或对大型船只造成破坏。在美国,最容易看到水龙卷的地方是

观测到的一个水龙卷正在离开佛罗里达群岛（Florida Keys）的海岸。（图片来源:美国国家海洋和大气管理局,约瑟夫·戈登（Joseph Golden）摄）

169

佛罗里达州南部的沿海海岸。

什么是陆龙卷?

从理论上来说,陆龙卷也是龙卷风,只不过它是强度比较弱的一类。陆龙卷一般由"无大胞风暴"形成。除了威力比龙卷风弱之外,据了解,陆龙卷也能够致命,因此应尽量避免其发生。

什么是尘卷风?

这些可以向上延伸几十米(几十英尺)的棕色、充满灰尘的束状空气,并不像它的名字"灰尘魔鬼"那么"邪恶"。它们是在干燥的晴天由暖空气抬升所造成的。尘卷风的风速能达到96.5千米/小时(60英里/小时)并造成一些破坏。有报道称,尘卷风的高度可达1 500米(5 000英尺)。一般情况下,它们的破坏力不如龙卷风,而且通常在很短时间内就会消失。但有事实证明,尘卷风曾将重达4 500千克(50吨)的灰尘和轻瓦砾卷起。有记录表明,至今最大的尘卷风发生在犹他州邦纳维尔盐滩(Bonneville Salt Flats)。这次尘卷风有几千米高,而且不断扩展,继续延伸了近65千米(约40英里)。

什么是蒸气卷?

在北极(较少会在南极,或者在其他任何条件适合的地方),寒冷空气掠过温暖的水面时能使水蒸气上升,当旋风吹过,水蒸气和雾就会形成小的蒸汽卷。

是否存在其他类型的类似龙卷风的旋风?

当然有。来自森林火灾的烟雾和火山的蒸汽搅拌在一起形成了涡旋,看起来就像是弱龙卷风一样。

第六章　大气现象

闪　电

什么是闪电?

闪电是大气中的放电现象。闪电的类型有很多种,其产生的方式近年来才为人们所完全理解。

闪电是如何形成的?

雷击产生的原因分析起来极为复杂。当然,闪电的产生首先要有电力来源——一场雷电交加的暴风雨。雷雨中的云的工作原理与电容器十分相似。云顶层为正电,底层为负电。科学家认为,这些电荷的积累是由于云层内温度不同,各种粒子相互碰撞摩擦而产生的。但对于这种情况是如何发生的,还存在争议。随着云顶层正电和云底层负电的积累,强大的电场便会形成。

随着云层内电荷的增加,电荷对地面上的物体和地面正下方的物体都会产生影响。云层底部的"负电区域"击退地面上的电子,反过来使遭受暴风雨的地面充满正电。随着电荷越积越多,地面与云层之间的空气电离——分解为电子和正离子,转变

古代的人们是否真的相信闪电来自神灵？

闪电的力量被打上文化印记已有几千年的历史。在古代，人们认为闪电是上天的恩赐，并且拥有神秘的力量。在罗马和希腊神话中，把闪电看做是赫菲斯托斯（Hephaestus，罗马神话中的火神）手中的矛，后来被宙斯（Zeus，罗马神话中的朱庇特）掌管。北欧神话中的主神奥丁（Odin）拥有一把由闪电制成的长枪，叫岗尼尔（Gungnir）。印度教神话也给他们的战神（天神之王）因陀罗（Indra）配了一把雷弩当作武器。有些时候，闪电被视为这些文化的一种象征。玛雅人使用三束闪电的标志代表创造之神胡拉坎（Huracan，掌管风、火和暴雨的神）。有趣的是，在玛雅、罗马和印度文化中，人们还认为在闪电发生的地方会长出蘑菇。

为"等离子状态"。这种"等离子状态"成为云层与地面（或者与其他云层或周围空气）之间的导体。

随后，云层会发出"阶梯先导"，作为即将到来的闪电的前兆。这些电离路径和电子流就像是云层派出的试探者，寻找闪电穿越的最佳路径。有时人们可以看到这些先导闪着微弱光芒的紫色亮线。

同时，当阶梯先导向外伸出探索的"手指"时，带正电的地面或其他的接收对象也向上伸出了试探的"手指"。这些试探者被称为"正流注"，正流注并不是每次都会与阶梯先导连接上，但当它们相连时会形成电路，火花就产生了。正流注来自包括人类在内的各种无生命或有生命的物体。

如同铁路工人铺设铁轨一样，只有当铁轨的两端连接在一起时，火车才能驶过。这就是闪电——大自然试图均衡云层与地面之间的电荷时所产生的能量爆炸。

闪电来自冰吗？

从某种意义上来说是的。产生闪电聚集的电荷是由雪和"过冷水滴"相互摩擦碰撞而形成的。产生的静电荷就像我们拿毛绒袜在粗麻地毯上摩擦一样。

闪电只在雷雨时才会有吗？

通常情况下，闪电是伴着雷雨出现的。然而，在一些不同寻常的情况下，人们看到闪电时并没有下暴雨。例如，有时喷发的火山产生的烟雾也会产生闪电所需的电流；甚至是大火产生的烟也会形成类似的环境，但这种情况极为少见。

> ## 什么是晴天霹雳？
>
> 这一说法的依据是，即便是在不下雨且太阳高照的时候也会有闪电发生。换句话说，头顶可能是蓝天，但在附近可能也有会产生闪电的云。

闪电只有在下雨时才会发生吗？

有暴风雨的地方必然有闪电，但在闪电出现的地方不一定下雨。最远从下雨地点16千米（10英里）外可以看见闪电，而且闪电最多在雨停10分钟后才会发生。

下暴雪的时候曾有闪电发生吗？

是的，下雪的时候也有可能发生闪电和打雷。实际上，暴风雪也曾产生过强大的闪电电流。

被闪电击中的可能性有多大？

一生中被闪电击中一次的几率大约是1/60万。

待在室内是否就会免受闪电的危害？

当然，待在室内会更安全些，但并不是100%安全。大多数被闪电击中受伤的人都是在室外（很多受伤甚至致死的人都是因为在树木附近，因此，树下不是最好的躲避场所）。但是也会有偶然事件发生。因为闪电会通过电线和管道传导，然后通过室内的家用电器和管线释放出来，所以人们待在室内也可能受伤。1991年10月24日，在伊利诺依州的芝加哥高地（Chicago Heights）发生了一起闪电通过电缆线路进入室内，从而导致床起火的事件。尽管如此，此类事件非常少见。

避雷针的工作原理是什么？

1750年前后，本杰明·富兰克林（Benjamin Franklin, 1706—1790）发明了避雷针。它工作的原理是安全地将闪电电流释放到地面中，因此不会对建筑物产生损坏。安装在室内的金属管线可以起到避雷针的作用，但是近年来，它们多被绝缘的PVC管所取代，因此在家用或其他建筑物上安装避雷针变得越来越重要了。

避雷针有助于转移损坏房屋及其他建筑物的闪电电流。

静电与闪电一样吗?

是一样的。例如,当你穿着羊毛袜用脚在粗麻地毯上来回磨蹭时就会产生静电,然后再去碰家具或其他人时产生的火花就像一束电量微小的闪电在放电一样。静电电荷能够产生4万伏或更高的电压。正如人们所了解的那样,这么高的电压可以毁坏电器,例如电脑。

如果我站在高的物体旁,是否能躲避闪电?

人们之所以有这样的想法是因为高层建筑顶部的避雷针可以用来吸引闪电光束,从而保护建筑物免受损害。事实上,站在电线杆或大树等较高的物体旁,并不能保证不被闪电击中。闪电通常会击中距离较高目标最近的地面。

闪电有多热?

一束闪电周围空气的温度大约是3万℃(5.4万℉),是太阳表面温度的6倍!在云地之间放电的过程中,能量会寻找最短的路径到达地面,可能通过人的肩膀沿着身体的一侧向下,再通过腿进到地面。只要闪电不经过人的心脏或脊柱,受害者通常会幸存下来。

闪电有多亮?

一束闪电发出的光亮相当于大约1亿只灯泡发出的光。

闪电传播的速度有多快?

闪电的强光是由闪电束发出的,因此看起来会比实际要宽。在向下的"先导轨道"上,闪电的速度从每秒160—1 600千米(100—1 000英里)不等;回击的速度是每秒14万千米(8.7万英里),几乎相当于光速。

闪电束有多宽？

闪电的回击通道非常窄，也许仅有1.25厘米（0.5英寸）。周围被"电晕效应"或直径宽达3—6米（10—20英尺）的辉光放电所环绕。

触碰刚被闪电击中过的人是否很危险？

不危险。经常有这样的传说，刚被闪电击中过的人是危险的带电体，他们会将电传给接触受害者的其他人。事实上，他们身上并没有残余的电流存在，因此接触他们是安全的，而且应该立即对他们进行医疗救治。

闪电能产生多少伏电压？

一道闪电束释放的电压在1 000万至1亿伏之间。一般来说，一次雷击产生的电压有3万安培。

闪电有多长？

能看见的闪电的长度取决于地形，并且差异很大。在多山地区，云层离地面较近，光束的长度只有273米（300码），但是在云层离地面较高的平原地区，光束可长达6.5千米（4英里）。一般长度为1.6千米（约1英里），但也曾出现过32千米（20英里）的最长纪录。

如何计算人与闪电之间的距离？

你可以在看到闪电后开始数秒，听到雷声后停止。然后将数的秒数除以5，即可大致知道闪电离你有几千米远。

闪电是否会发出X射线和无线电波？

因为闪电能发出无线电波，所以长期干扰无线电广播。人们发现闪电这一特征的时间与收音机的问世时间几乎是同时的。由闪电产生的无线电波影响的主要是宽频率范围，特别是调幅广播波段。在近代，闪电产生X射线的能力开始受到科学家们的关注。这一理论最早是在20世纪20年代由获得诺贝尔奖的物理学家C.T.R.威尔逊

（C.T.R. Wilson, 1869—1959）提出的。他的理论认为，闪电能使电子加速运转从而产生X射线。几十年来，科学家们认为威尔逊的理论是错误的，因为他们相信地球上的大气层厚度较大，大气阻力会减慢电子的运行速度。然而，直到20世纪90年代，科学家们才开始改变看法，佛罗里达大学的马丁·乌曼（Martin Uman）和佛罗里达理工学院的约瑟夫·德怀尔（Joseph Dwyer）做过2 003场控制雷击的实验。实验表明，闪电的确能产生足够的能量以克服大气阻力。这一新研究引发了科学家们对"闪电是如何产生的"这一问题的重新思考。

地球上每年会发生多少次雷击?

大气中每年会产生2 000万次闪电，我们所在的行星上每秒钟就会有约100—125次雷击发生。在地球大气层中，雷雨多发，在任意特定时间内大约活跃着1 500—2 000次暴雨。因此，宇航员在环绕地球黑夜一侧时，经常可以从航天飞机上或国际太空站里看见激动人心的白色闪电。

什么地方最容易发生闪电?

和大洋板块相比，闪电更易于在大陆板块多发。热带也是闪电的多发地，2/3的电子风暴雨发生在那里。

什么是闪电恐惧症和恐雷症?

闪电恐惧症就是人害怕闪电。恐雷症也叫雷声恐惧，是指人害怕打雷。

一束闪电光包含多少能量?

一束闪电包含的能量足够供一只100瓦的灯泡点上3个月。更专业一点来说，闪电每发生一击就会产生大约3万安培和100万伏的电量。一些"超级闪电"可以产生高达30万安培的电量。

人通常会死于雷击吗?

资料显示，被闪电击中的人中有5%—30%的人死于所受到的伤害。更大的危险是，电流会使人心脏猝停而不是烧伤。这也是为什么当人被闪电击中后不省人事时通常一定要做心脏复苏术。更常见的情况是人们因闪电受伤会感到巨大的疼痛，甚至发出尖叫。虽然这些人痊愈后的存活几率要比不省人事的受害者高得多，但还是需要接受医药治疗。

有什么特殊警示信号能够提醒我们马上要发生闪电了?

静电荷的不断积累成为闪电发生的前兆,人的头发会竖起来,你能感觉到周围空气中的静电。另一种可能发生的情况是塑料雨衣飞起来或者抛出的渔线很奇怪地停在半空中。所有这些迹象提醒你,要马上找个地方躲起来。

美国国家航空航天局(简称NASA)和美国军方从"被诱发的闪电"中发现了什么?

通过几次航天发射,美国国家航空航天局发现,火箭中释放出的电离可以诱发附近的雨云产生闪电。在阿波罗飞船执行的一次任务中,出现了这样的情况,但是没有产生严重的后果。更加糟糕的一次情况是,1987年佛罗里达肯尼迪航天中心发射

美国国家航空航天局发现宇宙飞船能够吸引闪电,所以后来在发射台附近搭建了闪电塔作为保护措施。(图片来源: 美国国家航空航天局)

的一枚美国空军火箭被闪电击中,造成的损失达1.62亿美元。科学家对于"被诱发的闪电"很早以前就有所了解,为了做研究,他们偶尔会在小型火箭上附上铜线以吸引闪电。但是,火箭尾气会引发闪电却是人们没有想到的。

下暴雨期间什么时候最容易被闪电击中?

数据显示,大多数人都是在雨快要停的时候被闪电击中的,这并不是由于那个时候闪电多发,而是因为人们在雨还没有完全停住之前就急着跑到室外去。

美国有多少人死于闪电电击?

1959—2003年,美国共有3 696人死于闪电电击。每年大约有60人死亡,300人受伤。死亡率最高的是佛罗里达州(1959—2003年,死亡425人)。就受闪电伤害来讲,佛罗里达是最危险的居住州。下表是从美国国家海洋和大气管理局得到的按各州统

计的最新数据。

美国1995—2004年闪电致死人数

州　排　名	死亡人数	每百万人口死亡率
1. 佛罗里达州 (Florida)	85	0.53
2. 得克萨斯州 (Texas)	34	0.16
3. 科罗拉多州 (Colorado)	31	0.72
4. 俄亥俄州 (Ohio)	22	0.19
5. 佐治亚州 (Georgia)	19	0.23
6. 阿拉巴马州 (Alabama)	18	0.40
7. 路易斯安那州 (Louisiana)	17	0.38
7. 北卡罗来纳州 (North Carolina)	17	0.21
8. 南卡罗来纳州 (South Carolina)	14	0.35
9. 犹他州 (Utah)	13	0.58
10. 伊利诺伊州 (Illinois)	12	0.10
10. 印第安纳州 (Indiana)	12	0.20
10. 宾夕法尼亚州 (Pennsylvania)	12	0.10
10. 弗吉尼亚州 (Virginia)	12	0.17
11. 密歇根州 (Michigan)	11	0.11
12. 俄克拉何马州 (Oklahoma)	10	0.29
12. 田纳西州 (Tennessee)	10	0.18
13. 密西西比州 (Mississippi)	9	0.32
13. 威斯康星州 (Wisconsin)	9	0.17
14. 阿肯色州 (Arkansas)	8	0.30
15. 亚利桑那州 (Arizona)	7	0.14
15. 马里兰州 (Maryland)	7	0.13
15. 密苏里州 (Missouri)	7	0.13
15. 新墨西哥州 (New Mexico)	7	0.38
15. 纽约州 (New York)	7	0.04
16. 爱达荷州 (Idaho)	6	0.46
16. 明尼苏达州 (Minnesota)	6	0.12
16. 蒙大拿州 (Montana)	6	0.66

州 排 名	死亡人数	每百万人口死亡率
16. 新泽西州 (New Jersey)	6	0.07
16. 怀俄明州 (Wyoming)	6	1.21
17. 加利福尼亚州 (California)	5	0.01
17. 艾奥瓦州 (Iowa)	5	0.17
17. 堪萨斯州 (Kansas)	5	0.19
17. 肯塔基州 (Kentucky)	5	0.12
17. 西弗吉尼亚州 (West Virginia)	5	0.28
18. 内布拉斯加州 (Nebraska)	3	0.18
18. 波多黎各 (Puerto Rico)	3	0.08
18. 南达科他州 (South Dakota)	3	0.40
18. 佛蒙特州 (Vermont)	3	0.49
19. 康涅狄格州 (Connecticut)	2	0.06
19. 马萨诸塞州 (Massachusetts)	2	0.03
19. 华盛顿州 (Washington)	2	0.03
20. 缅因州 (Maine)	1	0.08
20. 北达科他州 (North Dakota)	1	0.16
20. 俄勒冈州 (Oregon)	1	0.03
20. 罗得岛州 (Rhode Island)	1	0.10
21. 阿拉斯加州 (Alaska)	0	0
21. 特拉华州 (Delaware)	0	0
21. 华盛顿哥伦比亚特区 (Washington, D.C.)	0	0
21. 夏威夷州 (Hawaii)	0	0
21. 内华达州 (Nevada)	0	0
21. 新罕布什尔州 (New Hampshire)	0	0

谁是被闪电击中的最不幸的人？

美国弗吉尼亚州的公园管理员罗伯特伊（Roy C. Sullivan, 1912—1983）在1942—1977年间，先后被闪电击中过7次而幸存下来。他先后在轿车上、卡车上、钓鱼时、露营时、自己家的前院、管理员办公室里以及在瞭望塔上遭到过电击。去世后的几年内，他仍然保持着"人类避雷针"的荣誉称号。

另一个比较奇怪的事件是，在中西部地区的一个家庭中有多名成员被闪电击中过。一名女性在1965—1995年期间被闪电击中过两次。1921年，她的祖父死于闪电。她的叔祖父也在20世纪20年代因被闪电击中而死。她的侄子在被闪电击中后出现了暂时性失明。她还有一个堂兄因在暴风雨中打伞受了轻伤。

闪电是否会两次发生在同一地点？

闪电通常会两次击中同一地方。因为"闪电束"会寻找最高和最具传导性的点，这样的点在下暴雨时会受到多次电击。因此，要远离已经被闪电击中过的物体！高层建筑（例如帝国大厦）在一场暴雨中经常会被闪电击中好多次。

被闪电击中会着火吗？

不会。但被闪电击中后，身体会留下伤痕或衣服被烧焦。

闪电能从地面传导吗？

是的。当闪电到达地面后，电流会通过地面传出很远。如果你站在附近，能量会通过脚底进入你的身体。这也是为什么仅仅一道闪电就使很多人或动物受到伤害的原因。

闪电为什么会闪烁？

闪电通道一旦形成，闪电中的电流就会沿着闪电通道运动，在原有闪电通道消失前的数毫秒之内就会形成同样的闪电通道。几次闪击（每一次闪击持续百万分之一秒）过后，就会有多个极短时间的暂停。这就是闪电产生的闪烁效果。

闪电如何给美国纽约造成10亿美元的损失？

1977年7月，闪电突袭了纽约的主要供电线路，导致大停电一整天。据估计，由此给纽约城带来的各种损失，其中遭到抢劫破坏的财产、在生意方面的损失以及多条线路进行维修的费用共计约10亿美元。

什么是闪电岩？

当闪电袭击沙地时，沙子熔化后形成的玻璃状石头被称为闪电岩。这些石头看起来像树枝或树根，就好像闪电变成了化石或被石化了。闪电岩中的玻璃物质被称为焦石英。流星撞击地面时也能形成这种物质。至今发现的最大的一块闪电岩约有4米（13英尺）长，目前被收藏在耶鲁大学的皮博迪自然历史博物馆。

闪电带来的好处是什么？

信不信由你，闪电带来的最大好处之一就是它能引发大火。我们通常把大火看成是破坏植物和财产的一种灾害。在美国，约有12%的森林大火是由闪电引发的，其中超过60%的大火发生在美国的落基山脉，不到2%的大火发生在美国东部。大多数由闪电引发的大火会烧毁周围约4公顷（10英亩）以内的生长物。但植物学家和另外一些科学家很早就意识到，大火对于保护森林和绿地的健康十分有益。确切地说，很多植物掉落的种子在大火燃烧后才能发芽。大火还能清除原有的生长物并使新生植物苗壮成长。

闪电给动植物带来的另一个好处是，通过向空气里释放能量而使氮原子与氧气结合，把气态氮（N_2）转化成硝酸盐（NO_3）。硝酸盐是食物链的重要组成部分，植物依赖它们生存，而动物则通过吞食植物或捕食其他食草动物来获取这种物质。世界上天然形成的硝酸盐中，大约一半是由闪电带来的（另一半是由生活在植物内部的细菌产生，比如豆类）。科学家估计，每年通过闪电产生的硝酸盐为910亿千克（2 000亿磅）。换句话说，没有闪电，地球上的动植物就会出现严重的生命衰竭。

"被闪电袭击对健康有好处"这种说法正确吗？

据文献记载，确实有些已被确诊为盲人的人在被闪电袭击后，发现自己重新获得了视力。另外，还有一些例子表明，受到闪电袭击的受害者后来发现，他们的智力测试结果比以前更好。甚至，还有一些人声称他们已经获得了特异功能。

闪电有哪些类型？

下面描述了可能发生的各种闪电的类型。

1. 普通闪电：也称为线状闪电或叉状闪电，是云对地、云对空气、云对云或云内放电。
2. 片状闪电：没有形状且覆盖区域较广的闪电。

181

闪电不总是袭击地面，有时是云对云之间的放电。

3. 带状闪电：普通闪电受侧风影响发生偏移，使闪电看起来像平行的、连续发生的闪击。

4. 联珠状闪电：被分解成有均匀空隙的闪电或珠子状闪电。

5. 热闪电：气温较高时沿着地平线能看见的闪电，它是对发生在地平线以外的远方风暴中产生的闪电的一种反射。

6. 球状闪电：一种罕见的闪电类型，可以看见一种持续移动的、明亮的白色或彩色球状体。球状闪电能持续几秒至几分钟，速度如同步行。直径通常在10—20厘米（4—8英寸），但也曾发现过直径在5—183厘米（2—6英尺）的球状闪电。球状闪电"行为异常"，因此在过去，一些人经常把它们与神灵或超自然生物联系在一起。球状闪电能够窜入室内，再"溜"出去，通常不会对人造成伤害就会消失，但有时会在窗户或门上留下钻洞。

1991年看见的"黄气泡"闪电是什么？

1991年，在英国布里斯托尔市（Bristol），两名正在玩飞盘的女孩遭遇了一股古怪的"黄气泡"能量。这股能量靠近她们时，她们就感觉像受到电击一样，被抛向地面，并在短时间内呼吸暂停。苏醒后，她们就立即跑回家并向有关方面进行了报告。虽然没有人能解释清楚她们看见的这一切，但是这很可能是一种异常的球状闪电。

云地闪电的两种类型是什么？

云地闪电的电击分为"负雷电击"和"正雷电击"两种类型。"云对地负雷电击"约占这样闪电电击的95%，当地面带有正电荷时就会发生这样的现象。而"云对地正雷电击"正好相反，当地面带有负电荷时才会发生。"云对地正雷电击"的能量更强，闪击时间更长。因此，它们更有可能造成危害，并且绝大多数的森林火灾都被认为是由它们引起的。

那些被认为不是真正闪电的"云对空闪电"是什么？

到目前为止，已经观察到的大气放电现象有4种类型。这些大气放电现象虽然不是真正的闪电，但还是展现出了迷人的大气现象。它们被称为"瞬态发光现象"，常见于暴风雨中。尽管它们实际上并不是在云中产生，但是有时也被称为"云对空闪电"。关于此现象的第一份科学论文发表于1886年，但在当时科学家对此课题并不感兴趣。直到最近，随着摄影影像技术的不断应用，科学家们才越来越关注这一现象。

1. 红色精灵：红电光经常出现在雷雨云的上方，发光时间极短。红色精灵看起来有点像水母，顶端有一处光点，下端有数个下垂的卷须。它的射程约为90—95千米（55—60英里），能穿过大气层到达电离层，横向延伸161千米（100英里）。因为红色精灵很难被观察到，所以直到20世纪80年代才有了关于它的可靠数据记录。

2. 蓝色喷流：蓝色闪电来源于雷雨云的顶端，速度约为100千米/小时（62英里/小时）。气象学家还不能完全解释清楚究竟是什么引发了蓝色喷流。

3. 淘气精灵：这是一个冗长的英文名称的简称，即电光释放和来自电磁波的极低频率辐射。淘气精灵看起来像一个个巨大的圈，直径能扩大至320千米（200英里）。它们存在于大气层上方海拔90—95千米（55—60英里）处。它们比红色精灵的发光时间还要短，仅能持续约千分之一秒。

4. 虎精灵：于2003年1月20日首次被发现。至今科学家未能对这种新的大气层发光现象作出准确的解释。虎精灵是英文名称"瞬间电离层红电光发射"的简称。一位在美国"哥伦比亚"号航天飞机（不久之后，这架飞机发生爆炸，机上人员全部遇难）上的以色列宇航员伊兰·拉蒙（Ilan Ramon）使用红外线摄像机，在印度洋上空首次拍摄到了这种现象。当强光不断闪烁时，拉蒙发现了虎精灵，当时附近没有雷暴活动。

谁首先拍摄到了红色精灵？

1989年，当明尼苏达综合大学（University of Minnesota）的3位科学家罗伯特·内姆泽克（Robert Nemzek）、约翰·温克勒（John Winckler）和罗伯特·弗朗茨（Robert Franz）在使用用于拍摄高纬度火箭的低光度摄影机做实验时，偶然捕捉到了红色精灵的影像。这立即引起了位于美国阿拉巴马州（Alabama）的亨茨维尔市（Huntsville）的美国国家航空航天局马歇尔航天飞行中心（Marshall Space Flight Center）的科学家们的兴趣。这些科学家成功记录了更多次的红色精灵现象。后来，沃尔特·里昂（Walter Lyons）对此现象进行过多次成功的拍照和摄像。他在1993年7月7日拍摄到了240多次红色精灵现象。同月，美国阿拉斯加大学（University of Alaska）的戴维斯·森特曼（Davis Sentman）和尤金·韦斯科特（Eugene Wescott）使用美国国家航空航天局的航天器也拍摄到了红色精灵。

什么时候最有可能看见红色精灵和蓝色喷流？

要看见这些瞬间发生的奇怪闪光，最佳的时机是在午夜。你要处在强风暴附近，并远离城市或小镇的光污染干扰。你与风暴的距离至少要有161千米（100英里），但不要超过482千米（300英里）。估测雷雨云的高度，然后乘以8获得红色精灵和蓝色喷流可能出现的大致高度。红色精灵也许会呈现红、橙、白，甚至绿色闪光。要观测到蓝色喷流更难，但如果风暴里夹杂冰雹，你观测到它们的可能性就要更大一些。

雷 和 雷 暴

雷是怎么形成的？

当闪电使一部分空气迅速受热时，就产生了雷。空气因受热而突然膨胀并相互挤压，最终以一种声波的形式释放出能量，这就是我们听到的轰隆巨响或雷鸣。

> ## 雷暴是如何使我们的星球适于居住的?
>
> 当然,雷暴经常带来地球生物所必需的降雨或其他形式的降水。不过,其他形式的暴风雨也能如此。雷暴之所以极其独特并十分重要,是因为它们在热对流方面发挥了显著作用。雷暴能把暖空气从低海拔地区带到高海拔地区。地面和雷雨云顶端的温差高达95℃(200℉),促使空气发生流动,并帮助冷却我们的星球使其温度下降多达10℃(20℉)。因此,如果没有雷暴,我们会经历由气候变化引发的全球变暖,其影响比科学家所预测的还要糟糕两倍。

什么是雷暴?

雷暴是局部的大气现象,能带来强降雨并且伴有电闪雷鸣,有时还有冰雹。它们形成于能攀升到数千米高空的积雨云(云体积庞大,似球形根状)。每年,美国东南部的大部分地区有40多天的雷暴活动,全国约有10万多次雷暴发生。

雷暴的几个生命阶段是什么?

雷暴有3个生命阶段:积云阶段、成熟阶段和消亡阶段。在积云阶段,地面附近的暖湿空气受强热气流推动,或在各个方向气团的相互碰撞的影响下迅速上升。当暖湿空气上升时,逐渐冷却,释放的热量进入到周围的空气中并引起空气循环。反过来,空气循环也促使更多的空气上升。这样一个自给自足的循环圈加速了云的形成,加大了低海拔与高海拔地区的温度差,加快了降雨的形成。当空气上升到极限不能再攀升时就形成了雷暴的第二个阶段(成熟阶段)。此时,水滴在顶端形成冰晶,在下降过程中融化成雨,积雨云变成了"雷暴云砧"。雨水和冰晶混合在一起,风越来越猛烈,带电电荷就会形成,在云内凝结成冰晶并直到闪电闪击时才能释放。这个过程重复发生,直到消亡阶段雷暴才逐渐削弱。

雷声有多大?

一次雷鸣可达120分贝,音量相当于一场摇滚音乐会、链锯或风钻发出的声音。

雷会使牛奶变酸吗？

不会，这是无稽之谈。之所以有这个说法，也许是因为雷暴发生在湿热条件下，而这种湿热条件恰好也是使牛奶变酸的条件。

具备哪些条件的雷暴是强雷暴？

要把雷暴归类为"强"雷暴，雷暴中风速必须超过93千米/小时（58英里/小时），或者伴有龙卷风或大粒冰雹，或者很可能产生龙卷风或大粒冰雹。美国国家气象局就是根据强雷暴发生的潜在可能性发出雷暴预警的。

雷暴云会有多高？

即使一个相对普通的雷暴也会达到6千米（2万英尺）以上的高度。曾经报导过的最高的雷暴可达21千米（7万英尺）。

在任意特定时间，会有多少次雷暴发生？

当宇航员环绕地球飞行时，尤其在经过处于夜间的那一区域时，他们发现雷暴随处可见，并且一直在发生。科学家认为，平均每天无论在白天还是夜晚的某一特定时间，都有约2 000多次的雷暴活动。每年大约有1 600万次的雷暴发生。

什么是音速？

随着气压的变化更重要的是温度的变化，音速也会发生变化。人们公认的音速大约为每5秒1.6千米（1英里），这对于估测闪电电击的距离非常有帮助。更确切地说，在一个标准大气压下，温度为0℃（32℉）时，音速为每小时1 191千米（740英里）。

声音在水中及比空气密度更高的介质中传播的更快。一般来说，随着海拔的增高，空气温度逐渐降低，声音被向上折射并远离地面上的人们。因此，当人们离声源较远时，能察觉到的声音就较低。而另一方面，当海拔增高时，大气中平流层的温度也会升高，因而向下折射声音。

与雷相距多远能听见雷声？

雷与闪电相伴并产生隆隆的轰鸣声。闪电电击使空气发生膨胀并相互挤压，形成

什么是声影区？

声影区有点像海市蜃楼，它只与声音有关并不涉及光。不同大气层的温度差异使声波发生折射或弯曲；另外，风切变或柔软物体表面对声音的吸收也会产生这种效果。因此，对于来自一个特殊点的声源，站在附近的人可能听不见，但是距离很远的人如果处在声音被折射的方向就能听见声音。

一个被经常引用的、关于声影区影响的著名案例发生于美国内战时期。1862年，在美国弗吉尼亚州里士满（Richmond）的七棵松战役（Battle of Seven Pines）期间，联盟军将军约瑟夫·约翰斯顿（Joseph Johnston）告诉他的指挥官，一旦听见少将D.H.希尔（D.H. Hill）带领的战斗兵团的炮火声，就要命令W.H.C.怀汀准将（Major General W.H.C. Whiting）攻击联邦军侧翼。但是，由于约翰斯顿将军处在声影区，听不见战场的炮火声，也就没有及时发动侧翼进攻。结果，联邦军最后战败了。

爆炸，这样就产生了雷。因此当我们与雷相距9.7—11.3千米（6—7英里）时就能听见产生的声波，偶尔相距32.2千米（20英里）也能听见这样的雷鸣。当热量高度集中并因闪电进行多次而发生电离时，在预先受热升温的空气通道里就会产生隆隆的雷声。

什么是圣爱尔摩之火？

圣爱尔摩之火已被认为是一种冠状放电现象，常发生在位置较高的接地金属物体上、烟囱顶部、船只桅杆及飞机翼梢上。由于常发生在雷暴期间，所以闪电可能是放电的来源。另一种说法认为，这是当带电云碰到位置较高的外露点时形成的一种弱静电现象。在这个外露点周围，空气中的气体分子发生电离并发光。圣爱尔摩之火的名字源于一些船员，是他们首次发现了自己船只桅杆顶上出现了渔叉状或成簇状的火焰。圣爱尔摩（Saint Elmo是Saint Ermo一词的讹用）是船员的守护神，因此船员们以他的名字命名了这个火光。

气象学家将雷暴分为哪些种类？

雷暴分为以下几个种类：

单细胞雷暴——最小的风暴类型，单细胞雷暴形成于上升暖气流和下降寒流的对流循环。它们经常形成强度最弱并且持续时间最短的暴雨。

多细胞雷暴——由两个或多个细胞风暴组成的一种风暴类型。

超级细胞雷暴——强度最大并且危险系数最高的一种风暴类型，经常伴有龙卷风。超级细胞风暴形成于大块的雷暴积雨云，接近垂直、没有压制的气流上升和接近水平角度的骤降是这种雷暴的特点。因为气流没有被压制，所以它们的强度往往会在数小时内持续增强。

飑线——由雷暴积雨云形成的长达965千米（600英里）的云带。

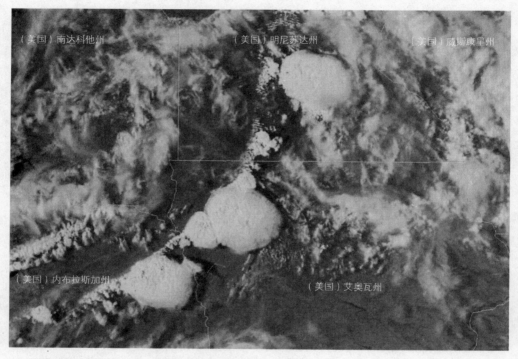

这是2001年拍摄到的一排超级细胞雷暴飑线的卫星图像，它们形成一条线向前运动，此飑线从美国内布拉斯加州延伸至明尼苏达州。（图片来源：美国国家海洋和大气管理局）

什么是"室内雷暴"？

当建筑物内部湿度过低时，人们拖着脚走过地毯，然后去摸一下家具、门把手或其他东西，静电就很容易产生。这时，就会释放约4万伏特的电，甚至有小火星从指尖冒出。冬季时，在室内使用加湿器通常能避免"室内雷暴"——一个相当夸张的专业词汇。

雷暴还有其他形式的分类吗？

给雷暴分类可以说是一种非常主观的做法，但是气象学家还是根据它们的形成方

美国国家强风暴实验室研究站里有各种对闪击进行研究的设备。(图片来源: 美国国家海洋和大气管理局中心图书馆图片资料室; 海洋和大气研究室/环境研究实验室/美国国家强风暴实验室)

式给不同类型的雷暴命了名,雷暴包括以下几种:

中等对流系统——一种规模较大的无风雷暴。中等对流复合体就属于这个类别,它是一个巨大的风暴系统,能瞬间席卷美国的几个州并能持续半日或更久的时间。

气团雷暴——一种普通的风暴,其特点为短暂、相对无序并且强度很小。

海风雷暴——海风吹向海岸线时形成的一种冷风雷暴。

雷暴在什么时间发生?

在美国,雷暴经常发生在夏季,尤其是在5—8月这段时间。雷暴往往发生在春季末期和夏季,此时大量的热带海洋气团横穿美国。由于太阳照射地表,空气变热(下午2点—4点最强),风暴就会形成。雷暴相对罕见,只发生在美国新英格兰(New England)的北部和沿海地区以及太平洋海岸。美国佛罗里达州、墨西哥湾沿岸各州(the Gulf States)和东南部各州往往发生的风暴最多,平均每年70—90次。西南部多山地区平均每年发生50—70次暴风雨。世界上位于北纬35°和南纬35°之间的地区,雷暴发生特别频繁——在夜间12小时的周期里会发生多达3 200次的雷暴。全世界会有多达1 800次的风暴同时发生。

闪电起着十分重要的作用：地球上的部分负电荷会损失在大气中，而闪电能把更多的负电荷带回到地球。在美国，因闪电导致死亡的人数远远超过龙卷风或飓风导致的死亡人数，平均每年有150人死于闪电，250人受伤。

什么是德瑞克风暴？

德瑞克风暴（Derecho）是一种强大的、生命周期长的雷暴，以强风推动的下击暴流为特点。

彩虹和其他多彩的现象

什么是太阳光谱？

太阳光谱是当太阳光经过雨滴、冰晶或其他折光体时，发生色散分光而形成不同波长的光的结果。波长较短的光在人眼里呈现蓝、青和紫色光谱，而波长较长的光则呈现红、黄和橙色光谱。

什么是彩虹？

彩虹是日光经空气中的水粒子反射后形成的彩色光带。日光进入雨滴或小水滴时，构成日光的不同色彩的颜色会按照不同的波长被折射并产生色谱。要看见彩虹，太阳必须在你的后方，而雨滴在你的前方。太阳需要处在小于地平线以上42°的角度才适合，因为此时光波恰好能被反射。当光进入雨滴时被折射，在水滴背面被反射出去，最后在穿出水滴时又被折射。

彩虹中各种颜色的排列顺序是什么？

彩虹中的各种颜色是光谱中的颜色：红、橙、黄、绿、蓝、靛、紫，其中暖色（红、橙、黄）在外（离地面最远），冷色（蓝、靛、紫）离地面较近。

谁发现了彩虹的形成方式？

1304年，德国天主教道明会修道士提奥多瑞克·冯·弗赖堡（Theoddoric von Freiburg，1250—1310）认为，光通过一个装满水的大玻璃球体时会产生一道彩虹，因为经过折射、反射和色散，光波会变弯曲。他推测，在雨滴里会发生同样的变化过程，进而产生自然的彩虹。

为什么有时能看见双彩虹？

有时，彩虹形成时会伴有一道黯淡的被称为"霓虹"的副虹。"副虹"更大，出现在第一道彩虹的上方，并且彩带的颜色排列次序跟"主虹"相反。进入雨滴的光不能同时被反射，有些光能被保存下来，在水滴里又被反射，之后就会出现第二道彩虹。

为什么在彩虹尽头找不到一罐金子？

即使在彩虹尽头的确有一罐金子，你也永远够不到它，因为当你接近彩虹时，彩虹就会远离你。它总是位于与太阳方位相反的方向。

有时形成双彩虹，其中一道彩虹的颜色比另一道彩虹黯淡，并且颜色排列次序也与另一道相反。

有由月光形成的彩虹吗？

有。如果空气中有雨滴，月亮满月同时又接近地平线，就会出现"黑夜彩虹"或称为"月虹"。通常，月虹没有日间彩虹那样明亮的颜色，它会呈现出柔和的或泛白的阴影。"月虹"不仅罕见而且极富魅力。

有单色彩虹吗？

关于全红色或全白色彩虹的报导确实有过，但极其罕见。

什么是"米氏散射"？

德国物理学家古斯塔夫·阿道夫·费奥多·威廉·米（Gustav Adolf Feodor Wilhelm Mie, 1868—1957）发现了大气中的微粒是如何散射光波的，这被称为"米氏散射"。这对于气象学家研究云和雾如何散射光（气象光学）具有重要意义。

"米氏散射"与"瑞利散射"有什么区别?

"米氏散射"通过大于入射光波波长的颗粒来研究能量,而"瑞利散射"(以英国物理学家约翰·威廉·斯特拉斯·瑞利(John William Strut, 1842—1919)勋爵三世的名字命名)是通过小于电磁波波长的粒子来研究光是怎样被散射的。"米氏散射"能解释一些现象,比如日落时云彩为什么会呈现红色(在尘埃和水粒子层面的散射),而"瑞利散射"能解释为什么天空是蓝色的(在分子层面的散射)。

什么是"毕旭甫光环"?

"毕旭甫光环"是一个光环,通常有红色的外边缘,常见于太阳周围。这很可能是由空气中的尘埃粒子引起的,因为总是在大规模的火山爆发后才能看见"毕旭甫光环"。

在美国国家海洋和大气管理局南极营地(NOAA Antarctic camp)同时拍摄到日晕、弧光和太阳狗。(图片来源:美国国家海洋和大气管理局特种部队,辛迪·麦克菲(Cindy McFee)摄)

什么是虹彩?

虹彩是一种分散的彩虹效果,能产生珍珠母(贝壳)般的颜色。当水蒸气薄云(尤其是高积云)在太阳下面经过时就会发生虹彩现象。

绿闪现象在什么时间发生？

在极少数情况下，当日落剩下最后一点余晖时，太阳呈现一小会儿的鲜绿色。绿闪能发生是因为红色光线隐藏在地平面以下，而蓝色光线被散射到大气中。由于受较低大气层的尘埃和污染影响，几乎看不见绿色光线。当空中无云并且远处的地平线轮廓分明时（比如瞭望大海），最容易看见这种现象。

什么是太阳狗和月亮狗？

空气中出现冰晶时，日光或月光能被反射，使亮点出现在这些天体的任意一侧。太阳狗也被称为"假日"或"幻日"，有时出现在太阳一侧约22°角的位置，非常光亮耀眼，看起来像两个相伴的太阳。

如果幻日是太阳狗，那么"反幻日"是什么？

与幻日相似，"反幻日"也是由空气中的六棱冰晶引起，但只能在与太阳相反的方位才能看见它。

什么是蜃景？

蜃景奇异怪诞，其名字源于意大利，因为在意大利墨西拿海峡（the Strait of Messina）和意大利本土之间，经常能看见上蜃景。它以亚瑟王传奇（the Arthurian legend）中的女巫摩根·拉菲（Morgan le Fay）的名字命名，传说在海下有一座宫殿光衍射会使远方建筑看起来像被垂直拉伸一样，而且更像城堡，这就是视觉幻觉。

什么是日冕和反日冕？

日冕是闪闪发光的白色光环，内侧边缘为蓝色，外侧边缘为红色。在月亮周围可见，很少出现在太阳周围，并且经常发生在日食或月食期间。它是光被薄云（如高层云）中的水滴衍射的结果。空气中的水滴越小，日冕就显得越大。

反日冕有时被称为"光环虹"或"布罗肯虹"，是物体（如一架飞机）投影在一层薄云上时出现的一个或多个同心光环。这种反日冕会出现在光源（太阳或月亮）的相反方向。

日冕与日晕有什么不同？

　　日晕、日冕或反日冕都是在光穿过冰晶云时产生的。当它们显示出颜色时，日冕的光环外侧是红色而内侧为浅蓝，日晕则是内侧为红色而外侧为蓝色。在空气中，高层云出现时往往会形成日冕，卷层云出现时形成日晕。日晕的半径在与太阳或月亮成22°角处向外延伸，但很少成对向46°角；日冕的角直径比日晕更小。由于引起日晕的卷层云含有能导致降雨的冰晶，因此看见日晕可能预示着未来有降雨，民俗学对此总结的非常准确。

什么是日柱？

　　日柱是向垂直方向延伸的与太阳之间最多可成20°角的红色或白色光束，经常发生在日出或日落时分。同日晕和日冕一样，之所以能看见日柱，也是因为受大气中的冰晶影响。在人口稠密地区，当霜雾出现时，有时能在街灯附近看见日柱。

什么是"曙暮辉"？

　　"曙暮辉"有一个不太专业的称呼——阳光光束，我们能在黎明或薄暮（"曙光暮

南极日落时的"曙暮辉"从天空中洒下一条条光柱。（图片来源：美国国家海洋和大气管理局美国喷气推进实验室，戴维·莫布利(Dave Mobley)拍摄）

色"意思就是"黎明或黄昏"）时分并且阳光光束出现在云层后面时看见它。在《圣经》里，这些光束为人们创作天梯的故事（《创世纪》（ Genesis ），28：11—19 ）带来了灵感，因此常以此故事命名。另外一个描述"曙暮辉"的词是"太阳吸水"，因为人们曾经认为光束实际上是由于太阳将水从地面吸起而形成的。因为云分散时就会看见这些光束，所以民俗学上把它们正确地理解为未来好天气的征兆。

什么是蜃景？

当光从暖空气进入到冷空气或从冷空气进入到暖空气时被折射，使成像出现在离实际地点很远的地方。在气温较高且物体表面（如公路路面、沙层表面、或混凝土表面）灼热的情况下，经常能看见蜃景。此时，远处地平线的光线看起来高低起伏并且排列密集，看起来就像附近有水一样。

什么是上蜃景？

上蜃景也被称为"上方虚像"，是一种视觉错觉。因为来自物体的光经折射后看起来就好像是处在实际物体的上方，悬浮在空中一样。当暖空气飘过温度较低的物体表面时（与常见的海市蜃楼相反），就会发生这种现象。

由于出现了蜃景，哪场军事战役被取消了？

第一次世界大战期间，1916年4月，英国军队与土耳其军队之间的一场战役被取消了，因为蜃景的出现使双方作战人员相互看不见对方。

什么是极光？

极光是夜空中可见的明亮的彩色光。当来自太阳的带电粒子（通常是太阳风粒子，有时也可能是日冕物质抛射）进入到地球的大气层时就会产生极光。由于受到地球磁场的吸引，这些粒子倾入磁北极和磁南极。途

在美国阿拉斯加州费尔班克斯市（ Fairbanks ）上空出现的明亮耀眼的北极光。

195

中,这些粒子遇到一些气体分子,并吸走这些分子上的电子,使它们发生电离。当电离的气体和它们的电子重新结合时,就会发出特殊颜色的光,发光的气体在空中上下起伏。

北极光和南极光有什么不同?

北极光是出现在北半球的极光,而南极光是出现在南半球的极光。

在哪里能看见极光?

在北极和南极的高海拔地区,极光是最明显的。有时夜间在低海拔地区也能看见极光,但要远离城市的灯光,天空晴朗。从北极向南,一直到美国本土48个州,偶尔能看见一次极光,也许约一年能看见一次。极光美轮美奂,颜色多种多样,从泛白的浅绿到深红,形状各异,有的像溪流,有的像电弧,有的像帷幕,有的像贝壳。

极光多长时间才出现一次?

由于极光的发生取决于太阳风和太阳黑子的活动情况,因此极光的发生频率是不可预测的。极光经常在太阳耀斑(太阳表面大量粒子的猛烈释放)发生两天之后才出现,并进入到太阳黑子活动周期(为期11年)中最活跃的两年。

冬季是看见极光的最佳时间吗?

季节与极光是否发生在极地地区没有任何关系。确切地说,它们跟太阳风暴相关。但是,由于冬季夜间较长,所以在冬季看见极光的可能性更大。

白天会看见极光吗?

不会,在白天的时候,人的肉眼察觉不到极光。但是,极光确实存在。不仅如此,探测X射线的卫星(如"极轨环境卫星(POES)")还能监测到极光的活动。

什么是大气光?

如果能把城市灯光、星斗、月亮以及极光的光辉移走,那么夜空还是发着微弱的浅绿色的光。这是因为,在100千米(约60英里)高空中的氧原子由于受到太空辐射而变得更加活跃。也可能会出现来自不同元素的其他颜色,但是来自氧原子的绿光占了主体,这种现象有时被称为"夜气辉"。

第七章　地理学、海洋学和天气

为什么研究与气象相关的地理学很重要?

　　对气象学家来说,地理学是一门需要掌握的重要科学,原因有几个:其一,地理特征(如山脉和海岸线)对天气有重要影响。其二,由于地球不是平的,所以气象学家要解读来自卫星、雷达以及在不同地图上的计算机投影数据,而且把这些数据以三维空间形式进行形象化处理对他们来说非常重要。

板块构造学

谁首先提出了大陆漂移学说?

　　早在1587年,北欧弗兰德地图绘制者亚伯拉罕·奥特柳斯(Abraham Ortelius,1527—1598,德国血统)在他的《地理词典》(*Thesaurus geographicus*)中就提出了各大陆绕地球漂移的学说。1620年,弗朗西斯·培根(Francis Bacon,1561—1626)也提到了这个观点,指出大西洋两岸的海岸线相互吻合的情况。到19世纪80年代,很多科学家都提出过大陆相互连接的情况。例如,1885年,地理学家爱德华·瑟斯(Edward

Seuss, 1831—1914）提出南方大陆曾经是一块被他称之为冈瓦纳大陆的巨型大陆。

但是，大陆位移（漂移）学说是德国科学家阿尔弗雷德·魏格纳（Alfred Wegener, 1880—1930）在1915年出版的《海陆的起源》（*The Origins of Continents and Oceans*）一书中首先正式提出的。他认为，大陆曾经是连接在一起的超级大陆，他把这个地方称之为"泛大陆"（泛大陆"Pangaea"一词也可以拼写成Pangea，意思是"所有陆地"），这里曾被一个被称为"泛古洋"的超级海洋包围。同时他还认为，这块巨大的大陆在约2亿年前就发生了分裂，其中劳亚古大陆移向北方，冈瓦纳古陆飘向南方。魏格纳提出的大陆漂移学说是建立在大量观察的基础之上的：变成化石的被称为舌羊齿植物群（Glossopteris，来自休斯的研究）的蕨类植物的分布情况；欧内斯特·奥尼斯特·沙克尔顿爵士（Sir Ernest Henry Shackleton, 1874—1922）在南极发现煤炭的事实；在印度、南非以及澳大利亚的热带地区出现的类似冰川侵蚀情况；南美大陆与西非大陆海岸线明显吻合的情况；通过观察浮冰的移动情况。

虽然魏格纳现在被认为是"引起一场地质学革命的人"，但是在当时他的观点受到科学家们的强烈反对。不仅因为他是地质学界中的一位气象学家，而且他也没能提供合乎逻辑的大陆运动机制。直到20世纪60年代，在他不幸于一次急救任务中死于格陵兰岛（Greenland），当时才50岁。很久之后，他的学说才获得认可。那时，科学测量方法、观察资料和科技发现已经进一步证实，处在巨大的岩石圈板块上的大陆的确在围绕着我们的星球运动。魏格纳的大陆位移学说后来由板块构造学的新领域所取代，这成为现代地质学的基础。

那么，板块构造学的现代理论是什么？

地壳和岩石圈被分成十几个既薄又坚硬的壳或板块，它们在上地幔的塑性软流圈上环绕我们星球运动。这些板块之间的相互作用被称为构造，来自希腊语"tekon"，意思是"建造者"；当这些板块之间彼此发生碰撞、擦过、越过或下沉时，地表就会发生变形，板块构造学主要对此加以描述。换句话说，板块构造学描述了这些板块是如何运动的，但并没有对此作出任何解释。

总的来说，板块构造学综合了魏格纳的大陆位移（漂移）学说和赫斯（Hess）发现的海底扩张现象（见下文）。这个理论真正使地壳和地球内部深处的研究发生了革命性变化，使科学家可以研究和探索一些地理特征的形成情况，如高山、火山、海洋盆地、洋中脊、深海沟以及探索地震和火山的形成。同时，这也为研究大陆和海洋在过去地质时期的状况乃至气候和生命形式进化发展的情况提供了线索。

哪些具体证据证明大陆一直在移动？

科学家已经收集了大量证据证明，随着时间的推移大陆一直在不断运动。例如，

地震与板块构造之间有什么联系？

只有岩石圈具备在地震中发生断裂的强度和脆性。并且，当岩石圈板块边界相互挤压、拉伸或碾磨时，地震就会发生。1969年，科学家公布了在1961—1967年间发生的所有地震的位置，他们发现大多数地震（还有科学家后来知道的火山）都发生在世界的狭窄地带。因此，现在人们知道，频繁发生地震和火山的地区有助于划定板块的边界。

1965年，爱德华·布拉德爵士（Sir Edward Bullard）确定了各大陆的形状以及相互之间的吻合情况。他并没有设定通常我们所见的大陆形状，而是亲自测量了"真正的"大陆边缘，即"大陆斜坡"。这一区域表明，在2 000米（6 560英尺）的深度比在大陆沿海地带有更高的外形吻合度。

其他科学家也找到了大洋两岸大陆地质相互匹配的地方。例如，阿巴拉契亚山脉（Appalachians）与加里东山系（Caledonides）的山岳带在地质上颇为相似，都是南非和阿根廷（Argentina）的沉积盆地。古生物学是证明大陆随着时间推移一直在运动的另一个方法，在某些大陆上，化石的相似与差异表明它们之间的匹配程度。例如，北美和欧洲地区有相似的中生代爬行动物，科学家认为，当时这两个大陆是连接在一起的，类似的石炭纪和二叠纪的植物群和动物群在南美洲、非洲、南极洲、澳大利亚和印度也被发现。相比之下，在大陆完全分离之后，在新生代出现了多种多样的生物，这是毫无疑问的。

谁在板块构造学的早期研究中作出了贡献？

20世纪60年代，板块构造学越来越受到关注，几位重要的科学家都对此项研究作出了贡献。J.图佐·威尔逊（J. Tuzo Wilson, 1908—1993）是发现板块构造证据的最受认可的科学家之一。1965年，他提出圣安德烈亚斯断层（San Andreas fault, 地球地表上的大裂缝，位于美国加利福尼亚州旧金山附近）是一个转换断层（平移断层）——主要板块边界之一。1968年，赛维尔·勒比雄（Xavier LePichon, 1937—   ）参与了全部"板块构造"模型的界定，并公布了第一个从数量上描述地球表面六大板块移动情况的模型，并于1973年编写了第一部以此为主题的教科书。

其他地质学家对于板块构造理论的发展也作出了重要贡献。1968年，威廉·詹森·摩根（William Jason Morgan）发表了一篇具有里程碑意义的论文，该论文解释了很多构造板块和它们的移动情况；他也指出了板块中部的火山灼热点在形成岛屿链（如美国夏威夷群岛）方面发挥的重要作用。瓦尔特·皮特曼三世（Walter Pitman

Ⅲ）解释了在洋中脊附近探测到的海洋磁性异常的模式（这是海底扩张的指示器），成为板块结构理论的一个证据。此外，林恩·R.赛克斯（Lynn R. Sykes）利用地震学进一步完善了板块构造理论，并指出洋中脊地区转换断层与板块移动之间的联系。1968年，他与人合编《地震学与新全球构造学》（*Seismology and the New Global Tectonics*）一书，书中对现有的地震数据如何能在板块结构理论中得到解释进行了阐述。

在过去，大陆呈现怎样的状态？

由于岩石圈板块的运动，大陆的位置随着时间的推移已经发生改变。例如，一些科学家认为，约7亿年前，一块巨大的被称为超级大陆（Rodinia）的大陆在赤道附近形成；约5亿年前，大陆发生分裂，形成劳亚古大陆（Laurasia，即今天的北美洲和欧亚大陆）和冈瓦纳古陆或者冈瓦纳大陆（即今天的南美洲、非洲、南极洲、澳大利亚和印度）。此后，约2.5亿年前，大陆又一次合拢成一块巨大的超大陆，被称为"泛古陆"或者"泛大陆"（Pangaea，意思是"所有陆地"）。最后，这块巨大的大陆又开始分裂，再次形成劳亚古大陆和冈瓦纳大陆。

大陆度是什么？

远离海洋的大陆地区（如美国中部）的气温比近海地区更加极端，也就是说这些内陆地区经历大陆度。夏季时天气可能极其炎热，但冬季时又会特别寒冷。近海地区会经历海洋慢化效应，进而减小温差。

海底扩张是什么？

海底扩张是加速岩石圈板块在世界范围内移动的一个过程。这个过程虽然漫长但持续不断：温度更高的软流圈地幔就像炉子上滚烫沸腾的炖菜，上升至地表并四处流淌，运送着海洋和大陆，就好像它们是在一个速度较慢的传送带上似的。这个区域通常被称为"洋中脊"，如大西洋中的大西洋中脊山系。

新构成的岩石圈离扩张中心越来越远，最终冷却下来（这就是洋中脊区域的大洋岩石圈最年轻而较远区域则逐渐老化的原因）。当岩石圈冷却时，密度就变得更大。因此，它在下浮软流圈的位置更低，这就是远离扩张中心的大洋区域最深而在洋中脊区域较浅的原因。在数千年乃至几百万年后，冷却的区域到达另一个板块的边界，潜没、与之碰撞或擦过。如果部分板块潜没，它最终又会变热升温并重新循环回地幔，几百万年后再次在另一个或同一个扩张中心升高。

海底扩张是如何被发现的?

20世纪50年代,科学家意识到当火成岩冷却凝固(结晶)时,磁性矿物与地球磁场成一条直线,像微型罗盘针一样,基本上把磁场固定在了岩石上。换句话说,带有磁性物质的岩石有点像磁场的化石,使科学家能够通过研究岩石,从过去的地质判断磁场情况,这被称为古磁学。

这个学说由普林斯顿大学(Princeton University)生物学家、美国海军后备队海军少将哈里・赫斯(Harry Hess, 1906—1969)提出。随即,美国海岸和大地测量局(U.S. Coast and Geodetic Survey)的科学家罗伯特・迪茨(Robert Deitz)也独立提出了这一学说。两人都发表了类似的海底扩张理论。1962年,赫斯提出了海底扩张学说,但没有找到证据。当赫斯正确地论述了这个假说时,迪茨独立提出了一个类似的模型。与赫斯不同的是,他指出,滑动面在岩石圈底部而不是在地表底部。

仅仅一年后,赫斯和迪茨的理论就得到了大家的支持。英国地质学家弗雷德里克・范恩(Frederick Vine)和杜伦孟德・马修斯(Drummond Matthews)发现了在地壳里发生的周期性地磁极性翻转的现象。从洋中脊(海底扩张区域)附近获得的数据来看,范恩认为磁性物质的磁场能显示出极性翻转。(在过去的8 000万年里,地球磁场极性已经翻转了约170次)。从扩张中心向外,有一个洋底交变磁场模式,即在洋中脊的每一侧都有反极性带。当扩张中心继续扩展,新极性带又会形成,把洋中脊两侧的物质推开。因此,这些磁性带可以作为岩石圈板块运动和海底扩张的证据。

海底扩张速度有多快?

现在,海底扩张速度从大西洋中脊的每年2.54厘米(约1英寸)到太平洋中脊的15厘米(约6英寸),速度不尽相同。科学家认为,海底扩张速度随着时间的推移而发生变化。例如,在白垩纪时期(1.46亿—6 500万年前),海底扩张的速度非常快。一些研究者认为,也许是岩石圈的这种快速移动导致了恐龙消亡。因为板块运动意味着有更多的火山活动发生,灰尘、烟灰和混合气体最终被释放到高层大气,致使气候发生变化。这种在气候和植被方面的变化促使一些恐龙物种逐渐消失或患上疾病甚至最终灭绝。

雨、冰和地理

为什么在山脉一侧更加湿润?

山脉的一侧比另一侧更加湿润是由于其中一侧经历了一个被称为"地形降水"的

201

格陵兰岛卫星图像显示，一座巨大岛屿几乎完全被厚厚的冰层覆盖。（图片来源：美国国家航空航天局）

过程。地形降水使空气在山脉一侧抬升并逐渐冷却下来，形成降雨或风暴。发生风暴的那侧山脉沉积了大量的降雨，并在反侧山脉形成雨影效应。内华达山脉（Sierra Nevada mountains）就是地形降水的一个很好的例子，因为内华达西侧山脉降水丰富（远远超过美国加利福尼亚州的中央谷（Central Valley）），而内华达东部则非常干燥。

什么是雨影？

当空气中的湿气因发生地形降水而减少时，山脉另一侧的湿气就显得明显不足。那么，山脉干燥的一侧形成的就是雨影效应。

几乎全部被冰覆的格陵兰岛为什么被人称为绿岛？

根据一些史料记载，10世纪晚期，斯堪的纳维亚半岛的探险家们最先在冰岛北部发现一片大陆，他们希望吸引更多的人到岛上定居，因此把它命名为格陵兰岛。另一个解释是，这个岛实际上被称为"Gruntland"，"grunt"一词意为"浅海湾"，后来在地图上被错译为"Greenland（格陵兰岛）"。虽然岛上的大部分地区非常荒凉，被冰覆盖，但是南侧海岸实际上有植被生长，并且已经用作优良的渔场。然而，15世纪的"小冰川时期"毁坏了这片北欧海盗的居住地。

地球上，哪些大陆的平均海拔最高？哪些最低？

南极洲的平均海拔最高（海平面以上2 300米（7 546英尺）），大部分是由于那里存在永久冰川。澳大利亚的海拔最低（海平面以上300米（984英尺））。

有多少冰覆盖南极洲和格陵兰岛？

世界上大部分淡水资源以冰的形式存储在南极洲大陆——竟然有70%，数字非常惊人。而且，地球上90%的冰也是在最南端的大陆被发现的。覆盖南极洲的冰层很厚，有的地方高达3.2千米（2英里）。科学家发现，在大陆中心区域的冰层更厚，而外部边缘地区似乎正在融化。虽然科学家还不清楚是什么原因，但是整体上看，大陆西部似乎变得更厚，而东部更薄。总的来说，与北半球的冰相比，冰的总量似乎还算稳定。因为覆盖在格陵兰岛上的冰一直在快速融化，所以很难确定那里的冰量。20世纪90年代晚期，这座巨大岛屿有一层300万立方千米（约72万立方英里）的冰冠，并以每年90立方千米（21.6立方英里）的速度逐渐融化。2005年，冰的融化速度已上升至150立方千米（36立方英里）。

在赤道附近发现降雪也是有可能的，如坦桑尼亚乞力马扎罗山山顶。

赤道上，哪里经常降雪？

赤道上或赤道附近的多山地区经常降雪。例如，厄瓜多尔的安第斯山脉（Andes Mountains）和非洲的肯尼亚山（Mt. Kenya）和乞力马扎罗山（Mt. Kilimanjaro）都有降雪。

火　山

火山喷发的两个主要特点是什么？

火山可能经历两种喷发过程：猛烈的喷发或者不易爆炸并四处溢流。后者能产生较大范围的熔岩流。总的来说，火山喷发的特点取决于岩浆中硅石和水的含量。

火山主要喷出哪些气体物质？

岩浆（熔融岩石）里包含的火山气体物质到达地表时得到释放，在主要火山喷口冲出或经过火山一侧的裂缝和开口冲出。最常见的气体是二氧化碳（CO_2）和硫化氢（H_2S）。二氧化碳是一种危险气体，看不见也没有味道，几分钟就能使人窒息。

印度尼西亚爪哇岛（Java）的迪延复火山（Dieng Volcano Complex）或迪延高原（Dieng plateau）就是一个能证明火山气体有危险的很好的例子。它由两座火山及20多个火山口和锥形火山组成，一些火山口因释放有毒气体而出名。1979年，当人们正逃离两个喷发的火山口——希尼拉（Sinila）和西格鲁达（Sigludung）时，至少149人

203

被有毒气体毒死。

在形成大气方面，火山是否发挥了作用？

现在科学家认为，我们星球的大部分大气是由火山喷出的二氧化碳、水蒸气、氮、氩、和甲烷形成的。当原始的植物细胞生命开始形成时，火山释放的二氧化碳被这些植物吸收并释放出氧气。起初，氧气与地壳上的铁和其他金属发生反应，生成铁矿石，形成最常见红色土壤的地面。但是最终还是有足够的氧气成为大气的一部分，构成了可以呼吸的空气。

火山喷发会影响全球气候吗？

虽然大部分火山喷发不会影响全球气候，但是较大规模的火山喷发能引起破坏，不过这样的火山喷发持续时间相对较短。大型的火山喷发往往把气体和烟灰带到了平流层。从那里盛行风又把粒子带向全世界，有时产生的后果还非常严重。

例如，1815年，松巴哇岛（Sumbawa，在印度尼西亚爪哇岛附近）上的唐伯拉火山

2006年5月23日，美国阿拉斯加州阿留申群岛（Aleutian Islands）的火山灰从克里弗兰火山（Cleveland Volcano）喷出。国际空间站的航空机械师杰夫·威廉姆斯（Jeff Williams）在向阿拉斯加州火山观测站发出火山喷发的预警之后拍下这张照片。（图片来源：美国国家航空航天局）

(Mt. Tambora)喷发,产生的灰尘简直创了纪录,导致世界气候迅速发生了改变。大量火山灰升至高空大气,到达全球各个角落。那一年(有些微粒是在第二年),火山产生的微粒遮挡了部分阳光,导致全球气温下降。在欧洲和北半球的一些地区,冬季似乎永远没有结束,严寒贯穿整个夏季。因此,1816年被称为"没有夏季的一年"。

科学家过去认为,大气冷却下来可能是由火山喷发造成的,因为火山喷发时大量火山灰被抛向空中。但是,现在他们知道大部分灰尘微粒在6个月左右就会返回地球。那么,实际发挥巨大作用的是火山喷发过程中产生的二氧化硫(SO_2)。二氧化硫与水蒸气发生反应,产生的烟雾久久不散,正是这些烟雾阻挡了大量的太阳能辐射。

首先提出火山与气候相关的理论的人是谁?

美国开国元勋、发明家、外交官本杰明·富兰克林(Benjamin Franklin, 1706—1790)被认为是第一个提出火山活动可能影响天气的人。富兰克林注意到,1783年在冰岛的拉基火山(Laki volcano)喷发之后,似乎有一段时期气温偏低,这种情况一直持续到1784年。因此他认为,正是火山喷发使欧洲的大雾更为常见。

一共有多少座活火山?

目前,地球上已知的活火山大约有850—1 500座。其中,63座活火山在美国,而大部分位于阿拉斯加州、夏威夷州以及太平洋的西北部。在任意特定时间,全球大约有10或12座火山在喷发。

什么是火山喷气孔?

火山气体从火山活跃区域的火山喷气孔或火山口喷出,也能从细微裂缝或深长裂缝中冒出。在熔岩或火山灰流表面上的一簇气体被称为"气团"或"气场"。火山喷气孔已被认为持续了几个世纪。一旦源头冷却下来,它们在几周或几个月后可能会消失。例如,黄石国家公园(Yellowstone National Park)和基拉韦厄火山(the Kilauea volcanoes)有很多喷气孔和相关沉积物,其中一些已经存在多年,而另外一些则刚刚出现。

什么是火山喷发碎屑?

火山喷发碎屑是从火山中喷发出的所有物质的名称(不包括熔岩)。火山喷发碎屑形状各异,大小不一,也用来指"火成碎屑物"("火粒子")。火成碎屑是火山爆炸般喷发时喷射出的碎屑状的物质;火成碎屑物非常热并且在落地前就已经熔化在一

黄石国家公园的奇观——间歇泉和温泉是其地表下活火山存在的证据。

起,这被称为"凝灰熔岩"或"火山凝灰岩"。地质学家根据火山喷碎屑的大小进行分类,下面列出了最常见的几种类型。

火山灰——火山灰是一种直径小于2毫米左右(1/10英寸)的物质,火山喷发时被喷射出来;它还包含火山砾(又被称为"灰渣"或"小石头"),直径在2—64厘米(1—25英寸)之间。一次大规模喷发过后,火山灰可能堆积很厚并向外扩散数千米(通常沿着盛行风的方向)。

火山块——火山块是从火山中喷发出来的固体岩石。它们到处可见,小的如同棒球,大的如同房屋般大小的巨石。

火山弹——火山弹是指内部还处在熔化状态的火山岩石,在被抛向空中时形成(在观看火山喷发的延时影像时发现,它们会形成耀眼的弧状物)。比较典型的火山弹从棒球大小到篮球大小都有,有的也可能大如房屋。火山弹(还有火山块)从火山中喷出时,初速度大于每小时1 609千米(1 000英里),能运行5千米(3英里),当最终撞击地面时发生爆炸,熔化的岩石从中涌出。火山弹也有几种类型,包括纺锤形火山弹(液态的岩浆块,飞向空中时呈现流线型)和面包皮火山弹。后者形成于黏稠的岩浆,产生的圆块经常出现碎裂的表面。

什么是蒸气喷发?

蒸气喷发是由蒸气引发的爆炸。当地下水或地表水受岩浆、熔岩、储热岩或火山新沉积物影响升温变热时就会发生。这些物质的高热量会使水逐渐沸腾并转化成蒸气,进而引起蒸气、水、火山灰、火山块和火山弹的爆炸。

有多少火山活动发生在水下?

大量的火山活动发生在水下,只是我们看不见。一些地质学家预测,地球上所有的火山活动中,约有80%发生在海底。

什么是海底烟柱?

海底烟柱实际上是热水流（热水）火山口,因从海底"烟囱"层中喷出的深色黑烟状物质而得名。这种物质实际上是带有高浓度溶解物的约350℃（662°F）过热的水,其中大部分为来自洋中脊火山熔岩的"耐硫矿物质"或硫化物。当热海水与冷海水相遇时,这些物质就发生凝固,沉降在四周的岩石旁。久而久之,越来越多的矿物质凝固下来,空心的烟囱也越来越高。

海底烟柱一般出现在火山口活动区,典型的海底烟柱能横向延伸几十米（几十码）,活动区从台球桌大小（4平方米（43平方英尺））至网球场大小（770平方米（8 288平方英尺））。例如,在太平洋的胡安·德·富卡洋中脊（Juan de Fuca Ridge）发现了活动区。自从1977年加拉帕戈斯群岛（Galapagos Islands）附近的第一个火山口被发现以来（在阿尔文号（Alvin）小型研究潜艇里）,又发现了许多火山口并且可能还有更多。但是,科学家仅仅探索了地球上的一小部分洋中脊。

1816年的气候发生短暂但却巨大的变化,以至于那一年被称为"没有夏天的一年",这样的气候是由什么导致的?

印度尼西亚松巴哇岛的唐伯拉火山历经约5 000年的休眠期之后（一些科学家这样认为）,在1815年4月10日再次喷发。据估计,巨大的爆炸将100立方千米（24立方英里）的岩石和1 995.4亿千克（2.2亿吨）的二氧化硫抛向40千米（约29英里）的高

黄石国家公园是超级火山吗?

黄石国家公园因风景优美的、覆盖面积达3 800平方千米（2 300平方英里）的间歇泉和温泉而出名。所有温水的热能实际上来自高原下面的火山能量,那实际上是一个巨大的火山口。地质学家估计,这座巨大的火山最后一次喷发是在大约64万年前,其携带的能量相当于8 000座圣海伦斯火山（Mount St. Helens）喷发所释放的能量。人们只能想象这样巨大的爆炸可能带来的严重后果。核冬天可能因此产生,酸雨会从天而降,并且科学家认为人类在此时几乎已经灭绝。

因为火山还处在活跃期,所以在任何时间都有再次喷发的可能。自从1923年首次测量以来,黄石的部分地区已经抬升了74厘米（约29英寸）,这意味着地壳下面的岩浆一直在累积。这些能量的释放只是时间问题。黄石不是唯一一座超级火山,类似的火山最后一次喷发发生在7万—7.5万年前的苏门答腊岛的多巴火山（Toba, Sumatra）,至今尚未被发现的超级火山也可能存在。

空大气。爆炸周围645千米（400英里）以内的所有物体完全陷入黑暗，高5米（16英尺）的海啸冲上周围海岸。火山在初次喷发之后，在整个7月中旬也都在持续喷发。

更糟糕的是，在那之前喷发的两座火山也导致了灰尘和碎屑被抛向地球的大气。1812年，苏弗里耶尔·圣·文森特火山（Soufriere St. Vicent）在加勒比海喷发。两年后，马荣火山（Mayon Volcano）又在菲律宾爆炸喷发。除这些火山活动以外，太阳黑子活动也非常频繁。其中包括一颗巨大的太阳黑子，它的体积十分庞大，人们用肉眼就能看见。

所有的这些因素共同导致了全球气温骤降。加拿大、欧洲还有美国受袭严重，尤其在美国东部和中西部地区，1816年庄稼大面积绝收。那年夏季，新英格兰地区6月出现多次降雪。6月，美国佛蒙特州的湖面上结成了足够可以在上面滑冰那么厚的冰，降雪也达45—50厘米（18—20英寸）深。在这个出奇寒冷的夏季过后，所有的庄稼已经完全被毁。虽然1816—1817年的冬季相当温暖，但那已经于事无补。

圣·海伦斯火山喷发时发生了什么事？

1980年5月18日清晨，美国华盛顿州圣·海伦斯火山（Mt. St. Helens）脚下发生了5.1级地震。当天，地震过后，火山爆炸般喷发，引起巨大雪崩，摧毁了大山北坡，造成了有记录以来最大的山崩。锥形火山高度从约2 950米（9 768英尺）降至2 550米（8 366英尺），释放的大量火山灰和气体被抛向大气。由热水河、气体和岩石碎屑组成的致命的"火成碎屑流"沿山坡急速流下，速度高达每小时1 100千米（684英里）。

1980年，在圣海伦斯火山喷发之前冒出的滚滚浓烟。

细微灰尘被抛进高达22千米（15英里）的上层大气层（平流层），受盛行西风的推动继续飘向东部，最终到达全世界。很短时间内，火山灰就完全覆盖了华盛顿州中部，盛行风携带的约5.4亿吨火山灰横穿美国西部5.7万平方千米（2.2万平方英里）的范围。附近城镇的人们（还有远至蒙大拿州西部）也受到了火山灰雨的影响。汽车冷却器被堵塞，人们上呼吸道疾病加重，空中和地面旅行被中断，厚厚的火山灰粒子覆盖了外面的一切。尽管这样的场景触目惊心，但是圣·海伦斯火山喷发并没有破坏全球气候，原因如下：1. 与一些大型火山喷发相比，这次火山没有释放太多的二氧化硫；2. 火山从山体侧面喷发，因此以一定角度喷发碎屑，并没有向高空大气直接喷发。

在20世纪，哪两次火山喷发对气候产生了重大影响？

1982年3月29日至4月4日持续喷发的墨西哥南部厄·奇冲火山（El Chichón），以及1991年6月15日喷发的菲律宾皮纳图博火山（Mt. Pinatubo）对全球气候造成了严重破坏。厄·奇冲火山把约775万吨（超过70亿千克）的二氧化硫以及2 425万吨（220亿千克）的其他灰尘和粒子抛向大气。碰巧的是，厄尔尼诺（El Niño）同时形成。虽然厄尔尼诺效应使海水升温，但厄·奇冲火山喷发却使大气冷却，结果两者实际上相互抵消。那年夏季，气温本可能因厄尔尼诺效应而升高，但实际上平均气温相当正常。1982—1983年的那个冬天，虽然欧洲、西伯利亚（Siberia）和北美地区比正常气温偏高，但是中东、中国、格陵兰岛和阿拉斯加地区气温偏低，这是因为来自厄·奇冲火山的气体引起平流层的北极涛动，改变了气流模式。

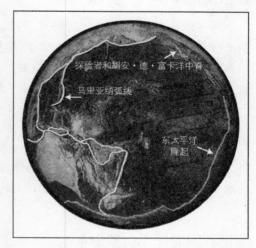

火圈带地图显示出大洋中脊体系（虚线表示）和岛弧/海沟体系（实线表示）。（图片来源：2004太平洋火圈带探险。美国国家海洋和大气管理局海洋勘探处；美国国家海洋和大气管理局太平洋海洋环境实验室首席科学家鲍勃·恩布利博士（Dr. Bob Embley））

皮纳图博火山（Mount Pinatubo）在喷发时，把2 000万吨的二氧化硫抛向空中。据估计，这导致1992年全世界平均气温下降了0.8℃（1.7℉）。因为大气中二氧化硫产生的雾霾反射了太阳射线，结果这种影响在1993年持续了一整年。

什么是火圈带？

火山活动特别频繁时，太平洋四周出现圆形区域，这被称为"火圈带"，包括日本、俄罗斯、加拿大、美国阿拉斯加州、俄勒冈州、华盛顿州、加利福尼亚州、墨西哥、东南亚以及南太平洋群岛等沿海区域。火圈带延伸6.4万千米（4万英里），囊括了全球3/4的火山，其中包括圣·海伦斯火山和最近活跃的阿拉斯加州的火山。例如，1992年喷发的斯波尔火山（Mount Spur）和2009年3月22日在美国安克雷奇（Anchorage）附近喷发的里道特火山（Mt. Redoubt）。

海洋学和天气

什么是海洋学？

海洋学研究的是世界上的海洋，包括水域和水域里的一切——动物、植物和矿物。海洋学家研究海洋中的物理、化学、生物和地质。由于多种原因，海洋学对于理解与气象相关的很多方面来说都十分重要。例如，除受其他因素影响外，海洋与热量吸收、分散、反射相关，也与水循环、大气中二氧化碳水平相关。

地球上有多少水？

科学家预测，包括世界上所有的海洋、湖泊、河流以及含在地球土壤、大气、冰山里的水和以其他冰冻形式存在的水，地球上约有 1.4×10^{15} 升（3.7×10^{14} 加仑）水。

全世界的海洋里有多少水？

地球表面约70%被大洋和大海覆盖，世界总水量的97%左右在大洋中，2%的水以冰的形式存在。

什么是液体比重计？

液体比重计可以测量液体的具体重力。通过与15.5℃（60℉）下的纯净水的浓度作对比，来判断液体浓度。用这种仪器获知水的含盐量（比如测试海水样本）非常方便。

从全世界的海洋里蒸发掉的水有多少？

难以置信的是，每年超过50万立方千米（1.32×10^{17} 加仑）的水从海洋里被蒸发掉。幸运的是，那些被蒸发的水又通过降雨或降水的形式以及从河流和溪流流入大洋和大海的形式，获得45万立方千米（1.19×10^{17} 加仑）的补充。

地球上存在多少可以饮用的淡水？

地球上只有2.59%的水是淡水。但是，现在大部分这样的水已经受到污染。据水文学家和环境学家估算,可以饮用的干净水仅约占地球总水量的1%。

什么是北极海烟?

当极其寒冷的空气刮过北极浮冰时,下面温暖的海水与冷空气相遇就会形成大雾。大雾逐渐升起,看起来像缕缕浓烟。

什么是咆哮冰?

咆哮冰是从冰山断裂的漂浮的冰块。

哪个冷冻更快——冷水还是热水?

如果你希望在冰盘上快速冷冻冰块,你需要在盘子中迅速放入热自来水,然后把它放到冷冻室中——这是在美国家庭流传甚广的一种说法。当然,现在很多家庭的冰箱里已经安装了自动冰水机,因此这个故事也逐渐遭到了人们的"冷落"。但是,现在让我们来澄清一下这种说法,热水不会比冷水冰冻得更快。但是,如果把水煮开,然后冷却到温水程度,这样就能冰冻得更快一些。因为把水煮开能把水里的气泡蒸发掉,增加热传导,进而使水的冰冻速度更快。当然,把水煮开然后进行冷却浪费时间,倒不如首先就把微温的水放在冷冻室里更好! 不把水煮开的话,能效就会更高。

人们使用哪些特殊的漂浮物体跟踪洋流?

有个例子非常有趣,也是机缘巧合。1990年,一艘韩国货轮发生事故,运载的8万双耐克鞋意外掉落到海里。海洋学家一直利用这场货轮事故进行研究。从那时起,这些漂浮在太平洋上的鞋无论何时何地被发现,海洋学家都随时记录下来,追踪事故最初发生的地点并与发现鞋的位置进行比较。通过这种方式,他们能够收集洋流方面更多的信息。

不久之后发生的另一起事故给洋流研究创造了又一个机会。1992年,一艘运载玩具的货轮在暴风雨中损失了部分货物。接近3万个橡胶鸭子、青蛙、乌龟和海狸掉落到海里。这些货物被冲到不同的海岸,成为洋流路线极好的指示标。

海洋比陆地降雨更多吗？

海洋降水刚刚超过海洋在地球上所占的比例——约70%，剩下的30%则降在了陆地上。世界上的一些地区比其他地区降水更多。赤道附近的南美洲、非洲、东南亚和附近岛屿地区，年降雨量超过500厘米（200英寸），而一些沙漠地区的年降雨量仅为约2.5厘米（1英寸）。

什么是大湖效应？

大湖蒸发的水增加了空气湿度，加速了云的形成和海岸附近的降水。当冷空气移动到水域上空（如湖泊）时，增加了那里的湿度；之后，当云到达海岸时，在地形效应的影响下，空气逐渐攀升，转而形成集中的降雨带，在海岸附近形成距离相对较小的降雨。

文献上记载了一些由大湖效应引发的降雪现象。例如，1959年1月17日，长达16小时、129.5厘米（51英寸）的降雪发生在纽约本尼茨桥（Bennetts Bridge）附近地区。纽约布法罗城（Buffalo）也因遭到与它邻近的伊利湖（Lake Erie）的牵连被埋在雪中。还有个例子，1976—1977年冬就出现了9.1米（30英尺）深的城市降雪。那个冬天，风暴速度高达每小时113千米（70英里），天气更加寒冷，致使29人死亡。

什么是温跃层？

把大海或大洋中的水想象成大气中密度很大的空气。就如同空气一样，不同水层的水温和水压也有所不同，暖水层一般在冷水层上方，这些水层中的水温差异被称为"温跃层"。

海水在什么温度结冰？

虽然海水中盐以及其他矿物质和杂质的含量会有所差别，但是一般来说，海水在-2.2℃（28℉）左右时结冰。

洋　流

什么是洋流？

海洋并非静止不动，海水以巨型洋流圈的形式一直在不断地流动。表层流在北半球以顺时针方向流动，而在南半球则以逆时针方向流动。洋流能帮助调节陆地上各地的温度,比如在美国与加拿大边界以北很远处的不列颠岛(the British Isles),洋流把来自加勒比海东北部的暖流经大西洋带到北欧。被称为"南极绕极流"的洋流环绕南方大陆流动。北大西洋和北太平洋都有顺时针方向的洋流,而南大西洋和南太平洋也各自都有逆时针方向的洋流。

什么是埃克曼螺线?

瑞典物理学家、海洋学家沃恩·华费特·埃克曼(Vagn Walfrid Ekman, 1874—1954)发现了多种科里奥利效应,即在海洋表面由海风引起的海水运动和摩擦对洋流方向产生很大影响。在北半球,洋流最终可能被推向右侧,而在南半球则正好相反,洋流被推向左侧,在水中形成小漩涡般的螺线。但是,这只对海洋表面产生了一点点(几乎为0)影响,因为这些因素的影响会随着海水深度的增加而逐渐减弱(受螺线影响的那层被称为"埃克曼层")。科学家指出,埃克曼螺线在海冰下面表现最为明显,因为在远海地区,波浪和其他推力几乎抵消了这种影响。然而,埃克曼螺线也在地球大气上得到了应用,并可见于地面风。

洋流是怎样影响天气的?

全世界的海洋约占地球表面的70%,因此,海水吸收的太阳热量比陆地更多。此外,海水吸收和释放热能的速度比陆地更慢,所以,温暖的海水(暖水)保持高温的时间更长,而寒冷的海水(冷水)保持低温的时间更长。由于世界上的海水通过洋流循环流动,因此这种暖水或冷水在温度发生变化之前会被带到更远的地方,这是地球分配热能的一种更重要的方式。例如,热带大西洋暖水被带到北部,远至英国和斯堪的纳维亚半岛,而印度洋的暖水则循环流动到澳大利亚和南非。大陆屏障对于改变洋流的各个方向至关重要,比如中美洲形成的大陆屏障。正是由于这个大陆屏障,来自西非的洋流先朝着加勒比海方向流动,而后偏向北方。如果没有中美洲,英国就会像偏远的西伯利亚荒地一样极其寒冷。

洋流会影响沿海地区的天气吗?

是的,洋流对于缓和沿海地区的气候有很大影响,海水往往使气温保持稳定。以美国加利福尼亚州南部海岸为例,正是由于洋流的影响,那里的气候更加宜人,而内陆地区的气候则更加干燥、温暖。

世界海洋中速度最快的洋流是什么洋流?

现在已知的最快的洋流是墨西哥湾流系统(Gulf Stream system)中的一部分:它

红外摄像机显示了墨西哥湾流流经美国东海岸时的温暖程度,照片拍摄于1968年。(图片来源:美国国家海洋和大气管理局)

从美国佛罗里达州南端向北,流向美国北卡罗来纳州的哈特拉斯角(Cape Hatteras),流速高达1—2米/秒(3.3—6.6英尺/秒),有时估计高达2.3米/秒(7.5英尺/秒)。太平洋上的黑潮(Kuro Siwo)在速度上略居其次,大约0.4—1.2米/秒(1.3—4英尺/秒)。

哪支洋流最慢?

在世界上的海洋深处发现了最慢的洋流。这些"行动迟缓的"冷水需要大约1 000年才能环流整个全球。

世界海洋的平均温度是多少?

大洋和大海的平均温度约为4.4℃(40℉)。

大洋中主要的表层洋流和次表层洋流有哪些?

主要的暖表层洋流有:北赤道海流(the North Equatorial)、黑潮(Kuro Siwo)、墨西哥湾流(Gulf Stream)、南赤道海流(South Equatorial Currents)以及赤道逆流(the Equatorial Countercurrents)和北大西洋洋流(North Atlantic currents)。主要的冷表层洋流有:千岛寒流亲潮(Oyashio)、加利福尼亚寒流、拉布拉多寒流(Labrador)、秘鲁寒流(Peru,洪堡洋流(Humboldt))、本格拉寒流(Benguela)、加那利寒流(Canaries)和南极绕极流(Antarctic Circumpolar Current)。主要次表层洋流(都是寒流)有:克伦威尔寒流(Cromwell Current)、威德尔海底层水(Weddell Sea Bottom Water)、深海西边界流(Deep Western Boundary Current)(最大的深海洋流)以及北大西洋深层水(North Atlantic Deep Water)。

什么引起深海洋流在全世界流动?

深海洋流受到海洋的温盐环流推动,而温盐环流是由海水中温度差和含盐量差引起的。由于含盐的冷水比含盐的暖水更重,会沉到海底。为了进行补充,暖水就填充进来,当海水逐渐冷却后,这样的循环又会重复发生。海水的这种持续运动经常被认为是一条巨大的全球输送带或一台输送泵,慢慢将海水循环到各个海洋。

例如，墨西哥湾暖流受太阳照射而变热，从加勒比海"开始"，然后沿北美洲东海岸（大部分沿美国海岸）向北流动，直到到达北大西洋靠近北极的水域。在格陵兰岛和挪威之间，寒冷的北极风几乎把含盐的海水冷却到冰点。大量的已经变凉且含盐量高的海水此时下沉到约5—6.5千米（3—4英里）的深度，并开始下一阶段的行程，向南流经西大西洋盆地进入南极绕极流，然后到达印度洋和太平洋。这个旅程要历经多年。例如，秘鲁和加利福尼亚海岸的上升流经常含有在几世纪之前沉到海底的海水。

墨西哥湾流是怎样影响不列颠群岛和斯堪的纳维亚半岛的？

墨西哥湾流将来自加勒比海东北部的大西洋暖流带到北欧和不列颠群岛。洋流之所以这样流动是因为来自南大西洋的向西方向的洋流流进中美洲。苏格兰、爱尔兰、英格兰、威尔士以及斯堪的纳维亚各国的气候与格陵兰岛上的气候十分相近。例如，查看地图时，你会发现，英格兰在纬度上位于纽芬兰（Newfoundland）以北。按理来说，气候应该比现在更冷，但是由于墨西哥湾流的影响，英格兰的气候更像纽约的气候而不像加拿大北部的气候。实际上，欧洲大陆比北美洲更暖和就是因为墨西哥湾流为欧洲带来了更加温暖的天气。

什么是厄尔尼诺现象？

厄尔尼诺现象指的是在圣诞节前后热带太平洋地区暖流聚集而产生的一种现象。这种现象会定期发生（一般是每2—7年一次，但经常是每3—4年一次，最强的厄尔尼诺现象每10—15年发生一次）。由于在圣诞节期间发生，所以讲西班牙语的人们以耶稣（Christ）的孩子的名字"厄尔尼诺"为这个现象命名。气象学家经常认为，它

把名字借给洪堡洋流的人有着什么样的经历？

亚历山大·冯·洪堡（Alexander von Humboldt，全名为夫里德里克·威廉·海因里希·亚历山大·弗赖赫尔·冯·洪堡（Friedrich Wilhelm Heinrich Alexander Freiherr von Humboldt，1769—1859）当时被认为是欧洲最著名的人，仅次于拿破仑·波拿巴（Napoleon Bonaparte）。洪堡从金融、语言到天文学、地质学和解剖学，无所不通，尤其对科学和旅行兴趣浓厚。最著名的是他在1799—1804年间进行的南美洲之旅。在旅行中，他探索自然景观，观察动植物，进行地质探测和天文观测。经过这次旅行，他形成了一个新的观点：气候决定物种变化，气候随温度和海拔的变化而发生改变。他准确地判断出火山可能沿地壳上的地

质裂缝连接在一起。洪堡将地质情况与天气联系在一起,并指出气候是如何随海拔变化而改变的。他也是首个观察到地球磁场是如何随海拔变化而发生改变的人。他的这一观测为后来的"地球中纬度天气系统形成"的理论提供了帮助。洪堡探险到太平洋时,发现了秘鲁寒流,现在也被称为"洪堡寒流"。所有的探险和发现令洪堡在返回欧洲时名声大噪。他把自己的旅行故事写成一套30卷本的著作《洪堡与邦普朗旅行记》(*The Voyage of Humboldt and Bonpland*, 1805—1834)。另一套2卷本的著作《宇宙》(*Cosmos*, 1845、1847)更是大受欢迎。在《宇宙》一书中,他试图将很多科学定律统一起来,把大自然的复杂性作为一个整体来进行描述。

是厄尼诺南摆动——厄尔尼诺南方涛动的简称。"南方涛动"一词由研究印度季风季节模式的英国统计学家、物理学家吉尔伯特 · 托马斯 · 沃克爵士(Sir Gilbert Thomas Walker, 1868—1958)创造。厄尔尼诺效应不仅影响了美洲太平洋海岸的天气,而且影响了全世界。各地气候发生很大变化:在美国中部和东部的天气比正常还冷;在非洲、澳大利亚和加利福尼亚沿海地区出现了强风暴天气;欧洲洪水泛滥;南美洲鱼类种群减少。气候学家越来越相信,强烈的厄尔尼诺效应使非洲干旱更加严重,也许可能加速那里的沙漠化。2006—2008年间发生了一次较为温和的厄尔尼诺效应。

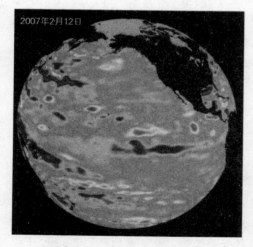

2007年2月12日

2007 年 2 月,美国—法国詹森号卫星(U.S.-French satellite Jason)拍摄的照片显示了从厄尔尼诺过渡到拉尼娜现象时海洋温度的变化(红色代表"温度更高",蓝色代表"温度更低")。(图片来源:美国国家航空航天局)

厄尔尼诺现象是怎样发生的?

厄尔尼诺天气现象之所以会产生是因为海洋表层水温和行进中的热带太平洋低层大气相互作用,失去平衡。这个过程非常复杂,甚至现代科学也不能完全作出解释。这个过程与世界范围内海洋和大气的流动息息相关,包括横贯全球的海洋波浪、洋流以及全球大气循环。科学家已经总结出的并有充分把握的唯一结论是:无论是太阳黑子活动还是火山喷发似乎都不会影响到厄尔尼诺。

什么是拉尼娜现象?

不难猜出,拉尼娜(La Niña)是与厄尔尼诺正好相反的一种现象。表层水温极低，不像热带太平洋的暖水那样。2009年，气象预报说拉尼娜现象将主宰太平洋海域。

1950年以后，哪些年是厄尔尼诺年，哪些年是拉尼娜年？

自1950年，发生过厄尔尼诺现象的年叫做厄尔尼诺年。厄尔尼诺年有：1951年、1957—1958年、1963年、1965年、1969年、1972年、1976—1977年、1982—1983年、1986—1987年、1991—1992年、1994—1995年、1997—1998年（过去50年里最强的一次）、2002—2003年、2004年、2006年。

发生拉尼娜现象的年叫做拉尼娜年。拉尼娜年包括：1950年、1954—1956年、1962年、1964年、1968年、1970—1971年、1973—1976年、1984—1985年、1988—1989年、1995—1996年、1998—2000年、2007—2009年。

"厄尔尼诺洋南摆动空当年" 指什么？

"厄尔尼诺洋南摆动空当年" 指既没出现厄尔尼诺也没出现拉尼娜现象的一年。

什么是大气遥相关？

大气遥相关指的是包括如厄尔尼诺、拉尼娜现象和洋流在内的海洋条件与天气相互作用，并对天气产生影响的现象。

第八章 太空天气

太阳系的其他行星上存在天气现象吗?

　　太阳系的很多行星上都有大气层,甚至月球上也有,因此,天气现象在这些行星上也是存在的。气态巨星——木星、土星、天王星和海王星都有包括暴风雨和闪电在内的厚厚的大气层。在木星、土星、伊奥卫星、泰坦卫星上已经观察到闪电,据推测金星上也有。当然木星有非常著名的巨大旋风"大红斑",这是一股宽达1.4万千米(8 500英里)、长达2.6万千米(1.6万英里)的巨大风暴。天文学家估计,这股风暴至少已存在400年。土星上也有厚厚的大气层,其上方笼罩着结晶的氨云层;它也有"大白斑",但是这股风暴持续约一个月后就会逐渐减弱,隔段时间后又再次爆发。天王星有着与众不同的由氢(83%)和氦(15%)构成的蓝绿色大气层;海王星也呈现蓝色(因此以罗马的海洋之神的名字命名),其大气层由氢、氦和甲烷组成。天文学家相信,在较高大气层的下方,海王星上有由氨、结晶甲烷和离子水组成的低层大气,甚至更深处可能还有一层硫化氢。所有星球上的这些风暴都强大无比。例如,海王星上的风速达每小时1 100千米(700英里);在这颗行星上有一个"大黑斑",这是一股行进中的风暴,如同地球卫星般大小,另外,还有一个较小些的、名字古怪的白色风暴——"小型摩托车"。

　　除地球以外,这些内行星——火星、金星和水星也都有大气层。火星上的大气层很薄,大气压约相当于地球的1%。火星为什么会失去大气的相关理论有很多,有人认为,在巨大行星撞击火星后使其失去了空气;也有人认为,这个星球缺乏提供足够热

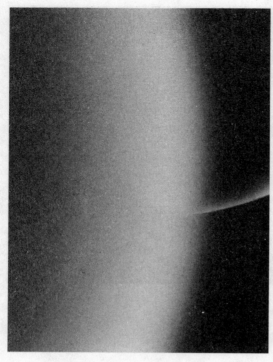

2005年12月，"卡西尼"号探测飞船（the Cassini spacecraft）拍下泰坦卫星上的大气层图片，背景是土星的南极。（图片来源：美国国家航空航天局/美国喷气推进实验室/太空科学研究所）

量的板块构造；还有人认为，不知什么原因，这个星球失去了磁层。由于没有太多的大气，火星上也就没有太多的天气。与火星类似，水星实际上也没有大气，基本上是宇宙中的一块巨大岩石。在大气方面金星比火星或水星有趣得多。这是一个二氧化碳含量过于丰富的星球，结果形成了"强温室效应"，把金星表面的温度升高至500℃（900 ℉），这样的热量足以熔化像铅、锡和锌等这样的金属。

可怜的冥王星已经从行星被降级至小行星，它的大气层很薄，由氮、甲烷和一氧化碳构成。太阳系的几个卫星上也有大气层。其中，土星的泰坦卫星最为有趣。浓密的大气层（比地球大气层的密度高50%）含有98.4%的氮和1.6%的甲烷。天文学家认为，泰坦卫星有由液态甲烷和氮组成的湖泊和海洋，也有由甲烷形成的降雨，大气层被由碳氢化合物组成的烟雾弥漫的橙色雾霾笼罩着。其他卫星也有稀薄的大气层，例如海王星的崔坦卫星以及绕木星运行的盖尼米得卫星，科学家认为，在盖尼米得卫星的冰层下方存在海洋。

太阳系以外存在天气现象吗？

近年来，天文学家发现了越来越多的外星球，这在天文学界引起了极大震动。至今为止，已经发现了200余颗，其中大部分为气体巨星。因为气体巨星体积庞大，所以产生了更大的引力。用于发现外星球的最成功的技术将被用来观察星体的运行方式；很多天文设备（如哈勃望远镜）非常灵敏，可发现星体是否轻微摆动（这说明行星和太阳系的存在）。把这些方法与红外线光谱学结合起来，能够探测遥远行星上的分子构成情况。二氧化碳和一氧化碳、氢、氖气、水和碳氢化合物都已经被探测到。天文学家非常有信心，他们认为不久就能观察到太阳系以外的带有大气层的行星，并且推测，在一些行星上也许存在能维持生命的液体或气体。

月　球

什么是朔望?

当地球、月球与太阳处在一条直线上时,"朔望"就会出现,一个月发生两次。这对地球产生了影响:太阳和月球与地球之间引力的相互叠加,会导致高潮的高度增加,低潮变少。

月食和日食之间存在哪些差异?

当月球运行到地球与太阳之间时日食就会出现,而当地球位于月球和太阳之间时,月食就会发生。发生日食时,月球会在地球表面上投影,而月食发生时,正好相反,地球会在月球表面上投影。

1991年7月11日从下加利福尼亚州(Baja California)上观测到的日全食。(图片来源:美国国家航空航天局)

什么是蓝月?

"蓝月一次"常被用来形容那些不经常发生的事情。"蓝月"约每2.7年才出现一次,此时在同一个公历月份会出现两次满月。这个词语的来源尚不确定,但似乎已经存在了约400年,有可能源于英语的词根。"the Moon is blue"("月亮是蓝色")用来形容某事荒谬或完全不可能发生,所以不能按照字面含义将它理解成"月球是蓝色的"。

但是,有时当空气中充满灰尘或尘埃时(比如在一次大规模的森林火灾发生之后或火山爆发之后),月亮会呈现浅蓝色。

什么是潮汐?

潮汐是任何两个物体之间的引力长期相互作用的结果。从根本上来说,由于一侧物体的加速度比另一侧物体的大,所以一个物体会很"从容"地把另一个物体拉成鸡蛋型。在地球上,我们所看到的不断变化的潮汐就是能观察到的发生引力效应的最明显的证据。

潮汐是如何涨落的?

每天有两个周期的高潮和低潮发生,一般间隔13小时。当潮水处在近月点和远月点时高潮就会发生。在这两点之间时,低潮就会发生。

空气有潮汐吗?

奇怪的是,空气也有潮汐。大气同水一样,也受月球对地球引力的影响。因而,气团里的气压也能发生改变,但是变化很小(约1—2毫巴),并且这些变化仅在赤道地区最常见。

地球上的海潮多久发生一次?

在26小时的一个周期内,地球表面的每一处都会经历一系列的2次高潮和2次低潮——先高潮,再低潮;然后再高潮,再低潮。周期长度是地球自转周期的时间或一日的时间(24小时)与月球向东沿轨道绕地球运转的时间(2小时)的总和。

湖泊有潮汐吗?

与大洋和大海相比,湖泊没有足够的水,因而不能产生可观察到的由月球对地球的引力效应引起的潮汐。虽然它们没有潮汐,但是大一些的湖泊(如北美洲的苏必利尔湖(Lake Superior))因湖面很大,所以能观察到潮汐。苏必利尔湖的水涨落约为7.6厘米(3英寸)。

潮汐能影响天气吗?

很多科学家认为,潮汐会对天气产生一些影响。例如,潮汐对洋流有一定的影响,反之,洋流又对天气产生影响。另外,众所周知,月球对地球的引力实际上也能引起拓扑结构(实际上为上下移动的地壳)的可测量的变化。反过来,这又能引起地震或火山爆发,无疑会影响到天气。当向岸的强风与高潮同时发生时,会使海滨区域的洪水更为严重,因此可以这么说,潮汐也许会影响天气。

太　阳

为什么太阳对天气有着至关重要的影响？

太阳几乎是产生地球天气的所有能量的来源；另外，板块构造、地球内部的热量、潮汐效应、放射性元素及来自木星和土星的重力作用提供了其余的能量。但是，绝大部分能量（99.98%）来自太阳。虽然光和热的能量及来自太阳并到达地球的其他能量仅等于太阳总能量的 5×10^{-10}，但是这相当于每天燃烧 7 000 亿吨煤所产生的能量！据计算，到达地球较高大气层的能量相当于每 2.6 平方千米 3 728 499.4 千瓦（每平方英里 500 万马力），足以使印第安纳波利斯（Indianapolis）804 672 米（500 英里）汽车赛上的 7 400 辆赛车的引擎飞速旋转。在全球范围内，每天太阳会使约 145 亿辆赛车的引擎发动。

如果太阳到达地球表面的能量保持恒定不变，那么它就不会影响天气。但事实并不是如此。地球自转产生了黑夜与白昼，地球倾斜又带来了季节变化，因此能量并没有被平均分配。而且，云及较高层大气的多变也影响了太阳能量的水平。结果，地球被较冷和较暖空气笼罩，促使气团移动，反过来，气团因地理变化和科里奥利效应又被缓慢转移。这样，天气就产生了。

日食是如何影响天气的？

日食发生期间，月球在地球表面上投了一个暗黑的影子，被称为暗影。另外还有一个较明亮的影子，被称为半影。直径约为 274 千米（170 英里）的暗影会使天空变黑，空气变凉，就像日落时的情景。我们都知道，发生日食时，尤其是在日全食发生的时候，温度会下降很多。例如，1991 年 7 月 11 日，由于发生日食，下加利福尼亚半岛的温度从 32℃（90℉）降至 23℃（74℉）。但是，这样的影响很短暂，因为日全食的持续时间很少超过 7 分钟，而且对于地球上的某个具体位置来说，大约每 4 个世纪才会经历一次。

有多少太阳能量被地球反射回太空？

虽然太阳给我们提供能量，但是能量也能被反射回太空。由于对太阳能量的吸收和反射一直保持平衡，整个地球的温度几乎保持不变，这是一件好事。如果地球反射回的热量比吸收的还要多，地球就会变冷，最终变成一个冰球；如果情况恰好相反，就像一些科学家所担心的那样,全球气候就可能变暖,地球随之升温。有趣的是,包括木星和海王星在内的一些行星,反射回的热量比吸收的更多,大家推测在这些行星内部存在热源。一些天文学家认为,木星是一颗"失败"的恒星。如果它的体积更大,那么它会成为另一个太阳,而地球就会成为双银河系的一部分。

什么是蓝日?

"蓝日"比蓝月还要少见。与真正的蓝月一样,当大火发生、火山爆发或沙尘暴天气出现时空气中就会充满灰尘、火山灰或沙尘,因而太阳会呈现浅蓝色。

太阳上有大气吗?

某种程度上说,有。因为太阳主要由等离子状态的氢(73%)和氦(25%)组成,所以在太阳天体与其大气层之间没有明显的固体表面作为它们的分界线。太阳"表面"是第一层,被称为光球层,厚约480千米(300英里),平均温度约为5 500℃(10 000℉);在这层之上是第二层,被称为色球层,厚达数千千米(数千英里),温度稍低,约为4 300℃(7 800℉);在这层之上是太阳日冕,这里的温度极高,平均温度约为100万℃(180万℉)。

什么是长波紫外线和中波紫外线?

长波紫外线和中波紫外线是在紫外线范围内的两种类别。长波紫外线的波长在320—400纳米之间,而中波紫外线的波长在290—320纳米之间。能量较高的中波紫外线对人们更加危险,因为它能导致恶性黑色素瘤。长波紫外线可能致癌,但更有可能只是使皮肤上出现难看的皱纹,皮肤变得更加粗糙。因此,皮肤科医师和其他医生总是建议使用防晒霜来避免紫外线照射带来的伤害。

阳光需要多长时间到达地球?

光速大约为每秒30万千米(18.6万英里),而太阳距离地球约1.49亿千米(9 258万英里),因此阳光到达地球需要花8.4分钟。所以,我们在空中看见的太阳事实上就是8分多钟后出现的星体!尽管不想说得过于沮丧,但是如果太阳成为一颗"新星"(即一类由于核爆炸而在数月之内异常明亮的恒星),那么地球上还不会有人意识到在8分半钟内世界末日就会到来。

什么是太阳光谱?

太阳光谱是包括人类肉眼可见和不可见的波长在内的光的频谱。白光通过棱镜发生分光,分散成我们熟悉的从紫色到红色的彩虹光谱。温度受波长较长的光谱(通过不可见的红外线的红色)的影响,约50%的太阳光谱的波长在红外线波谱范围内出现,10%在紫外线波谱范围出现。

为什么来自太阳的红外光非常重要?

来自太阳的红外光提供了约50%的太阳能,这些能量以热量的形式到达地球。如果没有它,地球会变得异常寒冷。其余的热能来自可见光谱范围内的光,能量被吸收后,又以热能的形式被反射回大气。

日出和日落开始的时间是如何设定的?

在美国,当太阳圆盘的前缘上升到地平线之上时,日出就正式开始;当太阳顶端消失在地平线时即为日落。但是,在英国,衡量日出和日落的时间是当太阳的中间位于地平线边缘的时间。科学家往往使用高灵敏度的光学测量仪进行计算,当破晓接近90分钟后日出才算到来。

什么是日射强度计?

日射强度计也被称为日射总量表,是一种用于测量到达地面的日光量的仪器。日射强度计一词来自希腊语 "pyr"(意思是 "火")和 "ano"(意思是 "天空")。这些仪器按每平方米的瓦数来计算日光量,然后用两种方法中的其中一种进行计算。把小型硅光电探测器用在较廉价的日射强度计上来探测光的方法不够精确。由于这样的光电探测器不能很好地捕捉到日光的所有光谱,所以这个方法并不理想。另一类型的日照强度计则利用的是热电堆,这

1930年的埃氏补偿日射强度计(Angstrom pyranometer)测量反照率,即从地球表面被反射回的电磁辐射量。(图片来源:美国国家海洋和大气管理局)

是一组能探测交叉结点温度变化的高灵敏度的热电偶。通过获取长时间内的读数,日射强度计也被用于评估天气状况和气候变化。

什么是坎贝尔—斯托克司日照计?

坎贝尔—斯托克司日照计(Campbell-Stokes recorder)不仅能够测量到达地面的日光量,而且也能测量日光强度。它也被称为"斯托克斯玻璃球",由苏格兰人约翰·弗朗西斯·坎贝尔(John Francis Campbell, 1821—1885)于1853年发明。坎贝尔实际上是一名凯尔特学者(Celtic scholar)。坎贝尔使用一个玻璃球来聚焦太阳光线,用一张带有不同标记的纸片来指示时间。光能的大小取决于光照强度,被玻璃球放大的光能烧焦纸片。根据北半球或南半球的季节及天气情况,需使用有不同标记的纸片。"斯托克司"源于英国数学家、物理学家乔治·加布里埃尔·斯托克司爵士(Sir George Gabriel Stokes, 1819—1903),他改进了外罩(他使用的是金属)并改变了玻璃球与纸片的排列顺序。

美国国家气象局使用哪种类型的日射强度计?

美国国家气象局没有使用坎贝尔—斯托克司日照计,而是使用被称作马文日照计的仪器。这是一台更为精密的仪器,包含一个透明灯泡和一个黑头灯泡,由一个已填充部分水银的薄玻璃管连接。阳光会使黑灯泡升温更快,而透明灯泡则升温较慢,水银膨胀会使电接触点发生短路,一支由电接触点控制的笔就会标记出时间。

太阳释放的能量恒定不变吗?

目前,太阳释放的能量(把它称为"太阳辐照度"更为严密)比太阳系年轻时释放的能量要多得多。科学家估计,数十亿年前,太阳释放出的能量仅约为现在的75%。然而,如今太阳辐照强度非常稳定,但也不是一直恒定不变。它的变化最多可达0.1%,这听起来也许不多,但是这样的变化足以造成暖冬和寒冬、温热和炎热的夏季。太阳辐射度受太阳黑子的影响,但是太阳的内部活动非常复杂,科学家至今也不能完全理解究竟是什么引起了这些变化。尽管太阳释放的太阳能量大小总是变化的,但是天文学家和气象学家还是使用"太阳常数"一词用来表示每平方米释放的能量(以瓦为单位进行计算)。在地球较高大气层顶端获得的平均读数约为每平方米1 366瓦。

每年,美国接受阳光照射最多的城市有哪些?

美国亚利桑那州的宇马(Yuma)被认为是美国阳光最充足的城市,每年日照时间达4 000小时。不喜欢降雨的人可能会喜欢以下这些充满阳光的城市。由于什么是"阳光灿烂的一天"还没有定论，所以这些数字只是对年日照小时百分比的一个估测，或气象学家将它称之为"可能日照的平均百分比"。

美国阳光最为充足的城市

城　　　市	年日照百分比
亚利桑那州，宇马（Yuma，AZ）	90%
加利福尼亚州，雷丁（Redding，CA）	88%
内华达州，拉斯维加斯（Las Vegas，NV）	85%
亚利桑那州，图森（Tucson，AZ）	85%
亚利桑那州，凤凰城（Phoenix，AZ）	85%
得克萨斯州，埃尔帕索（El Paso，TX）	84%
加利福尼亚州，弗雷斯诺（Fresno，CA）	79%
内华达州，里诺（Reno，NV）	79%
加利福尼亚州，毕晓普（Bishop，CA）	78%
加利福尼亚州，圣巴巴拉（Santa Barbara，CA）	78%
加利福尼亚州，萨克拉门托（Sacramento，CA）	78%
加利福尼亚州，贝克斯菲尔德（Bakersfield，CA）	78%
亚利桑那州，弗拉格斯塔夫（Flagstaff，AZ）	78%
新墨西哥州，阿尔伯克基（Albuquerque，NM）	76%

哪个州被认为是"阳光之州"？

美国的佛罗里达州被取名为"阳光之州"。虽然这里气候温暖，且经常阳光充足，但是在4—10月期间，雨季也十分显著。具有讽刺意味的是，佛罗里达州发生的雷暴实际上比美国的任何一个州都多，而亚利桑那州才"真正"称得上是"阳光之州"。

什么是人的生理节律？

人类已经在这个有着昼夜规律的世界中不断进化、发展，并且逐渐形成了晚上睡觉、白天起床的生理时钟。例如，白天，当我们处于地下或没有窗户且无可见光的密闭工厂时,同样会晚睡早起。生理节律控制着包括蠕动(食物通过消化道的蠕动最终被排泄出去)、血压、褪黑激素分泌物、荷尔蒙水平和警觉—疲劳感在内的身体机能。在我们这个现代世界,人们一直要努力适应与生理节律不完全相符的生活节奏。电和其他能源使人们能够在晚上熬夜工作、驾驶车辆及操控机器,但实际上此时的身体已经相当疲倦,导致在晚上发生的交通事故和工厂设备事故比白天更多。另外,我们晚上的工作效率更低,甚至做一些像结算收入这样的无危险工作时也是如此。

有些人对阳光过敏吗?

一些人对阳光照射有两种相当奇怪的反应。一个是患上相对来说危害不大的过敏性结膜炎。这种情况是当突然受到阳光照射(例如走出一栋漆黑的建筑时),由于受到紫外线辐射的影响,人就会打喷嚏。另外,也可能发现眼部红肿发痒。这很容易治疗,只要带上太阳镜并使用抗组胺剂就可以了。更严重的反应被称为"阳光中毒",并由此引发皮疹即"多形性日光疹",皮肤会出现痒感肿包或产生肿胀。对太阳光高度敏感的人来说,就算使用防晒霜也起不到预防作用。医生使用湿热的皮质类固醇来治疗皮疹。

什么是晒伤指数?

晒伤指数也被称为"紫外线指数",美国国际气象局和环境保护局通过这种方式把在特殊日子里出现的各种晒伤危险的信息提供给人们。晒伤指数的级别为0—10级(10级最危险),根据以下几个因素计算指数:日期、纬度、海拔、云量及臭氧含量。白皮肤的人冒险外出时,应该对紫外线指数最敏感,但是棕褐色皮肤或黑色皮肤的人也不应该忽视。下表更加详细地解释了晒伤指数。

晒伤(紫外线)指数

指数	裸露程度	预计晒伤皮肤的时间 (单位:分钟)	建　　议
1—2	很低	30—120	戴宽边的帽子
3—4	低	15—90	戴帽子、太阳镜,穿长袖衬衫或用其他遮盖物
5—6	中	10—60	戴帽子、太阳镜,用衣服遮盖,找阴凉处躲避
7—8	高	7—40	戴帽子、太阳镜,用衣服遮盖,找阴凉处躲避,减少晒太阳时间
9—10	很高	3—30	做到以上所有建议,减少晒太阳的时间,或待在室内

根据日照程度，紫外线照射在几分钟内就会破坏皮肤。这个季节，大多数医生都建议使用防晒系数（SPF）较高的防晒霜。

阳光照射太多还会对皮肤产生什么影响?

暴晒除了会增加皮肤癌（黑素瘤）危险外，还会使皮肤过早出现皱纹并引发白内障。

什么是防晒系数体系?

防晒系数是根据防晒用品在保护皮肤使其免受紫外线辐射方面所发挥的防晒效能来评定的。无论被阳光照射多长时间，根据你的皮肤色素和年龄情况，常被推荐的防晒用品的防晒系数约在30—50之间，并且儿童尤其应该使用防晒系数等级较高的防晒霜。防晒霜应在外出半小时前进行涂抹。如果不太确定应该使用哪种类型的防晒霜，最好咨询一下内科医师或药剂师。

为什么地球上阳光最充足的地方也是最寒冷的地方?

由于地球是倾斜的，南极洲获得的日照比地球上的其他任何大陆都多。但是，因

229

为这块大陆被雪覆盖,所以实际上白雪把更多的热能(50%—90%)反射回大气层。因此,南极洲极其寒冷。但是,情况并非总是如此。几百万年前,在侏罗纪时期,南极洲离赤道较近。现在,科学家的确在那里发现了恐龙化石。

人们的情绪会受阳光影响吗?

众所周知,生活在北半球的人们往往在冬季时更容易抑郁,无精打采。有时这种症状被称为"季节性情绪紊乱",可能是由于经历了较长时间的黑暗后,大脑中发生的化学变化而引起的。另外,一天中,人体至少需要接受几分钟的阳光照射来促使维生素D产生。在美国北部各州,人们患上了慢性维生素D缺乏症,这能导致人们情绪抑郁,精力甚至情欲不足。

什么是反照率?

反照率是从地球表面反射回的太阳能量。从总体上来说,约33%的太阳能量被地球和大气层反射回太空。反照率经常以百分率的形式来表示。

多少阳光被白雪反射回去?

由于雪为白色,所以积雪覆盖面以约80%的高反射率把阳光反射回大气并进入太空也就不足为奇了。环境学家推测,由于冰雪融化后,地面会吸收越来越多的能量,全球变暖也许会进一步加速。

太阳黑子和太阳活动

什么是太阳黑子?

当通过可见光进行观察时,太阳黑子在太阳上呈现为暗色的斑点。大部分太阳黑子由两种物理现象组成:一个是本影——又小又黑且无明显特征的核;另一个是半影——很大且较为明亮的周围区域。半影内部是看起来颜色较浅并向外延伸的丝状物,就像自行车车轮上的辐条一样。太阳黑子大小不一,往往成群出现。很多太阳黑子的大小远远超过地球,能轻松地吞掉整个地球。

太阳黑子上存在能量超强的磁场推动现象。虽然在可见光里它们看起来十分安静,但是通过紫外线和X射线获取的图片显示出它们产生和释放的巨大能量以及遍布周围的强大磁场。

谁首先发现了太阳黑子？

最早观察到太阳黑子的有关记录要追溯到公元前28年，当时中国天文学家对太阳上的黑斑点做了记录。在现代西方文明时期，这要归功于赫赫有名的伽利略·伽利莱（Galileo Galilei，1564—1642）。1611年前后，他通过望远镜首先观察到了太阳黑子活动（资料来源不同，但应该是在1610—1613年间发现的）。相关记录显示，在伽利略之前，包括约翰尼斯·开普勒（Johannes Kepler，1571—1630）在内的其他科学家也发现了太阳黑子，但是他们没有把太阳黑子看成是"太阳黑子"。例如，开普勒在伽利略发现太阳黑子的前几年就把他所看到的黑子误认为是在太阳前面运转的水星。

太阳黑子有多大？

除了那些即使通过望远镜也观察不到的太阳黑子之外，太阳黑子可能相对很小，也可能大得惊人。最大的太阳黑子的直径可能超过16.1万千米（10万英里）。天文学家以"百万分之一"为单位来衡量太阳黑子的大小，每一个百万分之一即为面向地球的太阳表面的百万分之一。假设地球是太阳表面的一个太阳黑子，那么地球就等于百万分之169。把这个与典型的百万分之300—500之间的太阳黑子进行比较，你就会发现它们有多大。曾经测量到的最大的一个太阳黑子是在2001年发现的，其大小为百万分之2 400。但是，那并不能解释从太阳黑子发出的太阳耀斑会向太空射出多远的距离；太阳耀斑可能长达16.1万千米（10万英里），而且毫不夸张地说，它们发出的能量能向地球轨道延伸1.5亿千米（0.93亿英里）。

太阳黑子活动存在周期吗？

存在。太阳黑子活动在一个周期内经历活动峰年与活动谷年：一个持续约11年（更准确地说约为10年零6个月），同时也是一个88年的峰年与谷年周期；并且科学家认为，更长的周期也可能存在。首先观察到太阳黑子活动周期的人是德国天文学家海因里希·塞缪尔·施瓦布（Heinrich Samuel Schwabe，1789—1875）。施瓦布最初是一名药剂师，后来成为一位业余天文学家，而后发展成为专业的天文学家。他很想知道除了水星和金星以外是否还存在靠近太阳的其他行星，他在偶然间发现了太阳黑子并且对它们非常着迷。从1825年一直到生命结束前夕，他每天都在观察太阳，并记录观察到的太阳黑子数量。从这些观察中，他指出太阳黑子活动更强和更弱的周期是存在的，大约以10年为周期，考虑到当时的望远镜的质量，这个推测已经是一个非常接近的估值了。

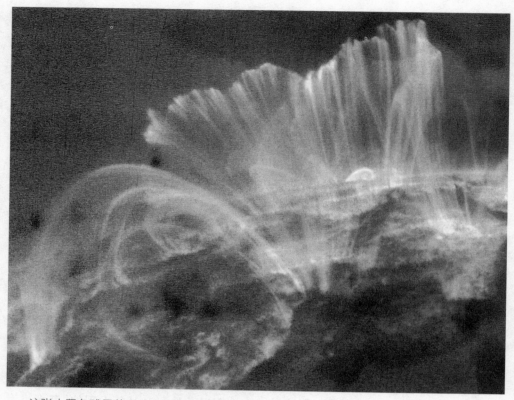

这张太阳色球层的图片是2007年通过日出卫星上的太阳光学望远镜拍摄的。日出卫星探测太阳活动的任务受到美国、日本、英国和欧洲太空局联合出资的支持。(图片来源：日本航空航天研究开发所(JAXA)/美国国家航空航天局)

什么是蒙德极小期?

蒙德极小期以英国天文学家爱德华·W.蒙德(Edward W. Maunder, 1851—1928)的名字命名，指的是1645—1715年间太阳黑子活动极弱的一个时期。蒙德通过研究以前的记录资料发现了这个太阳活动。

其他一些黑子极小期和黑子极大期是什么?

下面是一个追溯到公元1000年的太阳黑子活动的显著变化表，一些极大期和极小期的名字源于它们的发现者，包括德国天文学家古斯塔夫·斯波勒(Gustav Spörer, 1822—1895)、英国气象学家约翰·多尔顿(John Dalton, 1766—1844)、英国天文学家德华·W.蒙德(Edward W. Maunder, 1851—1928)和瑞士天文学家约翰·鲁道夫·沃尔夫(Johann Rudolf Wolf, 1816—1893)。

为什么太阳黑子呈现出黑色?

太阳黑子的温度比周围光球层大气的温度略低,约1 100℃(2 000℉),因此在明亮的背光照明下,太阳黑子呈现为黑色。但是别误会了,太阳黑子的温度仍有上千度,通过太阳黑子发出的电磁能量也依然非常可观。

太阳黑子活动情况

年份(公元)	名　称
1010—1050	奥尔特极小期(Oort Minimum)
1100—1250	中世纪极大期(Medieval Maximum)
1280—1340	沃尔夫极小期(Wolf Minimum)
1420—1530	斯波勒极小期(Spörer Minimum)
1645—1715	蒙德极小期(Maunder Minimum)
1790—1820	道尔顿极小期(Dalton Minimum)
1950—至今	现代极大期(Modern Maximum)

什么是沃尔夫黑子数?

1848年,瑞士天文学家约翰·鲁道夫·沃尔夫(Johann Rudolf Wolf, 1816—1893)设计了一个用于计算太阳黑子数量的指数体系。沃尔夫黑子数是为纪念沃尔夫而命名的。天文学家从全球各个角度观察太阳黑子数量,然后把这些得数进行平均计算后得出当时的官方沃尔夫黑子数。

每22年太阳会发生什么?

太阳上的太阳黑子活动与太阳经历的磁场变化有关。每22年太阳磁场会发生一次完全反转。磁北极成为磁南极,反之亦然。天文学家认为,这样的反转变化除了与太阳黑子活动有关以外,无论如何不会影响到我们的天气。

什么是日珥?

日珥是从太阳表面(光球层)发射到日冕内部的高密度的太阳气体流。它们的长度可能超过16.1万千米(10万英里),而且在分散前,它们的形状可保持几天、几周甚至是几个月。

233

1989 年发生的最大太阳风暴是什么?

1989 年 3 月,太阳活动比往常更加活跃,形成了能把高能量粒子射入地球电离层的太阳风暴。太阳风暴对通讯和气象卫星产生了不利影响,也形成了向南远至墨西哥的壮观的极光,另外还影响了一些地区的电网。最严重的是,由于断路器和保险丝不堪重负,加拿大魁北克省(Quebec)600 万人遭遇了大面积停电。最近,更加强大的太阳风暴发生在 2003 年万圣节期间,瑞典发生了大面积电力中断,28 颗人造卫星受损,其中 2 颗完全瘫痪。

什么是日冕物质抛射?

日冕物质抛射是太阳表层在爆炸时向太空抛射的一团巨大的太阳物质(通常为高能等离子体)。日冕物质抛射与太阳耀斑有关,但是这两种现象不是一直同时发生。当日冕物质抛射到达地球附近的太空时,人造卫星可能因突然增加的电磁而受到破坏。这些突然增加的电磁是由不稳定的带电粒子引起的。

什么是太阳耀斑?

太阳耀斑是在太阳表面突然发生的剧烈爆炸。当体积巨大、能量超强的太阳黑子因太阳内部的等离子体高温旋转而使它们的磁场缠绕过于紧密并发生扭转时,太阳耀斑就会发生。磁场线松弛并突然冲断时,内含的物质和能量就向外抛射。太阳耀斑可能长达数千米(数千英里),它们所含的能量远远超过地球人类历史上消耗的所有能量。

什么是太阳风?

太阳一直在以电子、质子和其他粒子形式持续不断地发射高能量物质。这股"太阳风"正如它的名字一样,主要是由于受到地球磁场的影响而发生转向,有时会进入较高层大气。虽然还没有科学证据,但是一些科学家相信,太阳风的变化对地球气候产生了长期影响。

什么是地磁暴?

地磁暴一词是用来指对地球磁场产生影响的太阳风活动(包括强 X 射线)的猛烈增加。

太阳活动对地球上的生命产生哪些影响？

当太阳风到达地球轨道时，每立方厘米（英寸）仅含有少量粒子。尽管如此，在几十亿年的地球史上，如果没有地球保护磁层，那么它的能量也足以对地球上的生命产生巨大的辐射伤害。

当太阳活动极其猛烈时（如太阳耀斑发生期间），带电粒子流也急剧增加。在这种情况下，这些离子就会撞击较高大气层中的分子，并产生闪光。那些怪异的不断闪烁的光被称为北极光和南极光。此时，地球的磁场的磁性暂时减弱，大气发生膨胀，这会对地球高轨上的卫星运行产生影响。当太阳辐射流极其强大时，电网也会受到影响。

太阳风的速度有多快？

总体来说，来自太阳的"等离子体流"向各个方向持续抛射，运动速度通常在每秒几百千米。但是，它在日冕洞内能以1 000千米/秒（220万英里/小时）甚至更快的速度抛出。随着太阳风离太阳越来越远，速度也会不断加快，但密度却在迅速降低。

太阳风能运动多远的距离？

日冕能延伸到太阳表面以外的几百万千米（几百万英里）。但是太阳风的等离子体延伸几十亿千米（几十亿英里），早超出了冥王星所在的轨道。此后，等离子体的密度持续下降。在一个被称为"太阳风层顶"的范围内，太阳风的影响逐渐减少直至几乎消失。"太阳风层顶"的内部区域——被认为与太阳相距130亿—220亿千米（80亿—140亿英里），称为"日光层"。

太阳黑子是如何影响天气的？

太阳黑子活动对我们的天气和气候来说是否非常重要或意义深远？虽然科学界对此仍然没有定论，但也出现了一些理论。短期看来，太阳耀斑和太阳风不会对天气产生任何重大影响，因为地球磁层和高层大气层会吸收更多的能量。但是，长期看来，如果太阳经历一个长期的或永久的活动变化，就会产生一些严重后果。

太阳活动的变化主要发生在紫外波段，而且我们知道紫外线辐射会影响地球的较高大气层。天文学家和一些气象学家推测，久而久之，来自太阳黑子和太阳耀斑的X射线也能改变较高大气层的一氧化氮含量，从而对臭氧产生影响。太阳黑子活动会导

235

这张在加利福尼亚州爱德华兹（Edwards）的德莱登飞行研究中心（Dryden Flight Research Center）拍摄到的照片利用朦胧的天空来显示太阳黑子。（图片来源：美国国家航空航天局，汤姆·奇达（Tom Tschida）摄）

致更多的宇宙射线进入到大气，反过来，这又加速了云的形成，进而增加了降雨。

更近一些时候，已经有一些理论认为，太阳活动急剧减少预示着地球上的冰川时期即将到来。例如，从15世纪持续到18世纪的小冰期（包括蒙德极小期的一个时期）期间，太阳黑子活动处于低潮。其他黑子极小期即道尔顿极小期（1790—1820）和斯波勒极小期（1420—1530），也与寒冷的天气状况相吻合。

近期的太阳黑子活动都有哪些？

21世纪最初几年里，太阳黑子活动经历了过山车般的变化。据报道，2004年，太阳上的太阳黑子活动比在地球上8 000年里所见到的还要多。但是在第二年，太阳黑子活动突然骤减，并从2008年持续到2009年。事实上，在2008年最后几个月间，几乎没有出现过太阳黑子。

有可能预测太空天气吗？

通过研究过去的太阳黑子活动模式，并把它们与现在的观察结果进行比较，天文学家可以对未来可能发生的地磁暴做出大概预测。这类预测非常重要，可以发出对绕轨道运行的卫星和其他空间任务以及对地球电网造成的危险的警告。

谁设法成功地通过地球计算出前1.1万多年的太空射线活动？

德国马克斯·普朗克研究所（Germany's Max Planck Institute）的天文学家萨米·索兰基（Sami Solanki, 1958—　）教授研发了一个估算数千年前太阳射线活动的方法。他的方法以宇宙射线在大气层里发生的化学反应为依据。发生化学反应后，其副产物碳—14随即坠落在地球表面。树木和其他植被会吸收这种放射性碳；将保存下来且已埋在地下几个世纪的植被挖掘出来后，可以对其成分加以分析。来自太阳黑子的辐射实际上会降低碳—14的含量，因此，当太阳黑子活动频繁时，树木吸收的碳—14更少。使用这个方法获取信息后他发现，自1930年以来，太阳黑子活动比前8 000年中的任何一个时期都频繁。

磁　场

什么是地球磁场?

整个地球都有电磁力。实际上,地球本身就像一块巨大的球状磁铁,这主要是由地球内部的电流运动形成的。这些电流很可能来自地核的液体金属部分。再加上地球自转,地核就像一台巨大的能产生磁场的电力发动机或发电机。

地球磁场向外延伸数千千米(数千英里)并进入太空。运载和发射电磁力的磁场线固定在地球磁极(北极和南极)上,常以巨大环形圈的形式向外隆起,偶尔它们也向外运动进入太空。地球磁场的磁北极和磁南极与作为地球自转轴标志的地理北极和地理南极非常近。(这里请注意,定义"地球磁极"有两种方式:"磁北极"在加拿大的一个岛上,而"北地磁极"实际上在格陵兰岛上,并且"地理北极"漂浮在海洋的冰架上,离任何陆地都有数百千米的距离)。

人们是如何发现地球存在磁场的?

聪明的古代中国人最先把磁铁用作罗盘来进行导航。虽然他们不了解磁铁,但是由于这些磁铁总是与地球磁场一致,所以"指南针"能够指引方向。地球磁极非常接近自转的北极和南极,因此,在世界大部分地区,罗盘几乎完全指向北极和南极。

久而久之,科学家开始把天然磁石(永久磁石)与地球自身的特点联系起来。例如,为了研究地球磁极,英国天文学家埃德蒙·哈雷(Edmund Halley, 1656—1742)在一艘皇家海军舰艇上用了两年时间穿越大西洋。后来,德国数学家、科学家卡尔·弗里德里奇·高斯(Karl Friedrich Gauss, 1777—1855)对磁铁和磁场的总体作用模式有了重大发现。他还创建了第一个专业观测台来研究地球磁场。高斯与他的同事,同样因在电力方面作出的贡献而闻名的威廉·韦伯(Wilhelm Weber, 1804—1891)一起,计算地球磁极的位置(为了纪念高斯,今天的磁场强度单位被命名为"高斯")。

为什么地球磁场对于地球上的生命至关重要?

地球磁场向外延伸并进入太空,形成了一个包围着我们地球的被称为"磁层"的结构。当磁层受到外空带电粒子(如来自太阳风或日冕物质抛射的带电粒子)的撞击后,会使这些粒子偏离地球表面,极大减少袭击地球表面生命形态的粒子数量,也使我们免受过多带电粒子的侵害。

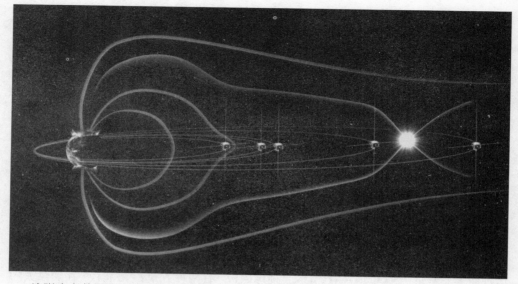

这张来自美国国家航空航天局的图像描绘了THEMIS（亚暴之大规模互动及时间历史性事件）任务，它是对地球磁场（蓝线）和亚暴（由猛烈的太空风暴产生的极光）进行研究。THEMIS轨道变化成各种角度，以确定亚暴的准确位置。（图片来源：美国国家航空航天局）

瓦尔特·莫里斯·埃尔撒色尔在发现磁极方面起到什么作用？

在德国出生的美国物理学家瓦尔特·莫里斯·埃尔萨瑟（Walter Maurice Elsasser，1904—1991）发现，高温的地核就像发电机一样循环运动，这样就形成了地球磁场。他还敏锐地发现，分析岩石粒子能为研究地球磁场方向提供一些线索，这反过来又有助于研究板块构造科学和地球气候史。

磁层是如何帮助地球上的动物形成生活习性的？

地球磁场对于地球上迁徙的动物和长途跋涉的动物来说也非常重要。一些动物有令人瞠目结舌的内置磁场感应器。生物学家表示，很多迁徙的鸟类都是利用地球磁场来引导方向并找到飞行目的地的。通过使用罗盘定位南北方向，人类也从磁层中受益。

地球磁场的强度有多强？

就一般人而言，地球磁场的强度非常弱；在地球表面的大部分地方磁场强度约为1高斯（一台冰箱的磁性通常为10—100高斯）。但是，磁场能量的强弱在很大程度上取决于它的体积。由于磁场比我们整个星球都大，所以总的来说，地球的磁力非常惊人。

我们是怎么知道地球磁场会发生磁极翻转的？

1906年，法国物理学家伯纳德·布伦（Bernard Brunhes, 1867—1910）发现带磁场的岩石方向与地球磁场的方向相反。他认为，地球磁场翻转到与今天的磁场相反的方向时，这些岩石就已经在那里了。日本地球物理学家松山基范（Motonori Matuyama, 1884—1958）的研究成果也支持了布伦的观点，1929年，他通过研究古岩石判断出地球磁场在地球历史上已经发生多次地磁翻转。今天，对岩石和嵌在岩石上的化石微生物的研究说明，在过去的360多万年里，地球磁场的方向至少发生了9次翻转。

地球磁场发生磁极翻转的具体原因还不清楚。目前的假说认为，地磁翻转是由地球内部的变化引起的，而不是受外部影响（如太阳活动）。

地球磁场会发生变化吗？

是的，尽管速度很慢，但是地球磁场一直在发生变化。实际上，磁极每年都会飘移几千米，飘移方向通常具有随机性。几千年来，磁场强度忽强忽弱。甚至更令人惊讶的是，磁场磁极的方向能发生翻转——北极成为南极，反之亦然。根据科学测算，大约在80万年前地球磁场最后一次发生磁极翻转。

当地球磁场的磁极发生翻转时会发生什么？

当地球磁场经历磁极翻转时可能不会对我们的生活产生重大影响。多年来的测算表明，在过去1个世纪里，地球磁场的强度约减弱了6%。因此，一些科学家认为，地球上的磁极发生翻转的时间很可能更早。一些"非科学"假说也已纷纷出现，认为最终会有一次环境大灾难。然而，还没有科学证据证明这样的灾难会发生。

太阳系的其他天体发生磁场磁极翻转现象吗？

是的，任何带有磁层的行星和恒星都被认为会发生磁极翻转现象。例如，太阳每11年经历一次磁场磁极翻转。天文学家可以

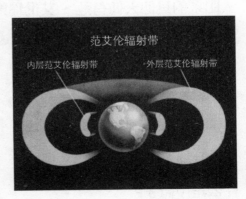

图片描述了环绕地球的两层范艾伦辐射带。（图片来源：美国国家航空航天局）

通过观察并研究在其他天体里出现的这种现象,从中可以更多地了解地球磁场发生的变化。

范·艾伦辐射带

什么是范·艾伦辐射带?

范·艾伦辐射带(Van Allen belts)是两条环绕地球的带电粒子辐射带。这两个辐射带的形状就像油腻的甜甜圈,最宽处位于地球赤道上方,向下弯向极地附近的地球表面。这些带电粒子通常从外太空(经常来自太阳)来到地球并被圈在地球磁层的这两个区域。

由于这些粒子带有电荷,它们沿着磁层的磁场线在周围旋转。这些磁场线逐渐远离地球赤道,粒子就在两个磁极之间来回移动。较近一些的辐射带距地球表面约3 000千米(2 000英里),较远一些的辐射带的距离约为1.5万千米(1万英里)。

范·艾伦辐射带是怎样被发现的?

1958年,美国将第一颗人造卫星"探险者1号"送入轨道。在"探险者1号"上携带的科学仪器中有一台辐射探测器,它是由艾奥瓦大学(University of Iowa)的物理学教授詹姆斯·范·艾伦(James Van Allen, 1914—2006)设计的。就是这台探测器首先发现了磁层的两条带有高能带电粒子的带状区域,这些区域后来被命名为"范艾伦辐射带"。

太阳系的其他天体有范·艾伦辐射带吗?

有。人们认为,所有气态巨星都有这样的辐射带,并且通过观察,在木星磁场里的这样的辐射带已经得到了证实。

中 微 子

什么是中微子?

中微子是比原子核小很多的微小的亚原子粒子。它不带电且体积极小(电子是中微子的数千倍,质子和中子的体积比它大数百万倍)。体积极小的中微子像幽灵一般通过宇宙中的任何物质,不会产生任何干扰或发生任何反应。

怎样证明中微子的存在?

1930年,奥地利物理学家沃尔夫冈·泡利(Wolfgang Pauli, 1900—1958)首先提出了中微子的存在。他注意到,在一种被称为"衰变"的放射性过程中,释放出的总能量比理论上预测到的能量强很多。他断定,一定有另一种粒子进行了补充并带走了一些能量。既然能量如此微弱,假想的粒子一定也非常微小并且不带电荷。几年后,意大利物理学家恩里科·费米(Enrico Fermi, 1901—1954)把这个神秘的粒子命名为"中微子"。但是,中微子的存在一直没有在实验中得到证明。直到1956年,美国物理学家小克莱德·L.考恩(Clyde L. Cowan, Jr., 1919—1974)和弗雷德里克·莱因斯(Frederick Reines, 1918—1998)才在南卡罗来纳州萨凡纳河(Savannah River)的一个特殊的核设施里检测到了中微子。

如果中微子如此难以捕捉,科学家是怎样观察到它们进入地球的?

通过与地球上的物质发生的稀有反应去探测来自太空的中微子是有可能的,但不能使用常规望远镜。1967年,第一台高效的中微子探测器建在了美国南达科他州利德市(Lead)霍姆斯特克金矿(Homestake Gold Mine)的地下深处。在那里,美国科学家小雷·戴维斯(Ray Davis, Jr., 1914—)和约翰·巴赫恰勒(John Bahcall, 1934—2005)竖起一个装有3.8万升(10万加仑)的纯度极高的高氯酸盐(用做干洗液)的大桶,并监测这种液体以便观察中微子发生的稀有反应。自此,利用别的物质(如纯净水)来探测中微子的其他实验也开始了。

中微子来自哪里?

进入地球的绝大多数中微子来自太阳。在太阳中心发生的核反应产生了大量中微子,与需要上千年才离开太阳内部的由太阳产生的光不同,中微子不到3秒钟就会离开太阳,到达地球仅需8分钟。

什么是"太阳中微子问题"?

从研究中微子天文学开始,在核聚变理论和从太阳上探测到的中微子数量之间就存在分歧。地球上的中微子望远镜仅能探测到本应有的中微子数的一半。这个奇怪的结果被一次又一次地核对,然后又被反复证实。这就是"太阳中微子问题"。难道太阳中心产生的能量比预测的要少吗?核聚变理论不正确吗?

自这个问题被发现之后,用了近40年的时间才最终得到解决。中微子在袭击地球大气时,实际上能改变某些性质。也就是说,对离开太阳的中微子数量的推测是正确的,但是如此多的中微子一旦到达地球就改变了"味道",结果它们逃脱了在地下深处设置的中微子望远镜的探测。这个发现是基础物理学的一个重大突破。它证实了中微子具有非常重要的性质,这些性质对于研究宇宙中物质的基本特性有着重要的意义。

不是来自太阳而是来自别处的中微子曾经袭击过地球吗?

几个世纪以来,肉眼可见的第一颗"超新星"于1987年出现在南半球的天空。几乎在同一时刻,全球的中微子探测器记录了总数比平常多19次的中微子反应。此次在世界范围内进行的探测听起来没那么重要,但是其意义却极其深远,因为它首次证实了来自特定天体而不是来自太阳的中微子已经到达了地球。

宇 宙 线

什么是宇宙线?

宇宙线是从各个方向持续袭击地球的不可见的高能粒子。大部分的宇宙线是高速运动的质子,但是它们也可能是任何已知元素的原子核。它们以光速的90%或更

我正在受到宇宙线的袭击吗?

每个人都正在受到宇宙线的袭击,很可能每秒发生大约几次。通常来说,袭击你的宇宙线对身体没有负面影响。虽然这些粒子能量很高,但是袭击你的粒子数量相对较少。然而,一旦你走出地球磁层,那么你的健康可能会受到威胁。在地球表面,磁层就像一块盾牌阻挡了宇宙线,使它们流向地球磁极。但是,在上千千米的高空,你体内的宇宙线电子流会更多,因此会对机体细胞和机体系统构成更大的潜在损害。

快的速度进入地球大气层。

首先发现宇宙线的人是谁?

美籍奥地利天文学家维克托·弗朗兹·赫斯(Victor Franz Hess, 1883—1964)对科学家已在地下和地球大气层里发现的神秘放射线非常感兴趣。这种放射线在验电器(用于检测电磁活动的仪器)上能改变电荷,甚至当被放置在一个密闭容器内时也能发生这种现象。赫斯认为这种放射线来自地下,在高空中检测不到。为了证实这个观点,1912年,赫斯进行了一系列的装有验电器的高空热气球飞行实验。为了确定太阳不是放射线的来源,他进行了10次夜间飞行,还有1次是在日食发生的时候进行的。令赫斯惊讶的是,他发现热气球飞得越高,放射线表现得越为强烈。通过这个发现赫斯认为,这种放射线来自外太空。由于赫斯在研究宇宙线方面作出了杰出贡献,他获得了1936年诺贝尔物理学奖。

怎样证明宇宙线是带电粒子?

1925年,美国物理学家罗伯特·A.米利肯(Robert A. Millikan, 1868—1953)把验电器降低高度,放入湖里,他检测到了与维克托·弗朗茨·赫斯在气球实验中已经发现的同样强度的放射线。他是第一个称这种放射线为"宇宙线"的人,但是并不知道它们是由什么成分构成的。1932年,美国物理学家阿瑟·霍利·康普顿(Arthur Holly Compton, 1892—1962)在地球表面的多个地方测量宇宙线辐射,发现在高纬度地区(北极和南极方向)的宇宙线辐射比在低纬度地区(赤道方向)的更强烈。他认为,地球磁场正在影响宇宙线,使它们偏离赤道并朝向地球磁场。由于现在已经证实电磁反应会对射线产生影响,那么毋庸置疑,宇宙线就是带电粒子。

宇宙线来自哪里？

带电粒子流持续从太阳流出，这就是"太阳风"。一部分宇宙线来自太阳，这是有道理的，但那仅是地球表面宇宙线的总电子流的一部分，至于剩余的宇宙线来自哪里还不清楚。遥远的超新星爆炸可能产生一部分，另一种可能是，很多宇宙线是在星际磁场作用下而加速运动的带电粒子。

流星、陨星、小行星和彗星

什么是陨星？

陨星是来自外太空而坠落在地球上的大的粒子。陨星的体积比沙粒大。有记录以来，历史上已经发现约3万颗陨星；约600颗主要由铁构成，剩余的主要由岩石构成。

什么是流星？

流星是来自外太空并进入地球大气层的粒子，它们不会掉落在地球上，而是在大

美国亚利桑那州的巴林杰陨石坑（Barringer Crater）是流星影响力的一个明显物证。（图片来源：美国国家航空航天局）

气层燃尽,并在划过天空时留下短暂光迹。像陨星一样,流星的体积比沙粒大;但是,通常比棒球稍大些的流星会到达地球,在这种情况下,我们称它为"陨星"。

流星和陨星来自哪里?

大部分流星(尤其是那些在流星雨期间坠落的流星)是数年来彗星在地球轨道的微小残留物。大部分陨星总体上比流星更大,是小行星和彗星的残留块。这些残留块不知什么原因(可能与另一天体发生碰撞)与它们的母体分开,在太阳系绕轨道运行,直到它们与地球发生碰撞。

什么是流星雨?

流星经常被称为"贼星",因为它们发光时间较短并且划过天空的速度飞快。通常情况下,流星1小时左右在天空出现一次。但是,有时候,大量的流星连续几个晚上出现在天空中。这些流星似乎来自同一片天空,每小时能看见上百颗。我们把这种闪烁着耀眼光芒的大量流星称为"流星雨"。最强的流星雨有时被称为"流星暴"。

什么是火球?

火球是体积足够巨大的流星,当它们进入地球大气层时能产生容易看到的火球。甚至在白天也能看见,经常会发出浅绿色光,但也曾观察到带有其他颜色的光。

坠落的流星和陨星危险吗?

一般的流星和陨星对人们没有任何危险,流星在到达地球前就已经燃尽,因此不会撞击地球表面的任何东西。陨星非常稀少,它们撞击任何重要物体的几率几乎为0。

然而,偶然事件也曾发生过。1911年,在埃及坠落的一颗陨星砸死了一只狗;1954年,在美国阿拉巴马州,陨星砸中了一位正在熟睡的女士的手臂,并"粗鲁地"把她叫醒;1992年,一颗陨星在雪佛兰牌"迈锐宝汽车"(Chevy Malibu automobile)上砸出了一个窟窿。罕见的是,每10万年左右,直径约为100米(300英尺)的流星或陨星就会与地球发生一次碰撞。更加罕见的是,每1亿年左右,直径为1 000米(3千英尺)的陨星也会撞击一次地球,那是一场大灾难。

在过去的10万年里,人们已知的撞击过地球的最大一颗陨星是什么?

大约5万年前,一颗直径约30米(100英尺)的含铁陨星坠落在现在的美国亚利

近代在地球大气层发生崩裂的流星是什么?

1908年6月30日,俄国西伯利亚通古斯卡河(Tunguska River)附近的村民看见一个火球飞快地划过天空,闪出一道亮光,发出雷鸣般的巨响,并产生了巨大爆炸。1 600千米(1 000英里)以外的俄国伊尔库茨克地区的地震仪记录下了远方似乎发生了地震。但是,由于这个地区十分偏远,直到1927年科学家探险队才到达这里。令人难以置信的是,他们发现面积超过2 600平方千米(1 000平方英里)的森林已在燃烧过后被夷为平地。

现代科学计算表明,这次惊人的爆炸可能是由一颗直径约为30米(100英尺)的岩石小行星或彗星造成的。计算机模拟显示,它很可能以较小的倾斜角度进入地球大气层,之后在森林上空发生爆炸。这次爆炸产生的威力比1 000颗在日本广岛投放的原子弹爆炸所产生的威力还要大。

桑那州莫戈隆悬崖(the Mogollon Rim)。因撞击作用在荒漠里形成了一个直径近1.6千米(1英里)、深度约有60层楼高的大坑。长久以来,陨石坑(或现在熟知的巴林杰陨石坑)一直是一个经典例子,它证明了天体携带的动能的量。仅仅坑口部分就在荒漠以上又抬升了15层楼那么高。很长一段时间里,科学家对这个大坑的来源都困惑不解。他们认为,它很可能是因火山爆发形成的。但是地质证据(如陨石坑附近半径达几千米的薄薄的金属残留物)表明这是由陨星撞击形成的。

在过去的1亿年里,撞击地球的最大的一颗陨星是什么?

大约6 500万年前,直径约10千米(6英里)的陨星撞击了现在的墨西哥南部地区。这次撞击留下了直径超过161千米(100英里)的水下大坑。这颗小行星(或彗星)携带的动能是通古斯卡河陨星(Tunguska)爆炸或巴林杰陨石坑(Meteor Crater)碰撞体带来的动能的1 000万倍。爆炸产生的热能可将几百千米(几百英里)范围内的空气引燃。它把大量的地壳碎片带入到大气层中,遮住大部分的阳光长达数月。当这些碎片从大气层落回地面时,温度变得极高,很可能引燃所接触到的每一棵树、每一块灌木丛和每一片草丛。这次由巨大陨星撞击引发的生态大灾难很可能对恐龙进化产生了重大打击,导致恐龙灭绝。

什么是小行星?

小行星是太阳系里相对较小(与月球和行星相比)的岩石类物体。体积大小不一,

所有小行星都在小行星带上吗？

不是。很多小行星位于太阳系的其他区域。例如1977年发现的喀戎星（Chiron）在土星和天王星之间的轨道上运行。另一个是特洛伊小行星（Trojan），它沿着拉格朗日点（Lagrange points）附近的木星轨道运行——其中一组在木星之前，另一组在木星之后，因此它们在轨道上运行非常安全，不会撞击到木星。

有的直径仅为几米（几英尺），有的像赛瑞斯（Ceries）那样的庞然大物，直径可达933千米（580英里）。在小行星带（Asteroid Belt，在火星和木星之间的轨道上运行的岩石带）上能发现大部分小行星。小行星的来源还是目前科学研究的主题。现在天文学家认为，大部分小行星是小行星体，它们从不与其他星体组合而形成行星。另一方面，一些小行星也许是行星或原行星碎裂的残留物，它们因受到猛烈撞击而发生碎裂。有的小行星是因重力作用（如玛蒂尔德小行星）松散地聚集在一起的"碎石堆"，有的由坚石构成（爱神星小行星），也有的小行星金属含量丰富（克丽欧佩特拉小行星）。

什么是近地星体，它们危险吗？

如果没有上千颗，至少也有上百颗的近地星体，它们是那些运行轨道穿过地球轨道的小行星。一颗近地星体确实可能碰撞地球并可能破坏宇宙。截至2009年初，天文学家已经追踪到了约6 000颗近地天体。其中直径超过1.6千米（1英里）的近地天体有765颗，还有1 000多颗被认为是"潜在威胁小行星"，意思是它们的运行轨道离地球非常近。

小行星曾经撞击过地球吗？

是的。事实上，恐龙灭绝被认为是因一颗小行星撞击地球引起的，发生撞击的地方在现在的墨西哥尤卡坦半岛（Yucatan Peninsula）的海岸附近。还有一种推测，1.3万年前，一颗彗星或更大的小行星撞击了地球，彻底摧毁了土著美洲克洛维斯（Native American Clovis）文明，还使北美地区的乳齿象、长毛象等其他大型动物物种的生活遭到破坏。当然，这样的影响极其罕见。现在，天文学家估测2—3年就会发生一次小行星接近地球并在大气层燃尽。2008年10月，科学家们非常兴奋，因为他们成功地预测到了一颗直径约为4.5米（15英尺）的2008 TC3号小行星将进入大气层。这是美国国家航空航天局近地天体项目第一次成功地预测到这样的事件。

在美国基特峰天文台（Kitt Peak Observatory）拍摄到的C/2002 V1号彗星（也被称为NEAT彗星）图片。（图片来源：美国国家航空航天局）

什么是彗星？

彗星实际上是"雪状尘埃球"或"尘埃雪球"，是由岩石物质、灰尘、固态水、甲烷和氨聚集在一起的大块物质，它们在太阳系沿纵向拉长的椭圆形轨道绕太阳运行。当远离太阳时，彗星是单纯的固体；但是，当接近太阳时，它们受热升温，彗星外表层的冰开始蒸发，形成浑浊的"慧发"，环绕在被称为"慧核"的彗星固体区域周围。散发的彗星蒸汽形成长长的"尾巴"，长度可达上百万千米（上百万英里）。

有些人担心2012年12月会发生什么？

目前，相信世界末日的预言的人越来越多，他们认为2012年12月将是世界末日。他们声称，预言的来源与玛雅历法（Mayan calendar）和诺查丹玛斯星相学家（Nostradamus）预言完全不同，该预言预测，那时，一颗彗星会撞击地球，人类文明或受到摧毁或发生巨变。圣经数字命理学家哈罗德·康平（Harold Camping）已经做了一个类似的推测，不同的是他预测的日期是2011年10月21日。但是，追踪彗星的天文学家并没有发现有证据证明太阳系里的任何彗星不久后会随时迎面撞上地球。

彗星来自哪里？

绕太阳运行的大部分彗星来自柯伊伯带（Kuiper Belt）或奥尔特云（Oort Cloud），这是太阳系的两个主要环带，位于海王星运行的轨道之外。"周期较短的彗星"通常来自柯伊伯带。但是，一些彗星和类似彗星的星体有更小的运行轨道，它们可能曾经来自柯伊伯带和奥尔特云，但是由于与木星和其他行星的引力作用，它们的轨道路径已经发生了改变。

如果受到一颗巨大的彗星或小行星撞击影响，会发生什么？

如果一颗巨大的宇宙天体（如直径达10千米或更大的彗星或小行星）撞击地球上的任何地方，无论是陆地还是海洋，全世界都会受到影响。最初产生的影响是部分地壳和海洋会蒸发掉，然后冲击波冲击到全球各个角落。残留碎片会被射向较高大气层，与大气和地壳撞击后产生的热量会把天空映红，引发世界森林火灾。在最初的撞击发生之后，"碎片雨"会降落到四处，甚至破坏楼房，影响野生动物和离撞击地点很远的人们。实际上栖居在地球表面的所有生命体都会消逝，甚至由于海水温度升至沸点，海洋生物也会死亡。在这种撞击发生很久之后，大气层会穿上一层由尘埃组成的外衣，笼罩在地球周围达数月甚至数年。在最初的"炙热火球"之后，地球进入"核冬天"。有可能幸存的为数不多的生物（有人认为，在6 500万年前最后一次这样的撞击发生之后就已经发生了这样的情况）会是那些能进行地下挖掘或深藏洞内的生物。

体积更小的小行星和彗星能影响天气吗？

当然能。要打破地球脆弱的天气平衡不需要宇宙天体产生的巨大影响。较小的影响就能产生大量灰尘，相当一座大型火山爆炸所释放出来的灰尘量，更别提一颗非常巨大的小行星了。现在，根据科学家的估算，撞击俄罗斯通古斯卡河的天体直径可能只有20米（65英尺）。

但是，要想影响天气，一颗小行星或陨星也不必非得撞击地球。2005年，科学家发布公告称，在大气层中燃尽的小行星残留了微米大小的粒子尾迹，这可能加速了云的形成，增加降雨并使温度降低。

第九章　人类与天气

人 类 的 影 响

天气曾是杀害美国总统的"罪魁祸首"吗？

　　1841年3月4日，美国总统威廉·亨利·哈里逊（William Henry Harrison, 1773—1841）发表就职演讲当天，天气条件极其恶劣。尽管大雪纷飞，寒风刺骨，哈里逊总统依然坚持在室外发表有史以来时间最长的就职演讲（1小时45分钟）。这位前陆军少将和战争英雄时年68岁，身体状况已大不如前，因此很多人认为正是这恶劣的天气导致了哈里逊总统后来患上肺炎。哈里逊在任职总统一个月后就去世了，并因此成为历史上任职时间最短的美国总统。

当美国的夏季变得异常凉爽时，会有什么样的事情发生？

　　夏季比往常更加凉爽既有好处也有弊端。弊端就是农作物歉收，对于美国的一些以夏季旅游为支柱产业的州来说，它们的商业收入以及当地政府的税收都会减少。虽然人们不用经常使用空调，这对环境大有益处，但是公共事业公司却很难维持利润。与此同时，消费者也节省了生活开支。因中暑、脱水而就医的患者也会大大减少。

251

地球大气正在发生变化吗？

地球大气一直在逐渐发生变化。通常在数千年的周期内，包括氧气、二氧化碳和其他气体在内的不同气体的浓度时高时低，微小尘粒（如炭黑）的浓度变化也是如此。

在过去100年左右的时间里，人口增长及工业活动在更短的时间内就使一些气体和微粒物质的浓度发生急剧变化，这种变化比过去20万年的任何时候都要大。由此带来的巨大影响是大气中二氧化碳的含量急剧增加，这种增加已经引起严重的温室效应。据一些科学家预测，相比于由生态和地质原因造成的温度上升，温室效应会使地球的平均温度上升得更快。

什么是人工影响天气？

自农业出现以来，食物供给的多少就取决于天气，人类想方设法要控制天气。古代文明主要向众神或一个神祈祷降雨和繁荣。但是，在20世纪，科学似乎终于带来了希望，因为我们可以利用化学和气象学知识来影响天气。1946年发明的人工降雨技术为人类战胜干旱带来了极大的希望。虽然这项技术与人们的预期还有一定差距，但是在条件适合的情况下，它仍可被用来为人类造福；另外，人工降雨技术也被用来减小冰雹的体积，这样冰雹带来的破坏就会更小。人工影响天气协会（Weather Modification Association）成立于1950年，至今仍在发挥作用并支持此领域的研究。

什么是无意识人工影响天气？

无意识人工影响天气指的是在无意识的情况下改变了天气，并且天气状况经常变得更糟。人类活动对天气的影响更大，有些人类活动甚至导致森林遭到砍伐，环境受到污染。现在，众所周知车辆和工业排放的化学物质正在破坏臭氧，排放物中的颗粒也对降水产生了影响。为了扩大农田、加快城市建设以及扩建高尔夫球场等，许多森林遭到砍伐，导致更多的阳光被反射回大气，同时产生城市热岛效应。畜牧业的发展也会增加大气中甲烷气体的含量；植物灌溉使水的分布状况发生改变。虽然人类不是有意这样做，但是这些活动还有其他一些人类活动都已经使天气模式和气候发生了明显的改变。

首先提出"人类活动正在引起气候变化"理论的人是谁？

物理化学的学科创始人、瑞典科学家斯万特·奥古斯特·阿累尼乌斯（Svante August Arrhenius，1859—1927）被认为是第一个系统讨论二氧化碳对地球气候影响的人。阿累尼乌斯在研究冰川时期时提出了他的理论，并于1896年发表了一篇论文。

他在论文中提出，当二氧化碳含量下降时，冰川时期就会出现。据他推测，双倍的二氧化碳含量将使全世界的平均温度上升大约5℃（2.5℉），同时带来相反的结果（全球变暖）。最近的模拟研究结果与阿累尼乌斯的最初推测十分接近。但是，与现在的环境学家和气候学家不同，当时的瑞典科学家相信全球变暖是一件好事，并给出了两个理由：第一，它会阻止另一个冰川时期的到来；第二，它能增加农作物产量，满足全世界对粮食的需求。

巴西农民放火毁林，在这张卫星拍摄的照片里清晰可见。（图片来源：美国国家航空航天局）

为什么树木和其他植被对天气和气候非常重要？

砍伐树木，尤其是现在正在进行的大面积砍伐，无疑会对天气产生几个方面的影响：1. 树木和其他植物吸收能引起全球变暖的二氧化碳和其他污染物；2. 植物吸收阳光，因此被森林覆盖的区域反射回大气层中的阳光更少；3. 房屋和商业建筑附近的树木有助于降低电使用量，因为在夏季它们可以使建筑保持凉爽，而在冬季可以用来遮挡冷风。

目前森林砍伐到了什么程度？

从世界范围来说，每年我们都在失去足够覆盖巴拿马共和国巴拿马省（the state of Panama）那么大面积的林地。说得具体些，每年净损失达730万公顷（1 800万英亩）。实际上，每年约有1 300万公顷（3 200万英亩）的林地正在被砍伐，但是在林地重建工程的帮助下，森林面积得到恢复。不管怎样，这样的林地损失率（2000—2005年损失率的平均数）比前10年的890万公顷（2 200万英亩）的损失要少很多。不过，虽然林地重建项目有助于增加森林面积，但是新成长的森林不会像原有的森林那样，给野生动物提供一个与从前一样的健康栖息地。

普通污染事例

污染会对天气产生什么样的影响？

污染（自然污染和人造污染）经常会对天气产生严重且复杂的影响。例如，空气污染能产生酸雨,破坏臭氧层的污染能对人们的健康产生危害,甚至使物种遭到灭绝。很多科学家认为,人类造成的污染正在引起气候变化,影响全球范围内的天气模式。虽然一些污染(如火山爆发产生的气体)也能产生有害的影响,但是很多气象学家、环境学家和气候学家担心,人类活动对天气以及我们的健康产生的影响比任何自然原因造成的影响更为严重、更为不利。

什么是"长距离迁移"?

"长距离迁移"是指风(尤其高海拔处的风)能携带污染物迁移至很远。人们曾经认为来自污染源(如大烟囱)的污染物可能飘移几千米(几英里)后就落到地面上或供水系统里,但是现在才知道,这些微粒物质和有毒气体能进入高空大气。20世纪中期,当核爆炸测试产生了能环绕地球的放射性云团时,科学家首先意识到这个问题。引起酸雨的物质能轻而易举地横穿美国,杀虫剂和除草剂也能被带到很远,自然产生的空气污染物(如火山灰和真菌、孢子和花粉等有机物)同样也能飘到很远的地方。

哪种主要能源被认为是最清洁的?

天然气被认为是最清洁的、可以燃烧的矿物燃料,产生的污染比石油和煤少很多。

什么是城市热岛效应?

由于城镇地区一般都严重缺少植被,用于建造楼房、公路的混凝土以及其他的建筑材料阻挡了太阳热量的吸收。结果,地表变得灼热、干燥,城镇比周围的乡村地区更热。在夏季的一个热天,如人行道和屋顶的表面温度比周围空气的温度高出27℃—50℃(50℉—90℉)。这种增温效应在白天特别明显,但是夜间温度也会受到影响。

根据美国环境保护局(U.S. Environmental Protection Agency)的报告,一个约100万人口的城市能使周围大气的温度比在相似天气条件下的乡村地区的温度高出12℃(22℉)。结果,对于一个这样大的城市来说,每年的总体温度会比周围地区高出1℃—3℃(1.8℉—5.4℉)。由热岛效应引发的问题有以下几个:人们更多地使用空调和其他设备,因此增加了能耗;导致包括温室气体在内的更多污染物;这些污染物也对人类健康产生影响;最终,雨水落在灼热的人行道上及屋顶上,流入下水道,进入到周围环境,升温变热的水使野生动物受到影响。

什么是城市冰块?

正如城镇区域能引发与热量相关的问题一样,它们也能使冬季变得更加危

人为制造的夜间天空亮度
沁扎诺等，DMSP卫星版
权归皇家天文学会所有

当日的天文学图片：http://antwrp.geto.
更多信息参见：http://antwrp.geto.nass.gov/apod/ap010827.html

在这张全球夜间光源的卫星图片上可以清晰看到光污染的程度。(图片来源：美国国家航空航天局)

险。在摩天大楼和其他高楼出现结冰现象后，冰一旦融化，也许就会发生危险。众所周知，一块块大冰块会脱离建筑物垂直落在下面的街道上。1995 年 4 月，在美国伊利诺伊州的芝加哥就发生了一起典型案例，当时城市冰块有可能掉落在密歇根大街(Michigan Avenue)上给行人带来危险，因此有关当局被迫封锁大街长达数小时。

什么是光污染?

光污染虽然对人类和其他生物没有伤害，但是对于天文学家来说它却是一个烦恼。受城镇灯光的影响，在夜间很难看见星星和其他天体，因此天文台都设置在市区外的高山或小山顶上。这也是许多太空天文台(如哈勃望远镜)对天文学家如此重要的一个原因。

什么是恶臭污染?

恶臭污染是从垃圾、污水、化学物质、腐烂的有机物、有危险的废弃物等物质里发出的难闻的臭味。人类能根据化学物质的属性在低至 1 万亿分之一的浓度察觉出恶臭味。正是因为这样，人们实际上能察觉到的污染物(没有气味的物质除外，如一氧化碳)的浓度比仪器能探测污染物的浓度还要低。对于更臭的污染物来说更是如此，如硫化氢能发出我们熟悉的臭鸡蛋味道，甚至在水中稀释后也一样发出这种味道。硫化氢污染能引起眼睛不适、喉咙疼痛、哮喘甚至死亡。

255

空 气 污 染

什么是空气污染?

造成空气污染的原因很多。周围的自然污染物（如灰尘、烟尘、火山灰和花粉）的存在时间同地球的历史一样久远。燃烧过程和人类的工业活动（人为造成的大气污染）产生的化学物质和微粒物质使空气污染变得更加严重。

什么是烟雾?

"烟雾（smog）"一词由两个单词组合而成：烟（smoke）和雾（fog）。英国物理学家哈罗德·德辅（Harold Des Voeux）经常关注空气质量,并于1911年创造出"烟雾"一词。但是,我们所说的烟雾与通常的雾或烟没有任何关系。烟雾只是空气污染的另一个名称。更准确地说,科学家把它定义为"光化学烟雾",因为它是在阳光出现时发生的化学反应的产物。与烟雾有关的棕色雾霾由空气中的二氧化氮引起,但是烟雾中也含有氧化氮、碳氢化合物、乙醛、臭氧、过氧乙酰硝酸酯和悬浮颗粒等物质。

什么是光化学网格模型?

光化学网格模型是一个计算机模型,气象学家和环境学家用它模拟在任何天气状况下发生的大气污染事件可能带来的后果。它应用的是一个网格系统,网格系统中的研究区域（例如一座城市）被切分成数千个网格,每个网格的宽度和长度通常有几千米或几英里;网格也有第三种量度（高）,根据科学家要研究的海拔高度,网格高度有所不同。这些模型可以模拟空气的垂直运动和水平运动,显示来自建筑、车辆乃至动植物的各种气体和粒子的增多以及发生在大气中的化学反应,并有助于预测对臭氧水平产生的影响。因此,虽然光化学网格模型与气象模型不同,但是它的确使用的是气象工具来研究污染是如何加重、消散和影响某些特定区域。光化学网格模型也能用于模拟影响污染物排放的不同因素是如何影响空气质量的。例如,如果政府官员决定限制商业区内10%的通勤车数量,他们可能会模拟出一氧化碳的含量是如何减少的。

在美国,汽车产生的一氧化碳量是多少?

　　截至2002年,在美国,汽车每天产生的一氧化碳量为346吨。

二氧化碳污染是个问题吗?

当二氧化碳在环境中自然产生时,它确实对植物的存亡至关重要,但是好东西太多也未必是件好事。二氧化碳水平增加从而导致全球变暖,它也因此变得臭名昭著(想要了解更多,见气候变化一章),但是当接近地平面时,这种气体也会对动植物产生毒害作用。在1990年发生的一次典型事件中,从美国加州因尤国家森林(Inyo National Forest)的火山断层释放出的二氧化碳使树木枯死,游客头晕目眩。小木屋里的游客也感到身体不适,那里的二氧化碳水平已经上升至空气含量的25%。

美国的哪个城市因烟雾缭绕而出名?

美国洛杉矶深受烟雾影响,经常浮在城市上空的棕色雾霾是几种因素共同影响的结果。当然,虽然市区中的车辆和其他污染源众多,但是受自然环境影响情况变得更加糟糕。首先,洛杉矶地区降雨偏少,这也许吸引游客和新迁来的居民,但是却不能冲刷掉污染物;其次,城市位于四面环山的盆地,从西面刮进来的海风不能把空气污染物从这个方向赶走,而后烟雾会在城市的东面、北面和南面遇到高山屏障。早在西班牙人和欧洲定居者来到这之前,因为灌木丛着火产生的烟雾和灰尘会滞留在那里很长一段时间,土著美洲丘马什人(Chumash)部落就把现在的洛杉矶地区称为"烟谷"。

什么是棕色云?

悬浮在城市上空的棕色雾霭有时被称为"棕色云",如洛杉矶、墨西哥城和埃及开罗。

什么是污染危险区?

在整个受污染的地区(如工业化城市),污染水平并不一致。例如,高速公路沿线的汽车尾气排放使附近区域的空气污染物明显增多,由于通风有限,隧道和车库里的空气质量非常差。无论在城市还是乡村,其他可能的危险区还有那些位于工厂和发电厂下风向的地方。

就空气质量来说,世界上污染程度最严重的城市有哪些?

以下城市空气污染程度最为严重:埃及开罗、印度德里(Delhi)、印度加尔各答

（Calcutta）、印度坎普尔（Kanpur）、印度勒克瑙（Lucknow）、印度尼西亚雅加达（Jakarta）。

关于埃及空气污染的令人担忧的数据有哪些?

据世界卫生组织（World Health Organization）估算，呼吸埃及开罗的空气所带来的毒性相当于每天吸20支烟。空气污染给埃及经济带来的破坏也令人担忧。2002年，世界银行指出，由于污染带来的破坏，埃及国内生产总值每年减少5%（或约24.2亿美元）。

埃及开罗是全球烟雾污染最严重的城市之一。

美国产生多少空气污染?

美国环境保护局报告了这样一则好消息，美国的空气污染程度已经在缓慢下降。例如，释放的二氧化碳已经从1980年的1.78亿吨下降到2007年的8 100万吨。与同期相比，挥发性有机化合物（VOCs）和二氧化硫水平都已降了一半（挥发性有机化合物从3 000万吨降至1 500万吨，二氧化硫从2 600万吨降至1 300万吨），而且氧化氮已从2 700万吨降至1 700万吨。总体来说，1980—2007年，空气污染物比率已经从每年的2.67亿吨降至1.29亿吨。毫无疑问，空气污染仍很严重，但是鉴于美国人口已从1980年的约2.26亿人增加至2007年的3亿人，这已然是个巨大的进步。

中国的空气污染问题为什么这么大？

近些年，中国已经经历了前所未有的经济和工业大发展。城市在扩大，制造业（2008年全球经济不景气除外）欣欣向荣，人们的生活水平在提高。这对许多中国居民来说是个非常好的消息，但是为此人们也付出了代价——严重的环境问题。虽然中国有很多环境方面的明文规定，但是在执行这些规定的时候遇到重重阻碍。在全球范围内，中国受到的污染可能较为严重，中国政府已经意识到这个问题，在2008年举办奥运会期间为了使空气保持足够清洁，避免运动员因烟雾患病，机动车辆和工厂都受到严格管制。

什么是1948年多诺拉烟雾事件？

1948年10月30日和31日，美国宾夕法尼亚州（Pennsylvania）华盛顿县（Washington County）的工业城镇多诺拉（Donora）发生了环境史上最不光彩的一个事件。当地1.4万名居民主要依靠钢铁厂维持生计。这些钢铁厂建在离美国匹兹堡（Pittsburgh）仅48千米（30英里）的莫农加希拉河（Monongahela River）旁边，似乎觉得位置非常合适。钢铁厂提供了薪水不错的工作，但是，他们使用的高炉却产生了大量油烟、二氧化硫和其他污染物。此外，这个城镇还有多家炼锌厂和硫酸厂。这些好像还不够，这个城镇的自然气候也使烟雾天气频频出现。在1948年可怕的万圣节期间，在工业与天气的共同作用下，形成了棕色空气。由于烟雾浓厚，几乎看不清人的去向。500个居民患各种呼吸道疾病，22人死亡。其中17人死于哮喘或心脏病并发症，两人因污浊的空气使肺结核病情加重而死亡。

空气污染源有哪些？

空气污染可能会以气体或浮质的形式存在，可能是人为造成的或自然形成的。人为造成的污染源包括工厂、汽车、摩托车、轮船、焚烧炉、烧柴和烧煤、炼油、化学物质、消费品放射物（如油漆喷雾）、由填埋地里的垃圾形成的沼气以及来自核武器和生物武器生产和试验的污染。

飞机产生多少污染？

不管在什么时候，都有约5 000架非军用飞机在美国上空盘旋，这需要消耗大量燃料。与汽车引擎所产生的废物相似，飞机燃烧过的燃料也能产生废物——氮、氧化物、

为了开拓农田，大片亚马孙热带雨林（Amazon rain forest）定期遭到砍伐。但是，具有讽刺意味的是，那里的土壤并不肥沃。

二氧化硫、一氧化碳和油烟。另外，释放的水蒸气在高海拔地区形成被称为"凝结尾流"的冰晶。气象学家认为，这些"凝结尾流"促进了卷云的形成，可能导致全球变暖。

空气污染远至北极吗?

是的。风能把污染物带到北极圈以外很远的地方，形成"北极霾"现象。污染往往在冬季和春季更加严重。那时，从北欧刮向西伯利亚的盛行风把来自工业区的污染物向北吹去。幸运的是，最近，从燃烧煤到使用天然气（主要来自俄罗斯）的转变已经大大改善了空气状况。

空气污染的自然污染源是什么?

自然污染源可能包括灰尘、人类和动物粪便及肠胃胀气产生的甲烷、氢气、野火燃烧产生的烟以及火山活动。

空气污染可能会带来益处的情况有哪些?

260　事实上，尘暴和火山灰可能成为大自然分配土壤的一种方式，它们把地球表面的土壤分配到只能通过尘暴和火山灰获取营养物质的区域。例如,亚马孙雨林也许因树木葱郁而闻名,但是实际上浓密植被遮盖下的土壤非常贫瘠。从非洲横跨大洋刮到北美洲的灰尘可以使雨林土壤肥沃。不仅如此,暴风雨会把营养物质带给海洋中的浮游生物,形成水生食物链。

天气确实能加重污染程度吗?

是的,并且也能缓和污染程度。例如,雨水能冲刷走城市上空的雾霭,风也能刮走它们。相反,停滞不前的气团、潮湿的空气以及逆温会加重污染程度。在夜里,"夜间逆温"使一氧化碳在高速公路或其他交通繁华的地区累积。另一方面,"混合层"有助于消散污染物,当高度超过几千米(几英尺)时,温度下降的速度约为每1 000英尺2.5 ℃(4.5 ℉)。

空气污染是与18世纪以后的工业时代一起到来的吗?

不是。自从历史上有记录以来,当人类最先发现火时,就已经产生污染。由于人们学会了烧煤,他们也面临着二氧化硫中毒的危险。实际上,甚至连土著美洲人(如霍皮族)都用煤来生火和取暖。

在美国,多少农作物因空气污染遭到破坏?

据估计,由于空气污染,每年美国在农作物上损失数百万美元。在东部地区,每年农作物减产带来的损失约为30亿美元,并且离城市(如洛杉矶和芝加哥)较近的农田远不如离城市较远的农田多产。

19世纪英国伦敦的空气质量怎么样?

简直难以用语言形容19世纪末英国伦敦的空气污染情况有多么严重!煤过度燃烧,产生的黑烟和二氧化硫成为婴儿死亡率迅速增加的罪魁祸首。据估计,当时出生在伦敦的约50%的孩子活不到两岁。煤灰遮挡了大量阳光,人们缺乏维生素D,导致软骨病病例增多。当然,呼吸道疾病也到处肆虐。

什么是总悬浮微粒?

总悬浮微粒是悬浮在空气中的直径大小从10微米至不足1微米的微粒(1微米等

于100万分之一米）。虽然更大的微粒能被鼻毛和鼻黏膜过滤掉，但是人们还是能吸入很多总悬浮微粒。总悬浮微粒既来源于直接污染源（如汽车尾气、大烟囱）又来自间接污染源，如氨和二氧化硫混合后会形成新的污染物（在这种情况下会形成硫酸铵）。

什么是挥发性有机混合物？

挥发性有机混合物是在大气中极易蒸发的有机化工产品。

什么是一氧化碳？

一氧化碳是一种无臭、无色、无味的致命气体，汽车尾气是其常见的来源，但是几乎任何含碳物质的燃烧都能产生一氧化碳。其分子与血液中的血红蛋白结合，进而阻止血红蛋白像往常一样给身体输送氧气。各个器官和其他机体组织缺氧几分钟内就能致人死亡。一氧化碳中毒还有一些早期症状，如困倦、神志不清以及头痛。

在通风条件较好的地方，一氧化碳中毒不是大问题，但是在密闭区域（如车库）就会非常危险。因此你决不能将发动着的汽车放在车库内。一氧化碳也可能来自堵塞的烟囱、无排气孔的空气加热器、煤气用具、烤架和割草机。每个家庭应该安装一氧化碳检测器来进行预防。

虽然一氧化碳中毒更可能发生在室内或车库而不是室外，但是这种污染物在较大的城区可能是个大问题。例如，1995年芝加哥出现的强烈逆温现象并没有使一氧化碳消散，而是将它们向地面压低。随后，有毒气体进入了一些房屋的室内。

什么是二氧化硫？

燃烧煤是大气中二氧化硫的主要来源，因此，它是造成工业时代空气污染的首要原因之一。含在烟煤和其他种类的煤中的硫燃烧时与氧结合，形成这种污染物，并刺激眼睛和呼吸道系统。二氧化硫也是酸雨的来源。现在已经研发出了清理烟囱中二氧化硫排放物的技术，这对于改善空气质量也起到了很大作用。虽然美国已经极大减少了这些物质的排放，但其他发展中国家还没有出台强有力的措施，以限制工厂和发电厂二氧化硫的排放。

其他一些严重污染空气的物质有哪些？

包括一氧化氮、二氧化氮和一氧化二氮在内的氮的氧化物也是由工厂和汽车尾气造成的。这些气体不会对人体造成直接伤害，但是它们却能破坏臭氧。

什么是空气质量指数?

美国环境保护局研发了空气质量指数,并将它作为评定大气中污染物含量的尺度以给市民提供更好的建议。要计算这个指数,美国环境保护局需要考虑一氧化碳、臭氧、二氧化氮、二氧化硫的水平。每种污染物以10亿分之一为单位来测量,经过一段时间(大部分污染物为24小时,但计算臭氧需要8小时)后与最低标准进行比较。计算出的得数乘以100就是空气质量指数。换句话说,公式就是(污染物浓度值)/(污染物目标浓度值)×100=空气质量指数。下表解释了空气质量指数的不同类别。

空气质量指数

空气质量指数	空气质量	颜色指示	健 康 建 议
0—50	好	绿色	不需要健康指导
51—100	一般	黄色	对污染非常敏感的人群应限制其进行剧烈运动和长时间运动
101—105	对于敏感人群不健康	橙色	老人、儿童和患心脏病、哮喘或其他呼吸道疾病的人群应减少或限制进行身体剧烈运动
151—200	不健康	红色	所有人群应限制其重体力活动,身体不佳和非常敏感的人群应该完全避免这样的活动
201—300	非常不健康	紫色	每个人都应该避免进行所有体力活动
≥301	危险	褐色	不管是否健康,对所有人群产生潜在的呼吸影响;患有哮喘、严重呼吸道疾病、心脏病和肺部疾病的人群病情加重

什么是烟雾警报?

烟雾警报是对室外空气质量非常差并且进行户外体力活动可能导致呼吸不畅的警报。对于患哮喘病的人来说,受到严重烟雾警报的环境能导致其哮喘发作,甚至需要入院治疗。橙色警报或空气质量指数在对应读数之上时就要发出烟雾警报。

哮喘与空气污染有什么关系?

在美国,哮喘正在迅速成为影响健康的主要问题之一,尤其对于生活在城市的儿童来说,情况更是如此。2008年,美国国家过敏症与传染病研究所发布的一项报告显示,哮喘对内城区的贫困儿童影响尤其大,汽车尾气二氧化氮、空气浮尘以及二氧化硫都是致病的主要原因。这项研究调查了7个城区的800多个儿童。这些儿童有着相当高的哮喘患病率,肺功能较差,并因此导致健康问题,经常旷课。其他研究也表明,当这些孩子处在空气污染水平更高的环境里时,他们产生的过敏症状更多。

什么是《洁净空气法案》?

1966年,纽约城的空气污染非常严重以至于那一年造成数百人的死亡。这个问题以及美国的其他严重污染问题促使美国出台了《1970洁净空气法案》(the 1970 Clean Air Act),后来在1977年和1990年分别做了修订。《洁净空气法案》(the Clean Air Act)目的是提高全美的空气质量。在它之前颁布的《1967空气质量法案》(the Air Quality Act of 1967),没有取得成功,因为它未能对要设定的环境标准作出要求。然而,《洁净空气法案》指责环保署为从工厂、发电厂和所有运输方式排放的空气污染物(从臭氧和苯,到一氧化碳和微粒物质)设定标准。

什么是国家环境空气质量标准?

国家环境空气质量标准(简称)是《洁净空气法案》的一部分,这些标准是在空气对人的呼吸安全产生威胁之前的最大限度值。产生污染物的工业必须遵守这些标准否则要面临联邦政府的罚款和其他惩罚。标准见下表。

国家环境空气质量标准

污染物	浓　度	一个平均周期
一氧化碳	百万分之九	8小时
	百万分之三十五	1小时
铅	每立方米1.5微克	3个月
二氧化氮	每立方米100微克	12个月
臭氧	10亿分之一百二十	在3年中每小时的平均数不能超过每年一次
微粒物质	每立方米50微克	12个月
	每立方米150微克	24小时
二氧化硫	每立方米80微克	12个月
	每立方米365微克	24小时

在西方历史上,谁制定了第一部反空气污染法?

早在1306年,英格兰国王爱德华一世(King Edward I)就颁布法令,禁止在国会开会期间烧煤,违反这部法令的人就要被处死。按照今天的标准,这样的刑法还是非常严厉的。

由于牛、猪和其他农场家畜的数量极大，因此牲畜释放出的甲烷气体实际上已经对臭氧层产生威胁。

是什么导致了博帕尔灾难？

1984年12月，美国联合碳化物公司（U.S.-owned Union Carbide）在印度博帕尔（Bhopal）建立的农药厂发生了有毒化学物质（异氰酸甲酯毒气）泄漏，造成3 800多人死亡，这是历史上最严重的工业事故。联合碳化物公司为免遭刑事诉讼，支付了4.7亿美元的罚金。

有多少污染是由烟草产生的？

2004年的一项研究指出，在美国，吸烟排放的微粒污染量是柴油机废气产生的污染量的10倍。最近，因吸烟引起的室内污染也在新闻报道中频频出现，因为室内的烟过于集中，甚至给那些戒烟的人带来健康问题。

空气污染正在破坏建筑的历史吗？

是的。在世界范围内，很多重要的建筑和历史遗迹正慢慢受到空气污染和酸雨的破坏。例如，非常著名的印度阿格拉泰姬陵由于受到汽车尾气的污染，外层表面正在由白变黄，因此当地政府已经禁止车辆进入距离泰姬陵2千米（1.25英里）的范围。在其他一些地方，埃及斯芬克斯狮身人面像（Sphinx）和希腊巴台农神庙（Parthenon）正在被酸雨逐渐腐蚀掉。酸是由二氧化硫与水混合后形成的硫酸溶液，尤其正在腐蚀由石灰石和砂岩（历史上很多文明使用过的普通材料）筑成的建筑，这些建筑材料最终会变成粉碎状的石膏。久而久之，建筑材料就会发生层层的碎裂，最终变成粉尘。

工业化农场是如何造成空气污染的？

目前，在环境学家和农业产业之间争论的话题之一就与工业化农场有关。这些大型农场通常为公司所有，这里或者饲养着高度密集的牲畜，或者是用于肥料排出的大片农田。一提到空气污染，这样的农场绝对是罪魁祸首。工业化农场产生的动物粪便如此之多，不得不建造满是粪便和尿液的泻湖来进行维持。虽然一些液体粪便得到了分散使用，把它们作为肥料喷洒在农作物上，但是那根本解决不了问题。这些废物产生大量的包括氨气、甲烷、硫化氢、二氧化碳在内的有毒污染物。这些气体不但加速了酸雨的形成，而且破坏了臭氧层。另外，牲畜的肠胃胀气（直截了当地说，就是打嗝和放屁）也是甲烷气体的另一种来源。根据环保署的报告，由人类文明所产生的甲烷气体中有20%来自农业活动。

最近，美国环境保护局就发电厂排放物问题，发布了哪些消息？

2004年，据美国环境保护局估算，每年发电厂排放的污染物直接导致约2 800人死于肺癌，另有38 200人患上心脏病。

水 污 染

什么是酸雨？

车辆和工业活动向空气中释放成千上万吨污染物，这些污染物混合在一起就会形成硫酸和硝酸，而后随着雨水或雪降落回地面，这样的降水过程被称为"酸雨"。酸雨破坏了湖水的生态环境，杀害了以湖水为生的植物和动物，同时也危害着全球的树木。美国的工业生产活动引发了酸雨，加拿大因此遭受到了酸雨的猛烈袭击。

首个描绘酸雨现象的人是谁?

苏格兰化学家罗伯特·安古斯·史密斯(Robert Angus Smith, 1817—1884)对于水污染问题以及其他与环境和公共健康相关的问题都非常感兴趣。他在1852年发现了由大气污染造成的酸雨现象,并从此开始了对这一现象的研究。在他的帮助下,化学气候学作为一门学科被建立了起来。同时,他还是具有影响力的《空气和雨水》(*Air and Rain*, 1872)一书的作者。

酸雨毁坏了德国巴伐利亚(Bavarian)的森林,但是对污染的控制在某种程度上起到了保护森林的作用。

什么主要事件使酸雨成为人们关注的问题?

20世纪60年代,斯堪的纳维亚半岛湖中的鱼类以惊人的速度死亡。据调查发现,湖水呈酸性,许多物种因此无法生存。这种"酸"来源于由欧洲工业废气排放物造成的酸性雨雪。进一步研究发现,美国、加拿大以及其他国家的湖水都正在遭受相同的厄运。

什么是国家酸沉降评价计划?

1980年,国家酸沉降评价计划开始启动"酸沉降法案",对全美范围内的酸沉降量进行研究。10年后，研究人员在给美国国会的报告中称，酸雨所带来的危害并没有人们最初认为的那么可怕，但是，这已经成为一个需要解决的问题。全美国约4%的湖泊中酸度达到饱和，并且由于自然原因，其中又有25%的湖泊中含有酸（例如，腐烂的草木碎片能提高湖水的酸度）。

雨水的干净度如何？

除了凝结成雨滴所需的小微粒外，当雨水还未形成酸雨之前，通常来说还是相当纯净的。雨滴一旦落到地面，就会被土壤吸收或蒸发，剩下的部分则是由尘埃或微小的盐粒所形成的核。

正常雨水的pH值与酸雨的pH值有何区别？

正常雨水的pH值在5.0—5.6之间，然而酸雨的pH值约为4.3（蒸馏水的中性pH值为7.0）。天然雨水能溶解雨水中的二氧化碳因而呈微酸性。事实上，被溶解的二氧化碳使雨水与没有气泡的苏打水十分相似。在某些条件下（比如沙尘暴过后）雨水碱性就会变得更大。火山爆发后将硫释放到云朵中，促进了酸雨的形成。关于火山爆发，1783年曾经发生过这样一个极端的例子：冰岛的拉基（Laki）火山爆发并向空气中释放大量硫，最终形成的酸雨致使岛上的农作物遭到破坏，整个欧洲的空气受到污染。

雨水有颜色吗？它总是清澈的吗？

是的，在降雨过程中，雨水会包含黄色甚至是红色的液滴。这种现象通常发生在沙尘暴用富含铁或其他矿物质的"核"播种大量云朵的时候。花粉进入云中，而后被雨滴吸收，这样我们看见的雨水就变成了黄色。

什么是富氧化作用？

由于江河和溪流在流动中带走了来自肥料、污水及其他废物的污染物，湖泊、池塘及其他水体中积聚的营养物过多，这样富氧化作用就产生了。乍一听，水中有更多的营养物似乎是一件好事，但事实上却有很多危害，例如它能消耗水中的氧分并使杀死水生物种和其他野生动物的蓝藻数量变多。为草坪施肥的工厂化农场和居民是造成此类污染的"主犯"。如果你生活的地方靠近池塘和溪流这样新鲜的水源，在你家的草坪和水源之间建立一个天然的植物屏障，就能减少水流动所带来的消极影响。能起到帮助作用的植物有柳树、桦树、绿白蜡树、红枫树、风箱树、西洋腊梅、一些山茱萸物种、水栎（松）、梧桐和光滑的赤杨树等。这些植物和其他植物能吸收掉过剩的营养物，同时也能防止腐蚀。

什么是伦敦雾杀手?

　　尽管空气污染的历史可以追溯到几个世纪以前,但是伦敦人似乎要花很长时间才能从他们犯下的错误中吸取教训。因燃烧煤而造成的大气污染一直持续到20世纪60年代。二氧化硫与伦敦著名的大雾掺杂在一起,最终导致了酸雾的形成。1952年,大雾变得十分浓厚,人们在行走和驾驶时看不到前方的道路。流行感冒、支气管炎以及肺炎病例急剧增多,约4 000人死亡,另有10万人从当年开始患上与大雾相关的疾病。

什么是酸雾?

　　酸雾就像酸雨一样。当二氧化硫在空气中出现时,它能被所有形式的水蒸气(包括雾)捕获。在一般情况下,酸雾比酸雨的酸度要高得多——可高达10倍! 酸雾可在空气中停留几小时甚至是几天,这样的酸雾对人体危害极大,如同行走在弥漫着醋味的烟雾中。酸雾对植物和建筑材料(如铁制品、混凝土)也会产生极大的破坏。

农田灌溉使大量的水重新得到分配,已经到了影响降雨模式的程度。

水坝是如何在很大程度上影响地球上的水循环的？

目前，全球范围内约有4万个大型水坝（水坝高约5米（15英尺）以上），其中中国约有1.9万个，美国约有5 500个。通过架设水坝，人们有效拦截了地球表面15%的淡水资源，极大地改变了地球上的水循环。反过来，水循环的变化也能改变温度及云的形成等。当然，水坝和建在它后面的水库越大，它们起到的作用也就越大。位于中国长江的三峡大坝是一座巨型水坝，其发电量是美国著名的胡佛大坝（Hoover Dam）发电量的20倍（单位是"千瓦"）。三峡水库的蓄水量是19万亿升（5万多亿加仑），占地1 036平方千米（400平方英里）。据科学家观测，大坝周围的气候已经变冷，降雨量也发生了变化。

农田灌溉会影响气候吗？

大范围的土地灌溉的确会对天气造成影响。截至2000年，地球上陆地的灌溉总面积为278 828 407.5公顷（约6.89亿英亩）。约60%的地球淡水资源用于灌溉，相当于每天有5 185亿升（1 370亿加仑）水用于此目的。正如人们所想象的那样，当这些水都用于农田灌溉时，一定量的水将会蒸发到大气中。水文学家认为，蒸发的水量足以使原本不会发生的暴雨量增多。

辐 射

什么是核冬天？

核冬天发生在大规模的核战争之后。放射性粒子、尘埃和烟雾被释放到大气中，在地球上方形成一片巨大的云，从而遮住阳光，使全球范围内的温度下降。由于温度极低，阳光减少，植物和动物将面临死亡。核冬天持续时间变长，上百万人死于饥饿、寒冷和其他一些问题。

现在（还）没有发生核战争，因此引起核辐射污染的来源有哪些？

大气中人为制造的辐射来源主要有两种：核武器试验和核反应堆泄漏。后者主要是由核电厂事故造成的。自美国发明原子弹和氢弹以来，大规模试验在1945—1968年间展开。其间，绝大部分（300多颗）散落在沙漠地区和太平洋小岛上的弹头被引爆，导致大量辐射同位素涌入空气中，其中包括碳—14、锶—90、碘—131和铯—137。由于军方采取了预防措施，在最初弹头爆炸时并没有人员伤亡，但是空气中的辐射物通过气流传到其他地区，污染了试验区几百英里外的地方。例如，1953年5月，在美国内华达州（Nevada）进行了一场试验。两天后，带有辐射的、如网球般大小的石子状冰雹掉落在首都华盛顿（Washington，D.C.）。后来，为了减少核辐射对空气的污染，美国在地下进行核武器试验。但是，地下核爆炸产生的辐射废料极易污染地下水资源。与此同时，其他国家也进行了核武器试验，并面临着同样的问题。

什么是氡?

实际上，氡是一种天然存在的放射性气体，衰变的铀和镭是其产生的地面来源。只有在人为环境中氡气才能对人体造成危害，比如在私人住宅中，氡气可以渗入地下室，达到致癌的浓度。氡中毒的主要潜在威胁之一就是肺癌。所以最好在家中安装一个氡探测仪，一旦检测出问题，通常可以通过简单的地下室维修或改善通风系统来解决。

虽然全国核电站的安全技术水平已经得到了显著提高，但是发生于1979年的美国宾夕法尼亚州三里岛的核泄漏事件仍然是人们脑海中无法抹去的记忆。这一事件提醒人们，核泄漏会对环境造成危害。

世界上最严重的核灾难是什么?

1986年4月,在乌克兰与白俄罗斯交界处,乌克兰境内的切尔诺贝利(Chernobyl)核电站发生了一起重大事故——放射性物质被释放到大气中。核反应堆的保护层发生爆炸,致命的放射性物质溢出,当场导致至少28人死亡,另有240人受到放射性物质的伤害。240人中有19人因抢救无效最终死亡。最初发生的放射性物质泄漏不断地夺走患有相关疾病(尤其是甲状腺癌)的人的生命,且这种威胁仍将持续数年。10多万人撤离辐射区。由于核辐射同位素在欧洲范围内扩散,因辐射中毒导致的死亡人数仍在增加。核爆炸形成的辐射云移动了2 000千米(1 300英里),污染了谷物和家畜,随之引发食品安全问题。

在三里岛上发生了什么?

在美国宾夕法尼亚州三里岛(Three Mile Island)上发生的核事故是有史以来美国发生的最严重的一起。幸运的是,放射性物质没有被释放到大气中,也没有人员伤亡。1979年3月,由于三里岛核电站的反应堆过热,核反应棒破裂。宾夕法尼亚州政府建议居住在核电站8千米(5英里)内的孕妇和学龄前儿童自愿撤离。出乎政府意料的是,自愿撤离的本地居民过多,并由此产生了一系列重大问题。这次撤离暴露出社区对于核泄漏事故缺乏应对措施,当地社区无法对核事故和不断增加的撤离计划作出及时的反应。

第十章 气候变化

气候基础知识

气候和天气有什么不同?

气候是某一地区多年的天气平均状况,而天气指的是大气的当前状况。因此,美国阿拉斯加州巴罗镇(Barrow)的"天气"可能是21℃(70℉),但当此地是"苔原气候"时,气温会低至极地寒冷的温度。

气候可以被划分为几种类型?

在德国出生的俄罗斯气候学家弗拉基米尔·科彭(Wladimir Köppen,1846—1940)开创了气候分类系统。尽管后来做了一些改进,这一分类系统一直沿用至今。他将气候分为6类:热带湿润气候、干燥气候、中纬度气候、中纬度极端气候、极地气候以及高地气候。他还将其中的5类进行了进一步分类。在地理课本和地图集中经常会看到由他绘制的气候图。1931年,美国地理学家、气候学家查尔斯·沃伦·桑斯维特(Charles Warren Thornthwaite,1899—1963)出版了《北美气候:根据新气候分类》(*The Climates of North America: According to a New Classification*)一书。在书中,

273

他对"地理差异对当地气候产生的不同影响"进行了更加详尽的阐述。

赫尔曼·波恩对气候学的贡献有哪些?

德国气象学家赫尔曼·波恩(Hermann Flohn, 1912—1997)从宏观角度研究气候变化(即地球气候的大规模变化),确切地说就是整个大气循环如何对环境产生影响。他还是首批就"人类是如何影响气候"这一话题提出理论观点的学者之一。

印加人怎样做气候实验?

在位于秘鲁(Peru)乌鲁班巴大峡谷(Urubamba valley)一座被称为马里(Moray)的城市中,一直保留着一个巨大的如露天剧场般大小的"露天系统"。当今的考古学家和科学家认为,这里曾是一个大型的农业实验室。每个露天场地都可以模拟出截然不同的气候,印加人可以在这里根据不同的气候尝试使用不同的种植技术。

什么是小气候?

小气候是指在小范围地区内可测量的与周围更大地区不同的平均天气状况。不同的温度、降水、风速或云覆盖量都会造成小气候。通常来说,造成各种小气候的因素有海拔、可以改变风向的山峰、海岸线和人造建筑物。

蝴蝶与混沌理论有什么关系?

由美国数学家、气象学家爱德华·诺顿·洛伦茨(Edward Norton Lorenz, 1917—2008)提出的混沌理论,解释了数学和自然系统(包括天气)的令人意想不到的变化方式。他的观点是:最初在复杂且动态的系统状况下发生的即便是最小的变化,都会随着时间的推移产生巨大、可测量的影响。他用形象的比喻对这个概念进行了解释:假设一只蝴蝶在巴西扇动翅膀,那么它可能会是美国得克萨斯州龙卷风的始作俑者。他将此现象称为"蝴蝶效应"。

什么是国家气候数据中心?

国家气候数据中心隶属于国家海洋和大气管理局。作为一个"世界气象数据中心"的大型气象数据档案馆,它将数据提供给全球各地的机构、组织、出版社、保险公司和律师事务所。这些数据的时间可以追溯到19世纪,其中包括从现代雷达、气象气球报告到1个世纪前在船上观测到的数据。气象数据中心坐落于北卡罗来纳州的阿什维尔(Asheville)。国家气候数据中心同时也管理着一个位于科罗拉多州的波尔得(Boulder)的世界古气候学数据中心。

我们的气候正在发生变化吗?

与地质时代相比,人类的寿命是极其短暂的。因此,我们很难想象,地质时代的地球气候与当今的气候相比会有着多么大的不同。事实上,经过数千年乃至数十万年,地球气候已经发生过多次巨大的波动:从大约6.35亿年前的"雪球地球"到1亿年前适宜恐龙繁衍生息的极其温暖的温度(平均温度比现在高约8℃,即18°F)。在千年的演变中,气候时冷时热。过去,造成这些现象的原因多种多样:从火山活动到板块构造,再到小行星撞击地球。如今,令科学家们担忧的是,我们正在经历一个新的、巨大的气候变化。他们认为,现在的情况与以往不同的一个重要原因是人类是造成这一变化的罪魁祸首。

气候变化会对间歇泉的喷发产生怎样的影响?

间歇泉的喷发受降雨量和地震发生频率影响。在1 000个世界知名的间歇泉中,美国黄石国家公园就占了约一半。降雨流入麦迪逊河(Madison River),使公园里间歇泉的储水量得到补充。干旱时,降雨量的减少会造成间歇泉压力降低,从而导致间歇泉喷发次数减少。在对黄石公园的降雨和气候的近期研究中发现,1998—2006年间,麦迪逊河的流量减少了约15%。

全球气候变暖使降水量减少,同时影响着附近几个州的降水,如怀俄明州、蒙大拿州以及爱达荷州。这份研究表明,降水量的减少与间歇泉的喷发时间间隔变长有关。例如,老忠实泉(Old Faithful)过去每75分钟喷发一次,而2006年则延长为91分钟喷发一次。

什么是古气候学?

古气候学是将古生物学和气候学结合在一起的一门有趣的学科。了解数百万年前地球的气候状况对于理解当今的天气有着非常重要的意义。此外,能够发现一些事实真相也是非常酷的一件事,比如恐龙曾经在南极洲漫步,热带水果过去生长在美国俄勒冈州（Oregon），8 500年前格陵兰岛的温度比现在高5℃（10℉）。古气候学家通过研究动植物化石和冰芯，考察深埋地下的土壤和岩石等方式发现信息。他们也可能会在一些最不可能的地方找到线索。举个例子来说，当古气候学家发现3万年前的古代松针藏在老鼠体内时，通过分析植物的构成就可以了解当时二氧化碳的水平。

谁被认为是气候变化研究中最重要的先驱之一？

史托克间歇泉（Strokkur Geyser）在冰岛喷发。一些科学家推论是降水的变化影响了间歇泉喷发的频率。

英国气象学家、气候学家休伯特·贺拉斯·兰姆（Hubert Horace Lamb，1913—1997）被很多人视为是20世纪最伟大的气候学家。1971年，他在东英吉利大学（University of East Anglia）创建了气候研究小组（Climatic Research Unit）。早年，他在爱尔兰气象局（Irish Meteorological Office）做天气预报工作，之后任职于英国气象局（British Meteorological Office）。任职期间，他参与了1946—1947年在南极洲举行的挪威捕鲸远征行动。其间，他开始研究世界气候变化，并于1954年加入英国气象局气候司（Climatology Division of Britain's Meteorological Office），继续进行此方面的研究。他利用考察记录研究并发表、出版了关于《自19世纪中叶以来在英国发生的显著气候变化》的论文及专著。

什么是米兰科维奇循环？

目前来看，地球围绕太阳旋转的轨道呈近似圆形。然而，这种情况并不是一成不变的。我们的地球经历了从现在的圆形轨道向更加椭圆形的变化过程，在这个过程中，近日点和远日点的差异十分明显。从圆变到椭圆、再到圆的整个周期约为9.5万年。在此期间，当地球公转轨道越呈椭圆形，地球离太阳越远，冰期随之产生。塞尔维亚地球物理学家米卢廷·米兰科维奇（Milutin Milanković或Milutin Milankovitch，1879—1958）首次提出米兰科维奇循环理论，并因对冰期的深入研究而被人们所熟知。1976年，通过对在深海勘探期间进行的沉积岩芯研究，使他的这一理论得到了证实。

还有谁提出了冰期发生的周期性理论?

在米兰科维奇之前,法国数学家约瑟夫·阿德马尔(Joseph Adhemar, 1797—1862)在1842年就出版了专著《海的革命》(*Revolutions of the Sea*)。他在书中提到,每2.2万年为一个冰期周期,这正好与岁差相吻合。苏格兰地质学家詹姆斯·科罗尔(James Croll, 1821—1890)随后对这个理论进行了阐述。然而,科学家对于冰期历史的了解还不够,很难将理论与实际数据相比较,因此这个假设被"冷落"了一个世纪。

地球轨道为什么会随着时间的推移由圆形变成椭圆形?

与太阳系的所有星球一样,我们的地球不仅受到来自太阳的吸引力,也受到来自其他行星的引力。我们都知道月球会引起潮汐变化和我们随处可见的重力作用,但是地球轨道也受气体巨星——木星和土星的影响。这些行星有足够大的引力能使地球脱离原本绕太阳运转的圆形轨道,随后,太阳的引力最终将地球往回拉近,这是个极其漫长的拉锯战。

什么是核冬天?

20世纪80年代早期,科学家理查德·图尔科(Richard Turco)和卡尔·萨根(Carl Sagan)让全世界认识到了全球核战争的影响。萨根于1983年出版了关于这一主题的畅销书——《核冬天》(*The Nuclear Winter*)。自20世纪50年代以来,核武器竞赛一直在美国与苏联之间持续进行,当多数人对此竞赛已经十分恐惧时,才刚刚出现这样的观点——原子弹和氢弹能够毁灭地球上的大城市。萨根和图尔科指出,甚至用不到5万枚核弹头所产生的尘埃和碎片就能够阻挡太阳释放的热量。受到辐射的灰尘形成的云状物将被吹到平流层中,围绕在地球周围数月不能消散,它将我们带入一个"人为制造的冬季"——庄稼尽毁,地球陷入全球性饥荒。

自《核冬天》出版以来,科学家们开始相信核冬天的到来与小行星撞地球的场景相似。的确,这一理论与恐龙在6 500万年前的灭绝有关。一些科学家提出这样的理论:全球范围内的火山爆发是导致核冬天到来的另一潜在原因。他们认为,数亿年后将会引起"雪地球"。事实上,当火山爆发时,将这些现象称为"火山的冬天"也许更为准确。

米哈伊尔·伊万诺维奇·布地柯是如何计算地球气候的温度的?

米哈伊尔·伊万诺维奇·布地柯(Mikhail Ivanovich Budyko, 1920—2001)是白俄罗斯的一位气象学家和物理学家,也是物理气候学专业领域中的一位先驱。他是《地表面热量平衡》(*Heat Balance of the Earth's Surface, 1956*)一书的作者。在这本书中,他首次运用物理学原理解释了地球是如何吸收来自太阳的能量然后又反射回大气。布地柯的研究使他开始关注气候变化。已经有人开始意识到,人类工业产生的二氧化碳聚集物是造成气候变暖的原因,布地柯就是其中之一。他预测,到2070年,全球平均温度将比1950年高出3.5℃(6.3℉)。他也是首批预测出核战争会造成核冬天的人之一。

在哪个网站上能找到可靠的气候数据?

网络上有很多可以获得天气情况的网站,某些网站要好于其他一些。你可以从政府网站上获得大量信息,例如国家气象局网(http://weather.gov)和国家海洋和大气管理局网(http://www.noaa.gov)。你也可以在网上找到一些在线数据库。"全球气候网"就是其中一个,网址为http://www.worldclimate.com。在这个可搜索的在线数据库中,你可以找到来自世界各地的8.5万多个气候数据。通过输入城市名称可以获得有关降雨量和温度的数据。"气象基地网"(网址:http://www.weatherbase.com)提供了全球近1.65万个城市的信息,在这个网站甚至可以选择你想搜索的气象数据的单位——公制单位或美制单位。

冰　期

什么是冰期?

地质学家将冰期定义为这样一个时期:大部分地球表面覆盖着比现代更大的冰原,或者长时间处于低气温,使极地冰川向更低、更温暖的纬度移动。在1.2万年前结束的最后一次冰期被称为"冰川时期"或"大冰川时期"。它指的是这样一个时期:陆地上的冰的覆盖量接近32%,海洋上冰的覆盖量为30%。

首个提出冰期这一概念的人是谁?

几个世纪以来,一些科学家距离提出冰期的概念十分接近。苏格兰自然学家詹姆斯·赫顿(James Hutton,1726—1797)观察瑞士日内瓦(Geneva)附近形状怪异的冰川巨砾(漂砾)。1795年,他根据观察对外发布了这样的理论:过去阿尔卑斯山冰川的面积更大。1824年,延斯·埃斯马克(Jens Esmark,1763—1839)提出,在过去,冰川作用在更大范围内发生。

不过,关于冰期,最有说服力的论证是由美籍瑞士人、地质学家路易斯·阿加西

（Louis Agassiz, 1807—1873）于1837年提出的，当时他正在做关于冰河时期广泛分布状况的演讲。这个演讲直到现在都很著名。他提出，几乎整个北欧和英国都曾经被冰覆盖。随后他在新英格兰为这一理论找到了证据。最终又发现了可以证明此理论的更多证据。美国地质学家提摩太·康拉德（Timothy Conrad, 1803—1877）于1839年在纽约西部发现了抛光岩石、光条纹以及漂砾等证据，并由此支持了阿加西的冰期冰川作用全球化的理论。1842年，法国科学家约瑟夫·阿德马尔（Joseph Adhemar, 1797—1862）是第一个试图用天文知识来解释冰期的人。他提出，冰期是由于2.2万年的岁差造成的。岁差是地轴的一种自然运动，它使四季在几千年间发生了改变。换句话说，现在是夏季的那几个月份将会变成冬季，反之亦然。

提出关于冰河时期理论的地质学家路易斯·阿加西（Louis Agassiz）。（图片来源美国国家海洋和大气管理局）

是什么原因造成了冰期？

没有人知道为什么会出现冰期，但是却有几个与此相关的理论。一种可能性是太阳的能量强度随着时间的流逝而发生变化。太阳在活动中能量每降低一次，地球温度也会随之降低，就有可能会出现冰期。另一个可能性是，在火山喷发或大块陨石撞击后，大气中的尘埃增多。无论是在哪种情况下产生的碎片都会将更多的太阳光反射回太空中（反照率），从而造成大气温度降低，形成更多的雪和冰。这样会进一步增加地球的反照率，因为更多的太阳光会被冰和雪反射回去。然而，与其他理论一样，这个理论也存在一个问题——它无法对冰原后退的原因作出解释。

随着时间的推移有哪些大的冰川时期？

地质记录中有证据表明，在地球历史上已经发生过几次冰期，被人们熟知的第一个大冰川时期发生在约23亿年前（在最近的6.7亿年，冰期发生的几率不足1%）。地质学家相信在地质学长河中已经出现过5次大的冰期。下面列出了几次冰期：

● 17亿—23亿年前（太古时代，前寒武纪）

- 8.5亿年前（成冰系时代）
- 6.7亿年前（远古时代，前寒武纪）
- 4.2亿年前（古生代，在奥陶纪与志留纪之间）
- 2.9亿年前（古生代，在石炭纪后期和二叠纪早期之间）
- 170万年前（新生代，第四纪时代，更新世时期）

什么是"雪球地球"？

现在，科学家们相信，在8.5亿年前至5.8亿年前间发生过2—4次这样的情况：地球被冰川完全覆盖，早期的生命形式几乎被毁灭殆尽，即"雪球地球"。两种理论可以解释这种现象产生的原因：一种理论认为，那时太阳的温度比现在的温度大约低6%；另一种理论认为，由于板块构造作用，所有大陆板块几乎都向南移动，从而导致洋流可以没有阻碍地绕过地球漂流，火山几乎不再爆发。结果是产生和排放到大气中的二氧化碳量显著减少。此外，那时的地轴更加倾斜（倾斜角度为54°，而今天的倾斜角度为23.5°），使极端性季节更加严重。

一旦冷却期开始，冰架形成，更多的太阳光被反射，进而导致冷循环速度越来越快，所有事物都被冰冻。早期，提出"雪球地球"理论的科学家，例如阿德莱德大学（University of Adelaide）的乔治·威廉斯（George Williams）和加州理工学院（California Institute of Technology）的约瑟夫·柯世韦因克（Joe Kirschvink）认为，在板块构造的影响下，会造成全球范围内的火山爆发，冬季时间长至前所未有的程度，地球进而在太空中变成一个巨大的冰块，并持续几百万年之久。几乎所有的生物都濒临灭绝。事实上，质疑这一理论的批评家认为，"雪球地球"原本就会使所有的生物遭到灭绝。直到20世纪90年代，当他们在深海中的地热喷口发现存活的生物时，这种观念才被消除。

只有在下面提到的这种情况下"雪球地球"的周期才会被打破：受火山活动和板块构造影响，二氧化碳在冰下积聚、增多，尤其是在能够溶解矿物质或有助于减少二氧化碳水平的液体水没有的情况下。这样必然会导致大量二氧化碳在瞬间内释放，进而产生短暂的极端高温，平均温度可达50℃（120℉）。然而，结冻在数百万年间又更多次地回到了另一个雪球时期，这时大陆才进入到一个更加稳定的地球物理学状态。火山活动逐渐减弱，二氧化碳水平降低。尽管如此，在接下来的数百万年，当漂移的大陆又重新聚集，形成一个新的超级大陆时，另一个"雪球地球"将会再次发生。

上一个冰川时期的冰河期和间冰期分别是在什么时候？

在最近一次的冰川时期（和所有的冰期）中，冰河期（冰覆盖大陆时）和间冰期（相对来说，气温比较暖和）是有周期的。在相应的时期内冰川或向前移动，或向后撤退。科学家们相信，最近一次冰川时期——又称"更新世冰川时期"有8个周期。下表列出了北美地区的8个阶段（对于阶段名称，北欧和中欧地区有不同的叫法）。大概日期如下：

冰河时期和间冰期

大约多少年前	北美地区各冰期阶段
75 000—10 000	威斯康星冰期*
120 000—75 000	桑格摩尼（间冰期）
170 000—120 000	伊利诺伊冰期
230 000—170 000	雅茅斯（间冰期）
480 000—230 000	堪萨斯冰期
600 000—480 000	阿夫顿（间冰期）
800 000—600 000	内布拉斯加冰期
1 600 000—800 000	前内布拉斯加冰期

*在威斯康星冰期中出现了一段近似间冰期的阶段，但此阶段不够温暖，时间也不够长，因此不能被称作间冰期。

上一个冰川时期是如何产生和消亡的？

大约170万年前（第四纪的初期更新世时代），地质学家认为，北美地区平原温度下降，导致大冰原开始从加拿大的哈得孙湾（Hudson Bay）地区向南推进，并从落基山脉向东移动。在接近更新世时代末期的时候，这些冰原前进或后退了多次，间隔时间从1万—10万年不等。大约1万年前，冰后退至现在极地所在的位置时，最近的一次冰期结束了。目前，地球正在接近一个间冰（较暖）期的末期，这意味着另一个冰期也许就在几千年后到来。

什么是大冰期时段和小冰期时段？

当然，就冰期时段的划分方式问题，科学家们无法达成一致意见。一些人要求从时间和温度上对冰期时段进行更加严格的划分。例如，一些科学家认为，一个大冰期时段应该被定义为持续时间约为10万年，冰河期和间冰期之间的温度下降5℃（9℉）；小冰期时段持续时间约为1.2万年，温度下降2.8℃（5℉）；较小冰期时段持续时间为1 000年，温度下降1.7℃（3℉）。

在各个冰期中,地球上的冰覆盖量是多少?

由于大面积的侵蚀,很难界定不同冰期的冰原范围。但是,科学家对于上一个冰期,即更新世冰川期的界定范围的确有一些了解。在此冰期内,地球上的冰覆盖率多达10%(长期积累而成),冰层厚度经常达到几千米(几英里)厚。冰原的最大范围是:北半球冰川和冰原覆盖加拿大的大部地区、整个新英格兰地区、中西部的北部地区、阿拉斯加大部、格陵兰岛大部、冰岛、斯瓦尔巴德群岛(Svalbard)及北极圈其他岛屿、斯堪的纳维亚半岛、英国和爱尔兰大部、苏联的西北部。南半球的冰川覆盖量要少得多,这是造成当地天气更加寒冷、干燥的主要原因。

在冰川时期的最后一个阶段(美国的威斯康星冰期),冰原覆盖欧亚大陆的部分地区以及北美大部,向南远至美国宾夕法尼亚州。由于气候变暖,科学家们估计在大概5 000年间,海平面上升了125米(410英尺),年平均上升速度为2.5厘米(1英寸)。有趣的是,虽然北方的巨大冰原大部分都已融化,但是南极洲的冰原却只减少了10%。

什么是"小冰川期"?

"小冰川期"是指相对冷的一段时间,开始于1450年前后,一直持续到1890年左右(1450—1700年间最冷的时间段经常被划分成2个小冰期)。由于北半球大陆的高纬度地区一直没有被大面积的永久冰川覆盖,所以"小冰川期"发生在目前还算温暖的间冰期期间,但它并没有被看做是一个全冰河时期。

即便如此,当世界范围内的平均地表温度最低为1℃(2℉)时,世界大部分地区都会更加寒冷。此时,在欧洲、亚洲和北美洲重新形成的冰川向前移动,海冰对格陵兰岛殖民地和冰岛造成了严重破坏。在英国,泰晤士河(Thames River)结冰;在法国,信徒试图通过祈祷阻止冰川前移。当时也发生了战争和饥荒,其部分原因是一些历史学家所认为的低气温所导致的社会冲突和食物低产。

像大冰期一样,没有人真正了解造成小冰期的原因是什么。然而,英国天文学家爱德华·蒙德(Edward Maunder, 1851—1928)首次提出了这样的假设:小冰期可能与太阳活动有关。另一些科学家认为,气温下降是由火山爆发、海洋循环变化、地球轨道改变、地轴晃动甚至是地球通过星际间的尘埃云所致。

未来还会有冰期吗?

是的,会有。地球最终会再次变冷,较高纬度和海拔上的陆地会再次被冰覆盖。但是,人们不清楚这种现象会在何时发生。

全球气候变暖

什么是温室效应？

温室效应是大气层的一种自然过程，在此过程中地球附近的一些太阳热量被捕获。然而，温室效应出现了问题：它已经不再是一种自然过程，而是被人为地增多了，致使更多的热量被捕获，地球温度上升。导致温室效应的气体随着人类活动的进行被排放到大气中，例如汽车的尾气排放。

第一个提出温室效应理论的人是谁？

爱尔兰物理学家、数学家、化学家约翰·廷德尔（John Tyndall, 1820—1893）接替迈克尔·法拉第（Michael Faraday, 1791—1867）出任英国皇家学会（Britain's Royal Institution）会长，并于1859年开始从事辐射热的研究。不久，他便得出结论：水蒸气对保持地球大气的温度十分重要，其他气体（如二氧化碳和氧气）也起到同样的作用。他开始进行大量计算，通过改变公式中这些气体的值来得出不同的结果。廷德尔的结论是：增加像二氧化碳这样的气体会对气候产生十分显著的影响，这就是我们现在所说的全球变暖。

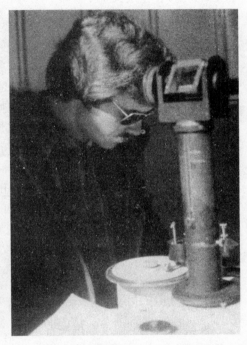

在美国夏威夷州冒纳罗亚（Mauna Loa）的一个研究工作站内，一名科学家正在用臭氧分光光度计对紫外线波长进行比较。（图片来源：美国国家海洋和大气管理局特种部队，约翰·波特尼尔（John Bortniak）摄）

温室效应对地球生物有益，还是对环境有害？

与地球上的很多生物一样，"适度"是关键。适量的温室效应对于地球上的生物来说是十分有益的。如果地球上没有这些温室效应，海洋最终会冻结。然而，如果温室效应显著增多，很多有机体和物种以及在长时间内发展起来的环境系统（包括人类文明）都将面临巨大的挑战，甚至可能会灭绝。举个最极端的例子，像在金星上失去

283

控制的温室效应一样，失控的温室效应会使地球上我们所知道的一切生物停止生长。从另一个角度来看，随着空气中二氧化碳含量的增多，温度变得更加暖和，生长季节变得更长，这给许多植物带来了好处。

什么是全球气候变暖？

全球气候变暖和温室效应指的未必是同一件事。温室效应能够导致全球气候变暖，而其他一些因素也可使地球变暖或变冷，其中包括地理上的一些变化（板块构造）以及绕日地球轨道的周期变化等。

据了解，全球气候变暖在某些方面是必要的：如果没有地球大气中的某些气体帮助保留住来自太阳的照射，那么我们的地球将会成为太空中的一个冰球。这些气体的作用就像是一座温室的玻璃（因此得名温室气体），它们能够捕获来自地面或从地面反射回去的能量，同时使我们的地球保持温暖。反过来，这又使有机体——植物、动物及其他生物得以生存。

更近一些时候，全球气候变暖曾被用来描述全球地表平均温度的非自然上升。很多科学家（和其他一些人）认为，人类向大气中排放了过多的温室气体，如二氧化碳、甲烷、氮氧化物等，导致温度上升。在过去的100年中，某种物质已经使地表温度升高了约0.5℃（1℉），科学家认为此现象系人类所为。

什么是全球平均温度？

根据20世纪的温度数据来看，陆地表面和海洋表面的平均温度为12℃（53.6℉）。一份2007年的评估显示，在21世纪早期，平均温度已经比上个世纪的平均值升高了0.71℃（1.28℉）。数据中还指出"2002年是非常暖和的一年"（虽然自1990年以来，1998年是最暖和的一年）；同时还提到，地表温度已经非常暖和——1.89℃（3.4℉）。2007年的洋面温度创下了128年以来第四热的纪录。

什么气体和化学物质对全球气候变暖产生的影响最大？

任何使二氧化碳含量增加的物质都是使地球升温的危险因素。除二氧化碳外，甲烷气体、氯氟烃等是使全球气候变暖的罪魁祸首。甲烷（从饲养的家畜、煤炭开采以及像泥潭沼泽和分解木材的白蚁等天然来源中获得）在我们的大气层中有25倍的保温功效，而氯氟烃的保温作用是二氧化碳的近两万倍。

20世纪90年代，甲烷气体以每年约0.8%的速率增长。然而，从1997—2007年甲烷含量稳定不变，并且科学家认为甲烷气体的产生量与大气中甲烷的耗散率已经达到了一种平衡。尽管如此，2007年人们注意到，甲烷含量因不明原因陡然上升，特别是在北半球。一些观点认为,全球气候变暖使湿地细菌中的甲烷产生量增多(这是永久冻土融化的结果,特别是在西伯利亚地区)。还有一些观点认为,大气中分解甲烷的羟自由基的含量正在减少。今天,空气中甲烷的含量是工业革命前甲烷含量的两倍多(含量比约为 1 775/10亿 : 700/10亿)。现在,甲烷以每年约1/1亿的速率增长,且增长速度十分显著。同时,由于政府的监管,大气中氟氢碳化物的水平持续降低,这对臭氧层来说是有极为有益的。

使全球气候变暖的最有害的气体是二氧化碳吗?

不是。事实上,水蒸气对全球气候变暖的影响比二氧化碳或甲烷的影响大得多。主要问题是人类活动使空气中的微粒含量增加,形成凝结云的原子核变多。

谁第一个提出这样的假设"大气中的二氧化碳量与气候变化有关"?

瑞典化学家斯万·阿列纽斯(Svante Arrhenius, 1859—1927)第一个提出假设,认为二氧化碳量增加会使大气储存更多热量。

所有被释放的二氧化碳都会作为污染物留在大气中吗?

当然不会。大部分二氧化碳被植物和海洋重新吸收,在海洋中它会转化成碳酸。

大气中水蒸气的浓度和分布是全球气候变暖的一个原因。气候变暖使二氧化碳水平增加了1倍。这张卫星图像描绘了2005年秋季水蒸气的分布情况,较亮的蓝色阴影显示了更高海拔地区水蒸气的分布状况。(图片来源:美国国家航空航天局/喷气推进实验室)

森林和海洋在吸收二氧化碳上只能做这么多。然而现在,人类却正在不断地砍伐全球的森林。约0.4公顷(1英亩)的森林每年只能吸收大约13吨的气体和颗粒污染物。没有被吸收的部分仍保留在大气中。人类制造出大量的二氧化碳及其他污染物,最终会形成全球变暖气体中的净收益。

美国的汽车和工业气体排放能产生多少二氧化碳?

据美国环境保护局2004年的一份研究表明,1990—2004年间,二氧化碳总排放量增加了15.8%。与国民生产总值的增长速度51%相比,在采取一定控制措施的情况下,二氧化碳排放量的增加速度不算快。

当驾驶轿车或卡车时会产生多少二氧化碳?

根据美国环境保护局提供的数字,燃烧3.8升(1加仑)汽油会产生二氧化碳19.4磅(8.8千克)。燃烧3.8升(1加仑)柴油会产生二氧化碳10千克(22.2磅)。那么举个例子来说,在一天之中,你开车行驶的距离为24.1千米(约15英里),单程上班,一年工作250天,驾驶以天然气为动力的轿车,每3.8升(1加仑)天然气可以行驶约29.0千米(18英里),那么每年你将制造3 600千克(8 000多磅)的二氧化碳污染物,乘以全球每年开车的人数,你就会看到问题所在!

哪个国家制造的温室气体最多?

这个“荣誉”或许应该属于美国。中国经济繁荣发展,然而却导致了污染物的相应增加。但是,按人均污染值算,还是美国人制造的污染更多,是中国人均污染的4倍。荷兰环境署2007年发表的一份研究表明,美国人均二氧化碳排放量为20吨,而中国和欧洲人均排放量分别为5吨和约10吨。工业化国家人均温室气体排放量为约16.1吨,而发展中国家人均排放量为约4.2吨。研究还指出,在10—25年内,如果温室气体的增长幅度得不到控制,地球将要承担温室效应失控后所产生的后果。到那时,平均温度将会上升几摄氏度,冰盖融化,全球的海滨地区暴发洪水。

如果全球气候变暖导致冰盖融化,遭遇洪水的海滨地区将会有多少人发现自己身处洪水之中?

如果全球气候持续变暖,到2070年,全世界将有超过1.5亿人发现自己身处洪水之中,其中包括130个著名港口城市,如纽约、东京、香港、孟买和曼谷等。一份2007年

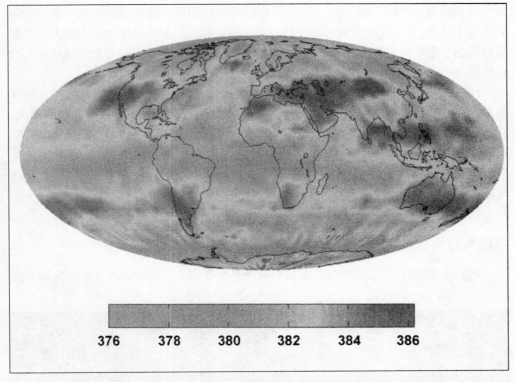

这是2008年7月美国国家航空航天局的水资源监测太空船利用大气红外探测仪（Atmospheric Infrared Sounder，简称 AIRS）拍到的一个图像。图中显示的是以"十亿分之几"为单位的二氧化碳的分布。（图片来源：美国国家航空航天局/喷气推进实验室）

的评估报告预计，这样将造成35万亿美元的经济损失。目前，还没有一个国家的损失超过这个数值。如果全球气候持续变暖，洪水将摧毁海滨城市，出现大量移民，导致政治和社会不安定，进而会不可避免地造成军事冲突、饥饿和疾病。

全球气候变暖和地质情况之间有联系吗？

有。在复杂的地球系统中，任何一部分的改变都会影响到其他部分，因此全球气候变暖和地质情况之间有着间接的联系。特别是全球大气（和生物圈）的变化会对岩石循环产生影响：海平面的上升会改变冰川的覆盖面积，使沙漠的位置发生变化，导致海水没过海岸线。所有这一切都将会改变地球上的风化速度和类型。

全球气候变暖和地质情况都与在海洋和地表水中溶解的二氧化碳有关，这是它们之间存在的另一个重要联系。毋庸置疑，有机体吸收二氧化碳，而二氧化碳也可以从海洋和地表水中淀析出来，以形成某些沉积岩。随后，二氧化碳从多种渠道返回大气系统，其中包括岩石和贝壳中的碳酸盐矿物质溶解、碳酸盐矿物质的风化作用、火山爆

287

发或温泉喷发、与大气进行的反应、有机体的呼吸作用以及通过溪流和地下水。大多数科学家认为，大气环境内或大气环境外的二氧化碳量所发生的任何一个较大变化都会对我们产生影响。它不仅会影响到人类和其他有机体，还会影响与全球地质相关的自然循环。

此外，我们可以从天气和气候方面找出地质情况与全球气候变暖之间存在的联系。如果全球气候变暖持续下去，也许会出现更具威力、更极端的天气，比如超级飓风。它不仅会使海水涌入无数的内陆河流和小溪，而且对沿海地区也会造成大规模破坏。在气候变化方面，植被生长格局的变化会使更多地区遭到侵蚀；冰川、极地和海冰将发生剧烈变化，改变反射回太空的辐射量，进而加重温室效应；水文循环的变化会使溪流和地下水量发生改变。

全球气候变暖的依据是什么？

越来越多的科学家更加确信，我们的地球正在经历着向更温暖的气候迅速转变的

全球气候变暖对珊瑚礁产生了消极的影响，比如密克罗尼西亚的丘克（Chuuk, Micronesia）附近的这座礁石。温暖的海水致珊瑚死亡，由此引发的"白化"效应摧毁了富饶的珊瑚栖息地。（图片来源：美国国家海洋和大气管理局/美国国家海洋渔业局（NMFS）/管线及立管海洋工程公司（OPR），德韦恩·梅多斯（Dwayne Meadows）摄）

过程。在实验室内外工作的气象学家、环境学家及其他科学家正在不断收集着这方面的数据。虽然证据越来越多，但仍然没有确凿的证据可以解答所有人的疑惑。下面列出了部分原因，以说明为什么人们对全球气候变暖的恐惧与日俱增。

- 打破纪录的温度——在过去的10—20年中，全球许多城市已经打破了最高温度纪录。
- 干旱和降雨模式的改变——干旱地区变得越来越干旱，潮湿地区变得越来越潮湿；洪水的暴发越来越频繁，而且水位的增高也在不断地刷新纪录。例如，近几年，美国中西部及大平原地区暴发的洪水次数明显增多（虽然造成此现象的部分原因应归咎于农业和堤坝的建设）。西北部地区的雨水也在逐渐增多，然而西南部地区，特别是东南部各州的干旱面积却在逐渐扩大。
- 更极端的天气——一些科学家（但肯定不是全部）感到飓风和龙卷风似乎在逐渐增多，尤其是美国和东南亚地区遭受了严重打击。在记忆里最糟糕的那几年中，2005年是其中之一。在那年，毁灭性的飓风"卡特里娜"席卷了美国的新奥尔良及其他海湾城市。气候学家指出，20世纪70—80年代间，没有出现飓风，然而自1995年以来，飓风又卷土重来。在1995—2005年间的飓风季节中，发生了9次非正常的风暴天气。
- 海洋变暖，珊瑚褪色——大量确凿的证据表明，全球的珊瑚正处于危险之中。虽然珊瑚出现在水温温暖的热带地区，但是过高的水温也足以致珊瑚死亡，原因如下：第一，生物体自身不能承受这么高的温度；第二，水温升高，珊瑚赖以生存的溶解钙就会变少。依靠珊瑚礁生存的小动物在珊瑚死亡后，其身上色彩斑斓的颜色也将消失不见，这就是我们所说的"褪色"。
- 冰川融化——冰川的变化是全球变暖最明显的证据，尤其是在北方地区以及南极洲和全球的高山顶峰。举个例子来说，照片显示格陵兰岛的冰川正以每天30米（约100英尺）的速度开始后退。在南极洲，拉森冰架（Larsen Ice Shelf）中约有罗得岛（Rhode Island）面积那么大的区域已经脱离了大陆。与此同时，位于坦桑尼亚的乞力马扎罗山（Mount Kilimanjaro）上的冰川正在迅速融化。科学家推算，到2020年这座山上将不再有积雪。

全球变暖是否正在导致全世界范围内的冰川融化？

许多科学家认为温室气体直接导致全球范围内的冰川融化，并以一个前所未有的速度慢慢变小。有人认为，到2030年美国蒙大拿州的国家冰川公园（Glacier National Park）将不再有冰川出现。位于东非肯尼亚山上的路易斯冰川（Mt. Kenya's Lewis Glacier）在过去的25年中已消融了近四成。

冰、云与陆地抬升卫星的任务是什么？

冰、云与陆地抬升卫星（Ice, Cloud, and Land Elevation Satellite, 简称ICESat）是美国航空航天局在2003年1月12日发射的一颗卫星。它可以收集包括土地地形、植被、悬浮颗粒水平等方面的信息。卫星上装有一个监控装置——地球科学激光测高系统（Geoscience Laser Altimeter System, 简称GLAS）。然而，这颗卫星的首要任务之一是发现地球上的冰原正在发生怎样的变化。

冰川融化会导致什么后果？

世界上最大的山脉——喜马拉雅山脉（Himalayas）上的冰川已经融化。融化的冰川注满附近的冰川湖，冲毁了湖的堤岸，河水暴涨，并导致大范围的洪水泛滥，使河流下游居民的生命受到威胁。目前，居住在世界上其他冰川附近的居民们也面临着类似的问题。

为什么把发生在过去的气候突变称作"丹斯果-奥什格尔事件"？

丹麦地球物理学家威利·丹斯果（Willi Dansgaard, 1992—　）发现，通过测量冰川中氧同位素和氘（氢同位素）、冰的含尘量和酸度就可以重新构建出过去地球的气候状况。他通过与瑞士物理学家汉斯·奥什格尔（Hans Oeschger, 1927—1998）一起研究20世纪60年代在格陵兰岛上钻取的冰川冰芯得出了这一结论。奥什格尔曾发明过奥什格尔计数器和辐射测量装置。奥什格尔和丹斯果所钻取的冰芯样本可以追溯到地球历史15万年前。从冰层可以看出，在那个时期全球气候曾经历过24次突然变化。这些事件现在被叫做"丹斯果-奥什格尔事件"。

全球气候变暖会使疾病的发生率增加吗？

较温暖的气候会助长虫类繁衍生息，其中包括昆虫、啮齿动物等，同时病毒、病菌也会随之增加。地球上可以使人类丧命的动物中，蚊子比其他动物更具有杀伤性，因为蚊子通过血液传播疾病，可以在热带和温带气候下大量繁殖。蚊子的繁育周期较短，且每年可以生育多次。它们会传播疟疾和登革热等疾病。啮齿动物通过携带像跳蚤和壁虱之类的寄生虫来传播疾病，当气候变暖时它们同样可以大面积繁殖。此外，全球气候变暖所带来的干旱、洪水和饥荒等现象使人们生活贫困、无家可归，供水卫生不合格。这些又加剧了问题的严重性。所有这些不卫生的生活条件助长了霍乱等疾病的传播。根据世界卫生组织在2008年发表的一份声明，每年约有15万人死于营养不良、腹泻以及疟疾，而这些疾病大都是由全球气候变暖所致。这对于非洲和东南亚等欠发达国家来说是最沉重的打击。

全球气候变暖和气候变化对平均气温有何影响?

到2100年,全球气温与1990年相比将会上升1.1℃—6.4℃(2℉—11.5℉),海平面将会上升约1—2米(3—5英尺)。

我们有证据证明过去也曾出现过全球气候变暖现象吗?

是的,我们有大量证据可以证明全球气候变暖在过去也曾出现过。下面列举其中较为人们所熟悉的两个例子:

白垩纪中期——在这段时期(约1.2亿—9 000万年前),新的海洋地壳的产生速度约是平时的两倍。大型火山高原在海洋盆地中形成;海洋温度极高;在全球范围内石油大量形成;海平面高得惊人——比现在高出大约100—200米(330—660英尺)。高温的原因有多种,其中包括火山爆发释放出的二氧化碳(一种温室气体),

一名工人正在北冰洋地区(Arctic Ocean)钻取冰芯样本。这些样本包含了重要的历史信息,很好地揭示了地球大气变化。(图片来源:北卡罗来纳州自然科学博物馆(North Carolina State Museum of Natural Sciences)、美国国家海洋和大气管理局,迈克·邓恩(Mike Dunn)摄)

引起"超温室"效应。这种效应使当时的温度比我们现在全球的平均温度高出约10℃—12℃(20℉—22℉)。有趣的是,有人认为洋底火山爆发产生的大量玄武岩占据了原有的海水位置,使海平面升高。随着海平面和温度的升高,有机物越来越多,最终为石油的形成提供了必要材料。

如果所有的冰原都融化,海平面会上升多少?

据估计,如果包括极地冰盖、格陵兰岛和冰岛上的冰以及全球的冰川在内的所有冰原都融化了,那么全球海平面将平均上升76米(约250英尺)。海平面的上升会摧毁几乎所有的海滨城市,使适宜人类居住的陆地空间变小,引起巨大的气候波动,甚至永远改变我们的生活。

始新世时期——在此期间（约 5 500 万—3 800 万年前）温度仍在升高。热带植被在赤道以北和以南约 45°—55° 或者在比今天高约 15° 的地带生长。根据岩石样本推算，当时地球的二氧化碳量大概是今天的 2—6 倍。科学家们认为，大陆板块碰撞使全球气候变暖，在此过程中大量温室气体被释放到大气中（这个现象同时表明了岩石循环和板块构造过程是如何影响大气状况的）。

什么是《京都议定书》？

《京都议定书》是由联合国发起的一个国际公约，其目的是减少全球气体排放量，抑制并最终改变全球气候变暖的状况。1997 年 12 月 11 日，来自 184 个国家的代表签订了这份协定。《京都议定书》的核心内容是为减少气体排放量制定时间表，2008—2012 年期间使温室气体排放量比 1990 年时的水平减少 5%。各缔约国既可以通过减少本国的污染物排放量，又可以通过"碳交易市场"即气体排放贸易体系，来获得该国的排放量分配数额。换句话说，想要在本国内得到更多的气体排放量许可，即可以从低排放量水平的国家购买排放量分配数额，也可以通过继续遵守此条约来获取更多的气体排放量分配数额。各国也可以通过以下两种方法来获得气体排放分配数额：资助其他国家的减排项目；在其他国家建立节能工厂和发电厂。

为什么美国拒绝签订《京都议定书》？

由于种种原因，美国分别于 1997、2001 年两次拒绝在《京都议定书》上签字。其中一个主要原因是中国和印度两国可以免受曾施加于美国的严格的污染控制，因此，美方代表认为这样会带来不平等的贸易利益。此外，美国政府坚信此条约将会严重破坏整个经济，导致大量美国人口失业，甚至更加依赖进口能源。

与中国和俄罗斯相比，美国在能源使用和生产上的情况如何？

截至 2007 年，美国 50% 的能源来自煤。2006 年，美国每天燃烧的石油量（2 100 万桶）是中国的 3 倍。俄罗斯每年天然气的使用量为 6 040 亿立方米，比美国略多。

如果全球气候变暖，永久冻土层融化，将导致什么后果？

随着全球气候持续变暖，由此产生的问题将会像滚雪球一样（这里用一个具有讽刺意味的词）加速变大。在斯堪的纳维亚半岛和美国的阿拉斯加州等地进行的对永久性冻土层和泥炭沼泽的研究后，最近，人们发现了全球气候持续变暖的一个主要原因。曾被永久冻土层覆盖的陆地正在逐渐解冻或变成湿地。听上去也许不错,但是储存在永久冻土层下面的是几个世纪以来,由腐烂的泥炭和其他植物所释放的甲烷气体的聚集物。它一旦开始融化,所有甲烷气体将被释放到大气中。据估计,甲烷气体的含量将多出50%。

海平面上升对哪些国家的威胁最大,也许会在21世纪消失?

太平洋和印度洋的低洼岛屿国家受到的威胁最大,最典型的要数图瓦卢和马尔代夫这两个国家。其他一些有可能受到威胁的国家如孟加拉国、印度、泰国、越南、印度尼西亚和中国等地将遭受严重的洪涝灾害,沿海地区将被海水倒灌,数亿人生活受到影响。

全球气候变暖正在使破坏力大的飓风数量增多吗?

根据麻省理工学院2005年的一项研究表明,由于全球气候变暖使海洋温度升高,因此仅在过去的几十年里,飓风的发生频率和密度就增加了约45%。例如,20世纪70年代在加勒比地区平均每个飓风季节发生10次飓风;截至20世纪90年代,每年发生的飓风数已经增至18次。休·威洛比(Hugh Willoughby)是美国佛罗里达国际大学(Florida International University)的一名研究员。他也十分肯定地说飓风风力会越来越强,活动也会更加频繁;美国国家海洋和大气管理局的科学家们也持有同样的观点。佛罗里达州立大学(Florida State University)的詹姆斯·奥布莱恩(James O'Brien)教授是持有不同观点的人之一。他坚持认为这些数据表明,在1850—2005年间,飓风数量并没有明显增多的趋势。

全球气候变暖会导致什么意想不到的变冷现象?

这似乎有悖于常理,但是当全球似乎在变暖时,温度计度数却显示夏天的最高温度正在下降。然而此时,冬天的最低温度在持续升高。因此,整体平均气温呈上升趋势。同时,随着地球表面温度的升高,平流层上空的温度却一直在变冷。产生这种现象的原因是臭氧气体遭到破坏。臭氧的作用是吸收产生热量的紫外线辐射,它的逐渐减少使更多的紫外线辐射直接穿透平流层,所以平流层的温度就不会升高。1979年以来的纪录表明,平流层的3次最低温度已分别在1997、2000、2006年出现。

植物和鸟类的哪些行为变化正在预示着全球气候变暖？

人们已经注意到春天来得更早，花朵开放更快，夏天持续的时间比往年更长，有时候时间变化可达一周或几周。鸟类观察者注意到，在北方气候条件下，鸟类的种类逐渐增多，而这种现象是从来没有过的。由此可以看出，鸟类南北迁徙现象也发生了改变。在北美地区，例如负鼠和犰狳这样的哺乳动物正在逐步扩大它们在北方的活动范围。更令人担忧的是，像火蚁、非洲蜂等昆虫也正在向北迁移。

海平面上升后有多少陆地会消失？

科学家认为，海水每升高1毫米（0.04英寸），将会有1.5米（4.9英尺）的海岸线消失。这就意味着，如果海平面每上升1米（3.28英尺），海岸线将会向内陆方向后退1.6千米（1英里）。

全球气候变暖会对供水产生威胁吗？

全球有很多地区的居民是从附近山上的积雪融化流进河中后获取饮用水的。全球气候变暖对美国的南加利福尼亚州的威胁尤为严重。附近的内华达山脉（Sierra Nevadas）上的积雪正在消融，冬天的降雪量又不能弥补消融掉的雪量。美国的洛杉矶及其他城市因此受到的水资源短缺的困扰逐渐增多。现在预计，到2050年，全国的积雪将消失25%，这将对已经出现人口增长速度过快的各州造成了较大的压力。同时，西南地区的干旱将导致河流湖泊逐渐干涸。在这一地区，因谷物减产、牲畜死亡以及游客减少等带来的经济损失预计将达到约13亿美元。

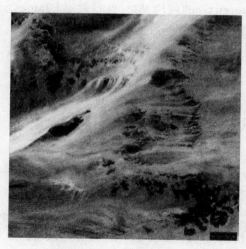

1万年前的撒哈拉沙漠（Sahara Desert）还是个肥沃的草原栖息地，大象、狮子以及其他物种在此生活。如今，它是全球最大的沙漠，并以惊人的速度不断扩大。（图片来源：美国国家航空航天局）

全球气候变暖正在使沙漠扩大吗？

沙漠化就是沙漠的扩大以及淡水资源的减少。造成此现象的原因有很多：农业的过度开垦、人口过剩、干旱以及气候变化。毫无疑问，全球的沙漠面积正在以惊人的速度不断扩大，然而淡水湖以及其他水资源正逐渐变少并转变成荒漠。可以引用的例子有很多，这里仅举以下几例：

- 乍得湖（Lake Chad）的水资源由非洲的尼日利亚、尼日尔、喀麦隆以及乍得几国共享。它的面积比20世纪60年代时缩小了95%。
- 自1980年以来，哈萨克斯坦已经失去一半的高产量农田。
- 自2002年以来，伊朗的沙尘暴已经吞没了100多个村庄。
- 中国的戈壁沙漠增长迅速，破坏了土地并引发巨型沙尘暴。
- 据估计，到2025年，3/4的非洲国家将会因水资源和农田的减少而面临饥荒。
- 人口迁移以及能源争夺正在引发战争，特别是非洲国家，比如目前发生在苏丹的冲突。

哪些重要的能源不会导致全球气候变暖？

尽管人们担心不知道该如何处理核燃料废物，核能却有着不产生使全球气候变暖的排放物的优势。也正是由于这个事实，极大地推动了美国核反应堆的建设。然而，核反应堆本身不会产生排放物，但是仍然会留下碳的"足迹"。因为核工厂发电所使用的铀元素需要开采，矿石需要船运和加工，核工厂需要建设和维护，所有这些都需要由石油和煤等能源提供能量。截至2008年，美国建有104个核发电厂，提供全国所需的20%多的电力能源。

风力发电厂是一个解决能源危机和全球气候变暖的好办法吗？

从风力发电厂获得的能量来看，它似乎至少是能够解决一部分我们所需能源的一个很好的办法。尽管风变化无常，但是它却不需要开采且免费、干净。同时，为了使获取风能的技术更加经济，风车和发电机得到了逐步完善。虽然风能现在只能提供全球所需电力的0.1%左右，但是它正以每年约30%的速度增长。

尽管如此，风力发电厂仍有一些问题。一方面，在美国加利福尼亚州南部等地区的大型风车致使鸟类和其他动物死亡。运气不好的鸟一旦靠近风车就会被劈成碎片。一些环境保护主义者担心这样使被列在濒危物种名单上的一些鸟类丧命。2002年，在一份来自西班牙风力发电厂的研究中特别提到，仅在一年中，风车和连接电线就杀死了35万只蝙蝠、300万只小鸟和1.12万只猫头鹰。位于加利福尼亚州棕榈泉（Palm Springs）附近的阿尔塔蒙特山口风能资源区有4 900只风车，每年的每只风车上都有4 700只鸟死于风车轮下，其中包括1 300只像穴鸮和鹫一样的食肉鸟类（猛禽）。由于土地资源不断短缺，一些国家正在近海地区建造风力发电厂。举个例子，英国正在新建的一座风力发电厂，占地面积约为375平方千米（145平方英里），地点位于肯特（Kent）、埃塞克斯（Essex）、克拉克顿（Clacton）、马盖特（Margate）等近海区。这些建造在近海地区的风力发电厂一定会对海鸟构成威胁。

另一方面，风力发电厂会占用大量土地。坐落于山坡和开阔平原上的风力发电厂

很多人认为，风力发电厂是解决能源危机和全球气候变暖的一个办法。但另一方面，风能对于环境和野生动物却有着消极的影响。

严重破坏了野生动物的栖息地。每个风车占地约144平方米（1 600平方英尺）。此外，建造能够满足城市供电需求的大型风力发电厂需要大量能源，包括铁、混凝土和其他一些建造和维护风力发电厂所需要的材料以及建造中需要燃烧的石油和天然气。

风力发电厂会影响天气吗?

在一定程度上说风力发电厂会影响天气。2008年的一份研究表明，大型风力发电厂实际上会对当地的天气和气候产生影响。仔细想想，这种说法确实很有道理。多年来，农民一直使用大型风机来降低土地湿度，当作物面临冰冻的危险时给它们加温。风力发电厂同样可以降低湿度，提高温度，特别是在早晨的时候。这样一来，问题就产生了——随着我们建造的风力发电厂越来越多，有多少风车会对全球的天气和气候产生影响呢?

全球气候变暖是不可逆转的吗?

2009年1月美国国家海洋和大气管理局在其发布的一份报告中指出，即使我们今年一整年都不排放二氧化碳和其他气体，想要扭转当前的状况也为时已晚。太多促使全球变暖的气体在大气中聚积,因此,我们现在注定要经历一段变暖的时期。这种情况在下个1 000年里很可能会持续下去。

所有的科学家都认为全球气候变暖是人类造成的吗?

简单来说,并不是所有的科学家都认为全球气候变暖是人类所致。尽管越来越多的科学家开始相信,我们的气候正在发生显著变化,但仍有一些人认为这与太阳活动周期有关。一些气象学家同样指出,从历史的观点来看,气候变暖先于二氧化碳水平的升高,而不是在二氧化碳水平升高后气候才变暖的。这是因为当地球变暖时,海洋温度也随之升高。变暖的海洋使全球多数的二氧化碳以碳酸的形式存在。当海洋温度达到足够高时,二氧化碳就会被释放到大气中去。

科学家是否曾提醒过我们20世纪70年代将会出现冰川时期?

1970年初,大量媒体把注意力投向了"地球很快将会再次出现冰川期"的推测。1971年,由S. I. 拉苏尔(S. I. Rasool)和S. H. 施耐德(S. H. Schneider)在空间研究所(Institute for Space Studies)共同发表的一份科学论文中对冰期进行了预测。媒体经常将它作为引证。这篇论文的内容与大气中悬浮微粒水平的作用有关;作者推测,在接下去的几年中,悬浮微粒水平会上升600%—800%,进而引发冰期。事实上,悬浮微粒的水平下降了。即使不下降,很多科学家也认为,拉苏尔和施耐德对二氧化碳水平影响温度的判断并不准确。尽管如此,这篇论文和其他引用该论文观点的出版物受到了媒体的关注,使很多人相信接下来的气候大变化将会是一个"冷却期"。

其他科学家是不是也认为我们也许将走向冰期?

答案是肯定的。举个例子,2006年俄罗斯科学院的主要研究者哈比布洛·阿卜杜萨马托夫(Khabibullo Abdusamatov)认为,2012—2015年全球平均温度将缓慢下降,随后在本世纪中期,更大幅度的温度下降将持续60年。

全球气候变暖真的会导致像2004年的电影《后天》中突然出现的冰期吗?

不会,《后天》(The Day after Tomorrow)只是好莱坞的一部电影。在电影中,科学家预测(为了有机会展示大量的特效而设置的剧情)所有融化后流进海洋中的淡水使墨西哥湾暖流消失,从而导致一个新的冰期的突然到来。纽约城在一天内被冻住,奇异的暴风雪让人们瞬间变成了冰块。然而让人觉得荒谬的是,专家们承认融化的冰盖的确会产生很多负面影响,例如海平面上升和天气模式的改变。

有趣的是,冰期的发生十分迅速。地质学家和冰川学家估计,一些冰期将在多到几十年、少至3年的时间内快速蔓延至北美地区。

阿拉斯加的一些冰川是否正在增多?

事实上,近年来包括最著名的哈巴德冰川(Hubbard Glacier)在内的很多阿拉斯加(Alaska)冰川一直在不断增长。造成这个现象的原因很复杂,也许与"气候是否正在发生变化"没有任何关系。冰川学是一门极其复杂的科学,简单来说有7种不同类型的冰川。一些冰川在山谷中,它们对温度变化更加敏感。另外一些冰川(包括哈巴德冰川)被称为裂冰冰川,它们在海洋里消融,一部分会被海水带走成为令人叹为观止的"裂冰"景观。包括哈巴德冰川在内,阿拉斯加的五大冰川正在不断增长,其共性是:1. 它们在之前经历了长时间的后退,只是在最近才增多(在过去的1个世纪左右);2. 它们都在冰碛浅滩上发生冰河崩解;3. 它们都处于长峡湾的源头;4. 由垂直重力产生的质量差使它们自身变大;5. 它们都有小面积消融区域,即发生融化或消亡的小面积区域。冰川学家指出,更长时间的温度变化对具有这些特点的冰川影响都不是很大。

认为"全球气候变暖不是人类所致"的数千名科学家在哪个请愿书上签了字?

约3.1万名美国科学家在全球气候变暖请愿书上签字并发表了"全球气候变暖不是人类活动所致"这一声明。声明中还提到,事实上,地球变暖给我们带来了很多好处,美国应继续拒绝签署京都议定书。看到在海洋温度、太阳活动、冰川消融、极端风暴等方面的发展趋势,这些科学家坚持认为,自19世纪以来,在所有这些方面所呈现出的上升趋势一直存在。因此他们相信,限制工业和经济发展的政策都是错误的。

2008年中国的天气如何?

2008年的冬天是有记录以来中国最冷的冬天之一。甚至包括香港在内的南方城市都在几周内经历了历史低温和能源供应短缺。

在阿拉斯加的冰川海湾发生的冰川崩裂是一种自然过程。然而，全球气候变暖导致冰川的融化速度加快，冰川崩裂现象似乎也随之增多。（图片来源：美国国家海洋和大气管理局特种部队，约翰·波特尼尔卡（John Bortniak）摄）

2008年是美国最冷的年份之一吗？

是的，对于美国来说，2008年的平均温度是自1997年以来最低的一年。随着拉尼娜年的到来，那一年也是降水量增多的一年。这也是气象学家为什么把这一年认为是一个相当寒冷的季节的主要原因。2008年1—10月的平均温度为13.3℃（55.9℉），而1997年的平均温度是13.2℃（55.7℉）。就近114年以来的记录来说，2008年确实成为一个相当平均的年份。然而，2008年是有记录以来全球温度第9高的一年。

美国国家气候数据中心报告的2008年的平均温度是多少？

根据国家气候数据中心（National Climatic Data Center，简称NCDC）的报告，美国本土48个州的平均温度比1900—2000年测量到的平均温度低了0.14℃（0.3℉）。

第十一章　现代气象学

天气预报

现代天气预报是从什么时候开始的?

1692年5月14日,在一份名为《改善畜牧业和贸易的合集》(*A Collection for the Improvement of Husbandry and Trade*)的新闻周报上刊登了一个与去年同期相比较的7天气压和风速情况的表格。读者可以根据表格自己预测天气情况。此后,各家期刊都纷纷登出了自己的天气图表。1771年出版的名为《每月天气报告》(*Monthly Weather Paper*)的新刊物则完全是关于天气预报的内容。1861年,英国气象局开始发布每日天气预报。第一个天气预报广播则是由位于美国威斯康星州首府麦迪逊市(Madison)的威斯康星大学(University of Wisconsin)第9XM号气象站于1921年1月3日发布的。

美国首个官方风暴预警是什么时候开始实行的?

1870年11月8日,与美国陆军通信兵部队(U. S. Signal Crops)合作的因柯瑞斯·拉帕姆(Increase Lapham)教授发布了美国首个强风暴预警。此次预警与在北美五大湖不断加强的风暴有关。

什么是合作气象观测员？

虽然美国政府在全国各地投资建设了多个气象站,但却无法担负所有气象站对全国各个角落气象观测的必要开支。幸亏有一些被称为"合作气象观测员"的志愿者们帮忙,他们测量风速、温度、降水量等信息,并将数据提供给与美国国家气象局和国家气候数据中心合作的气象学家。

提出"气象观测志愿者"这一想法的人是谁？

这一想法的提出要归功于美国物理学家、数学家约瑟夫·亨利(Joseph Henry, 1797—1878)。他是美国国家科学院(National Academy of Sciences)的第二任院长,也是史密斯森协会(Smithsonian Institution)的第一任秘书长。亨利在电磁学领域取得了重大进展,并开始对电磁继电器展开研究,为塞缪尔·莫尔斯(Samuel Morse,1791—1872)最终发明电报提供了研究基础。在亨利任职史密斯森协会秘书长期间,他开始意识到可以用电报这样一个很好的新发明将全国各地的气象观测员联系起来,然后他们就能将观察到的气象信息发送到美国首都华盛顿。这就是我们今天的气象观测志愿者网络。

气象学家是如何通过气压变化预测天气的？

气象学家根据气压计的读数可以预测与天气相关的很多具体情况。一般来说,气压变化说明了以下几点:

气压下降预示着下雨、刮风、风暴天气。

气压少量、快速下降说明持续时间短的风雨即将到来。

气压以慢速、中等速度下降说明低气压系统在这一地区将要形成,但并不会造成恶劣天气。

在长时间内气压缓慢下降预示坏天气将持续一段时间。

高气压过后气压缓慢下降说明坏天气将会更加糟糕。

气压升高是干燥、寒冷天气的标志。

气压缓慢、大幅提升意味着好天气即将到来,并将很可能持续相当长的一段时间。

当气压由低到高快速上升时预示着好天气即将到来。

气压快速下降预示着在未来6小时内将有风暴来袭。

新农用年历和旧农用年历之间有区别吗?

《旧农用年历》(the Old Farmer's Almanac)于1792年首次出版,责任编辑是罗伯特·B.托马斯(Robert B. Thomas,1766—1846),现在由美国新罕布什尔州的都柏林市发行。1818年,名称相似的《农用年历》(Farmer's Almanac)在美国俄亥俄州首次出版,创刊编辑是大卫·杨(David Young,1852年逝世)。现在,此刊物的总部设在美国缅因州的刘易斯顿。在创刊之初的几年,《旧农用年历》名为《农用年历》。尽管两本刊物的刊名十分相似,容易混淆,但它们的确是两本不同的刊物。既然是年历,就一定包含了关于即将发生的天文事件,例如潮汐、太阳升起和降落、月球周期等信息。为了增加趣味性,还开设了烹饪食谱、园艺小贴士、自然新闻和读者建议专栏。由于是年刊,刊物也对来年的天气做出了预测并受到农民们的热烈追捧。两本书都声称自己使用的神秘公式预测出来的天气是最准确的。《旧农民年历》宣称它预测的准确率高达80%。虽然气象学家对两本刊物所宣称的内容持有异议,但是他们也指出,年历是对天气预报进行的概述,对于这一点气象学家也毫不怀疑。例如,对春天天气的预测也许会这样说:"中西部地区的降雨将多于往年。"

土拨鼠能够准确预测天气吗?

60多年间,在每年的2月2日——土拨鼠节当天,土拨鼠预测天气(即春天什么时候来临)的准确率只有28%。德国是第一个庆祝这个节日的国家。节日当天,当地农民会观察从冬眠中苏醒的獾。如果是晴天,困倦的獾会被自己的影子吓到,重新躲回洞中休眠6个星期;如果是阴天,它就会待在外面,预示着春天已经来临。移居到美国宾夕法尼亚州(Pennsylvania)的德国农民把土拨鼠节带到了美国。但是,他们发现宾夕法尼亚州没有獾,于是就用土拨鼠代替了獾。

从毛毛虫身上的条纹可以预测天气吗?

古老的迷信中有这样一种说法,在秋天,通过观察毛毛虫身上的褐色带或条纹的宽度可以预测即将到来的冬天的寒冷程度。迷信认为,如果褐色带宽,那么即将到来的冬天将是一个温冬;如果褐色带窄,则是一个严冬。据位于纽约的美国自然历史博物馆的研究表明,天气与毛毛虫身上的条纹没有任何关系。这种说法只是一种迷信,没有任何科学依据。

有既可以预测天气，又可以告知时间的树吗?

通过观察树叶预测天气可能是一种过时的方法，但是农民们注意到，当枫叶在大风中卷曲且上下翻转时，降雨一定会随后而至。樵夫称，他们可以根据长在坚果树上的青苔密度预测即将到来的冬天的严寒程度。在纺织娘苏醒前，黑胶树能够表明冬天马上就要到来。树木也是一种特别的计时器：加纳籽是一种生长在非洲西部热带地区的植物，有5厘米（2英寸）长的饱满豆荚，当豆荚崩裂发出爽脆的声音时，预示着阿克拉平原(Accra Plains)上的农民该种庄稼了。18米(60英尺) 高的三唇树分别在2月和8月开两次花，表明在第二次降雨到来前应进行玉米的二次种植。在斐济岛（Fiji Islands），刺桐花开放时预示着该种植山药了。

1872年9月1日的气象图，由美国陆军通信勤务处（ U.S. Army Signal Service）制作。图上显示的是美国东部的气压、云量、降水量以及洋流等信息。(图片来源：美国国家海洋和大气管理局)

太阳或月亮周围出现光圈,是否预示着降雨或降雪即将到来?

光圈出现在太阳周围或夜空中的月亮周围（更常见），说明有构成卷层云的高冰晶体。光圈越亮，降水概率就越大，到来的也就越快。虽然降雨或降雪并不是一直发生，但2/3的降水是在12—18小时内发生的。这些卷状云是即将到来的暖锋的前兆，与低气压相伴而至。

第一幅气象图是什么时候出现在报纸上的？

1875年4月1日发行的英国伦敦《泰晤士报》（*Times*）首次将气象图刊登在期刊中。气象图由英国科学家弗朗西斯·高尔顿爵士（Sir Francis Galton, 1822—1911）制作，他是达尔文（Charles Darwin）的表弟。高尔顿在没有利用卫星甚至是电话的情况下制作出气象图。图中显示了整个不列颠群岛（British Isles）和西欧（Western Europe）部分地区的盛行风、气压以及温度等状况。

美国在什么时候首次发布了显示冷暖锋的气象图？

虽然在第一次世界大战期间已经发现了天气锋面，但直到20世纪30年代，美国气象图才开始用符号将它们标注出来。

什么是"即时天气预报"？

"**即**时天气预报"这个词听起来让人觉得有点可笑，它指的是对短期内（约2小时）的天气进行的预测。由于气象学家利用了卫星、雷达以及其他一些现代工具，即时天气预报很可能是最精确的天气预报类型。虽然天气模式仍然会在没有任何预兆的情况下突然发生改变（如龙卷风），但在短时期内，我们对它的预见性还是相当强的。举例来说，如果你看到一个巨大、有序的风暴锋面在仅几千米（几英里）外的地方朝你所在的城市袭来，那么气象预报员一定会准确地告诉你风暴在什么时候会对你所在的地区造成影响以及未来的天气状况。

美国国家气象局发布的公告、声明、观察和预警之间有什么区别？

美国国家气象局会发布一份"声明"作为对重大天气变化的"首个警报"。当天气状况不会对生命造成威胁时，将会发布"公告"，但此时，人们仍需对天气状况保持警觉。当天气状况比平常更具危险时（如龙卷风和强烈的雷暴），就会发布气象"观察"，建议人们做好出行计划和准备，增强防范意识（即注意天气变化，关注最新信息，考虑好危险来临时的应对措施）。当某种天气危害临近或已经被报道出来时，气象"预警"会告知人们应采取行动，保护生命和财产安全。从"预警"的类型中我们可以看出天气危害的类型（如龙卷风预警、暴风雪预警）。

什么是风暴预测中心?

风暴预测中心是美国国家气象局和国家环境预报中心(National Centers for Environmental Prediction, 简称SPC)下属的一个中心。它只负责预报包括大雨、大雪以及能引发危险野火的天气状况在内的危害性天气。

气象学家是如何提出天气预测概率的?

在天气预报中,我们总会听到气象学家这样说:"今天下午发生阵雪的概率为40%"或者"夜间降雨概率为75%,晚间天气潮湿"。那么他们是如何计算出这些数字的呢? 对于很多观众来说,这些数据似乎只是由电视机里的天气预报员主观臆想出来的。而事实上,这些数字是经过一系列计算机模型计算出来的。在通常情况下,气象学家尽可能地将来自地方气象站和国家气象站(包括从气象卫星、多普勒雷达和温度计等)的更多数据收集到一起,再将它们输入到计算机的气象模式程序中,并根据这些初始状况运行出可能发生的几十个场景。举个例子,如果在运行的60个场景中,有20个场景预测将有降雨发生,那么气象学家将作出这样的预测:降雨概率为30%。考虑到我们现在掌握的天气工作原理方面的知识和计算机技术的局限性,气象学家预测的数字已经做到尽可能地贴近真实情况,而混沌理论指出,人们期待气象学家给出100%甚至是90%或80%的预测准确率,这种想法是不合理的。

气象学家们所说的POP是什么意思?

POP是降水概率(probability of precipitation)的缩略形式。

在气象预报中,"部分地区晴朗"和"部分地区多云"有区别吗?

"部分地区多云"是指在天空基本晴朗,只有少量云朵;而"部分地区晴朗"指的是天空中被云覆盖的地方多于晴朗无云的地方。

什么是美国国家海洋和大气管理局气象电台?

美国国家海洋和大气管理局气象电台一天24小时播出全美国境内(覆盖了美国本土48个州的约90%的地区)的天气状况。气象电台与紧急报警系统(Emergency Alert System)、联邦通信委员会(Federal Communications Commission)以及其他联邦、州和地方政府共同合作,也播报其他危害预警,如地震和海啸、环境事故(如石油或化学物品泄漏等),还发布关于寻找失踪儿童的安珀警报(AMBER Alerts)等公共服务信息。

什么是航空天气预报？

　　航空天气预报在支持航空工业、为航空工业服务方面起到了重要作用。航空天气预报向飞行员和航空管理部门发布有关潜在危险天气状况的预警。这些潜在的危险天气会导致风切变、机翼结冰、飞机严重颠簸、强风、雷雨或其他危险状况。虽然乘客可能会对由于这些预警而导致的飞机延误懊恼不已，但航空天气预报每年都能挽救成千上万条生命。如果飞行员没有收到对危险天气发出的预警，最糟糕的状况也许就会发生。除此之外，航空天气预报员还能就风的状况给出建议，使飞机避免顶风飞行，从而节省油耗。在航线燃料费用上涨的今天，航空天气预报为航空公司节省了数十亿美元的潜在开销。

什么是航海天气预报？

　　作为对航天天气预报的补充，航海天气预报向航海船只发布风暴和海浪预警。这样的预报同样可以挽救生命和财产，节省燃料。美国国家海洋与大气管理局的全国数据浮标中心（National Data Buoy Center）对海洋状况进行跟踪观测，其主要任务是发布飓风预警和海浪预警（通过海浪可以预测由水下地震引发的海啸）。

什么是农业天气预报？

　　农业天气预报预测天气情况，尤其是预报可能对庄稼产生威胁的冰雹，还包括降水量（特别是冰雹）、极端炎热或寒冷的天气以及具有破坏性的大风天气。准确的农业天气预报对农民来说是福音，气象学家可以帮助农民决定种植或收获的最好时机、喷洒杀虫剂和除草剂的合适风力条件、搭建灌溉系统的时间以及开启风力机并在霜冻之前打开烟熏炉的时间。

什么是产业天气预报？

　　无论是地方还是国家，都将产业天气预报应用于经济学领域。天气以多种方式影响人们的商业、交通和消费活动。举个例子来说，对酷暑期或寒潮的预测可以帮助公共事业公司应对消费者集中使用空调或暖炉的情况。对于坐落在较干旱地区的城市来说（如美国洛杉矶），影响水库蓄水量的降雨预报起了很大作用；例如，地方政府可以在干旱时发布水资源保护指导方针，以防止水资源不足。拥有数十亿美元市场的体育产业得力于天气预报，为雨、雪或其他恶劣天气状况提早做好准备。对于冰雪的预报可以帮助运输公司在货运方面有所计划；就连快餐业也会受到天气影响，例如，研究表明，严寒时点比萨外卖的人更多。总之，产业天气预报对商业和政府都十分有益，它帮助人们为潜在的损失（冬季的暴风雪或飓风一般都会给地方经济造成数十亿美元的损失）或资源的重新分配做足了准备。

什么是火险天气预报？

火险天气预报关注降雨量、湿度、温度、雷雨、风和日照等这些可能使森林和草地起火的因素。火险天气预报可以在火灾形成之前，让灭火队员和其他急救保障单位有所准备；当火灾来临时，火险天气预报可以帮助专家作出判断，比如大火可能蔓延的方向，是否会有降雨帮助扑灭大火等。

什么是交通天气预报？

大多数人很可能对交通天气预报比较熟悉，在它的帮助下，轿车和卡车司机对危险的路面状况有所警觉。交通天气预报也可以帮助地方政府清理街道和高速公路，在道路上喷洒除雪盐或沙粒，让执法者和急救人员做好急救准备。就商业而言，交通天气预报会对航空如船运公司发出预警，比如，不要用没有冷藏或加热设备的卡车运送易腐坏的商品。铁路运输也有必要为不利的天气条件提前做好准备。一些大型企业从私人天气预报公司那里得到即时的气象报告。

1938年，一架海岸警卫队的飞机向正在美国佛罗里达州海岸捕捞海绵的渔船投掷一份飓风预警公告。（图片来源：美国国家海洋和大气管理局）

气象学家可以预报出龙卷风吗？

对"龙卷风是否会到来"、"它会袭击哪个地方"进行预报是件很难甚至是不可能的事。预报员所能做的就是警告人们龙卷风什么时候具备形成的条件，或者如果有人观测到了龙卷风，预报员会警告大家做好防护。气象学家观测龙卷风式的雷暴天气，这种天气发生时会出现很明显的预兆——风切变、云雾消散、空气潮湿以及这种天气本身具有的不稳定性。因为导致龙卷风形成的天气模式不止一种，这使预测工作增加了难度。为了预测龙卷风，气象学家利用一切技术，如气象气球、多普勒雷达、卫星、从气象站得到的数据、雷击图和计算机模型等。

用多普勒雷达能看见龙卷风吗？

不能。多普勒雷达能告知气象学家风暴条件是否有利于龙卷风的形成（比如强风和云的转动），但实际上，用它是观测不到龙卷风的。

首个成功预测龙卷风的人是谁？

美国军官欧内斯特·弗布斯（Ernest Fawbush）和罗伯特·米勒（Robert Miller）首次正确预测出了龙卷风的形成时间——1948年3月25日。他们意识到，美国俄克拉何马州中部的天气模式与几天前刚刚袭击过星科尔美国空军基地的龙卷风的天气模式十分相似。他们将情况报告给了上级，上级决定向驻地居民发出可能被龙卷风袭击的预警。几小时后，龙卷风就再次袭击了星科尔空军基地。

什么是数值天气预报？

数值天气预报（或数值预报）是一门科学。它认为，如果一个人既掌握了物理规律，又了解当前天气的运动状态，那么他就可以对天气进行预测。一些被统称为卑尔根学派（Bergen School）的挪威科学家提出，空气的流动方式和水差不多，因此空气遵循和水一样的流体力学规律。了解天气的实时状况至关重要，因而，在没作出任何预测之前，数值天气预报在很大程度上依赖于不同地方的详细天气报告。一旦掌握了各地的天气情况，科学家就会基于热力学定律、波义耳定律（Boyle's law）以及牛顿物理学等原理，运用数学公式计算天气状况。

为什么美国曾禁止对龙卷风进行预测？

考虑到警示人们"龙卷风可能形成"会使居民造成恐慌，因此美国气象局在20世纪40年代断断续续禁止了此类预报。但是，随着气象学的发展和人们对龙卷风突然到来的恐惧感的下降，气象局在1950年解除了对龙卷风进行预测的禁令。

首个提出数值天气预报方法的人是谁?

挪威物理学家、气象学家威廉·皮叶克尼斯（Vilhelm Bjerknes, 1862—1951）是首个在天气预报领域做正式研究的人。他也因在1921年发表的影响深远的一本书《论圆涡动力学及其在大气和大气涡旋、波动中的应用》（*On the Dynamics of the Circular Vortex with Applications to the Atmosphere and to Atmospheric Vortex and Wave Motion*）而闻名。他在书中提出的观点为1904年的数值天气预报提供了理论基础。1922年，英国数学家、气象学家刘易斯·F.理查森（Lewis F. Richardson, 1881—1953）再次提出这个理论。理查森对皮叶克尼斯理论中的数学运算十分感兴趣，但是在计算机没有问世之前，预测天气所需的必要计算是十分复杂且费力的。据理查森估算，为了使这一方法奏效，大概需要2.6万人同时使用计算器，才能使数值计算足够快。为此，他亲自进行了一些初步计算，然而，他对天气预测作出的早期努力离成功还相差甚远。理查森对皮叶克尼斯的数值预报方法产生了一些误解，因此，他估算出的气压值要偏高很多。由于理查森的失败，20世纪40年代没有人再使用数值天气预报法。

在20世纪40年代和50年代发生了什么事使科学家对数值天气预报重获希望?

美籍匈牙利数学家约翰·冯·诺依曼（John von Neumann, 1903—1957）发明了计算机，它是现代计算机的前身。这台计算机可以进行快速计算，因而能够满足数值天气预报法对计算的需求。此后，普林斯顿大学（Princeton University）的气象学家朱尔·查尼（Jule Charney, 1917—1981）对理查森早期的失败进行了研究，并于1946年写下了改进公式。在诺依曼发明的计算机的帮助下，这个公式可被用于气象预测。在此基础上，1950年4月，气象学家在美国马里兰州（Maryland）的阿伯丁试验场（Aberdeen Proving Ground），使用电子数字积分计算机（ENIAC）并运用数值计算法，第一次成功地预测了天气。天气预报的后续工作开始于1955年，使用的是一台由美国国家气象局、美国海军和空军资助的IBM电脑。

雷　达

什么是雷达?

雷达（radar）是"无线电探测和测距（RAdio Detection and Ranging）"的缩略形式，它是用无线电波在大气中探测物体。1904年，德国发明家克里斯蒂安·侯斯美尔

（Christian Hülsmeyer, 1881—1957）第一个发明了一种叫"电动镜"的雷达探测器，并于1906年获得该装置的专利。最初发明"电动镜"的目的是让船舶可以探测到对方，避免在恶劣的天气状况（如大雾）下相撞。遗憾的是，这项伟大的发明在当时并没有得到重视。有人设想，如果这项发明在当时得到了足够重视的话，1912年发生的"泰坦尼克"号的悲剧原本是可以避免的。由侯斯美尔提出的另一概念是"远程控制"。他相信，无线电波可以恰当地应用于机械装置的开关。然而，人们又一次忽略了他提出的这一概念，侯斯美尔从来没有得到过他应得的荣誉。

雷达最终从何时开始受到广泛关注？这是谁的功劳？

在侯斯美尔首次提出"雷达"这一概念的30多年后（即1935年），在英国科学家罗伯特·沃森瓦特（Robert Watson-Watt, 1892—1973）与 H. E. 温珀里斯（H. E. Wimperis, 1876—1960）、亨利·蒂泽德（Henry Tizard, 1885—1959）以及 A. F. 威尔金斯（A. F. Wilkins）的共同努力下，雷达技术开始受到重视。华生瓦特在为英国政府工作期间，曾被指派去调查德国阿道夫·希特勒（Adolf Hitler）是否会用无线电波制造杀伤性武器。华生瓦特知道这是不可能的，但他却发现了无线电波的另一个潜在用途。他和他的同事通过利用英国广播公司的短波无线电发射器，开创了首个"实用雷达技术"。雷达在第二次世界大战中被用于探测德国的攻击型飞机，使英国在1940年的不列颠之战中占据有利地位，并因此备受赞誉。

气象雷达的发明应归功于何人？

决定将雷达应用于气象预报并不是个人行为。英国和美国的实验表明，无线电波遇到云层后会被反射回来，同时随着技术发展到了一定程度，雷达技术理所当然地被应用于天气预报。1949年，雷达被首次专门用于气象数据的获得。但是，直到20世纪50年代中期，美国才建立起一个应用雷达技术的气象站。在1954、1955年东海岸遭到两次严重的飓风袭击后，议会批准美国气象局建立一套国家气象雷达网，并因此于1957年创建了气象监视雷达。气象监视雷达系统所使用的是在20世纪70年代后期就过时了的真空管和其他技术。事实上，由于真空管短缺，其他部分不得不用手动操作来保证气象监测系统的正常运行。尽管如此，直到20世纪90年代，经过议会批准此系统才被更换。

什么是多普勒雷达？

多普勒雷达测量的是活动目标的回波频率与发射波频率之间的频率差。通过测量收发频率差，多普勒雷达计算出在空气中的雨、雪、冰雹甚至昆虫的运动速度。多普

这是1971年拍摄的建造在美国俄克拉何马州诺曼市的第一台美国国家强风暴实验室雷达。这台配有3米(30英尺)长天线的早期雷达最终被改进为NEXRAD WSR–88D气象雷达。(图片来源：美国国家海洋和大气管理局中心图书馆图片资料室；海洋和大气研究室/环境研究实验室/美国国家强风暴实验室)

勒雷达用于预测风速、风向以及伴随风暴天气产生的降雨量。

什么替代了WSR–57s雷达？

1974年，WSR–74s加入到雷达系统中，与被称为老式"57s"的雷达一起使用。直到1988年，运用更新的多普勒技术才创造出"新一代雷达"。1990年，首台NEXRAD雷达被部署在美国俄克拉何马州的诺曼市。现在，在美国全境共有160个NEXRAD雷达站。

什么是多普勒效应？

多普勒效应指的是，根据波源或光源与观测物的运动变化而产生的声波和光波的不同反应方式。当波源和观测物向相反方向运动时，波长增加；当波源和观测物向对方靠近时，波长缩小。当物体发出声波时，如果声源接近观测物，那么听到的音调就会更高；如果声源远离观测物时，听到的音调就会更低。当物体发出光波时，被压缩的可见光就会被迫向蓝色光源移动；如果观测物远离光波，可见光就会向红色光源移动。天文学家埃德温·哈勃利用光波的这一特性形成了他的"宇宙大爆炸"理论。

多普勒效应以奥地利物理学家、数学家约翰·克里斯蒂安·多普勒（Johann Christian Doppler（1803—1853））的名字命名。然而，作为一位历史名人，他的真实姓名给人们带来了极大的困惑。实际上，洗礼证明书上显示，他出生时叫克里斯蒂安·安德里亚斯·多普勒（Christian Andreas Doppler），但在他的墓碑上刻的名字则是克里斯蒂安·约翰·多普勒（Christian Johann Doppler）。有资料表明，他被人们引用的名字既有克里斯蒂安·安德烈亚斯·多普勒（Christian Andreas Doppler），也有约翰·克里斯蒂安·安德烈亚斯·多普勒（Johann Christian Andreas Doppler）！那么，我们还是直接称呼他的姓吧。有趣的是，多普勒效应并没有得到它的提出者多普勒本人的证实，而是被荷兰科学家克里斯托弗·亨德里克·迪德里克·白·贝罗（Christoph Hendrik Diederik Buys Ballot，1817—1890）在试图反驳多普勒的理论所进行的实验中证实的。在荷兰的乌得勒支（Utrecht），迪德里克·白·贝罗在铁轨上进行了一系列实验。他让一位熟练的号手在火车上吹号，另一位训练有素的音乐家站在铁轨旁听号手吹一个单音。在经历了前两次因天气原因被迫取消的实验后，他的第三次实验最终证实多普勒是正确的，声波的确会在物体的相对运动中改变波长。

雷达是怎样应用多普勒效应测量天气的？

多普勒雷达不像传统的雷达系统那样只能显示风暴的方位和强度，它还可以探测到风速和风暴移动的方向。由于一台多普勒雷达只能显示出风暴是靠近还是远离，所以需要使用一个"多普勒雷达网"才能绘制出精确的风暴路线图。

在电视雷达上的各种颜色都表明了什么？

在电视新闻栏目中，气象图上的颜色显示的是降水量水平。冷色（蓝色、绿色等）表明降水量少，而暖色（黄色、橘色、红色）则表示降水量较大。

什么是钩状回波？

钩状回波也叫"钩状图形"，是龙卷风可能会形成的预警信号。在雷达上，这种回波看起来有点像"6"这个数字，而且在风暴中与中气旋相伴出现，因此得名"龙卷风漩涡"。1953年4月9日，在位于美国伊利诺伊州香槟市（Champaign）的伊利诺伊国家水利调查局，电子工程师唐纳德·斯塔格斯（Donald Staggs）在监测雷达系统时首次发现了这种独特的"钩状图形"。有钩状回波未必会形成龙卷风，但是，它可以表明形成龙卷风的可能性极大。然而，在没有钩状回波时，龙卷风也会形成，而且此类现象的确也曾被观察到。

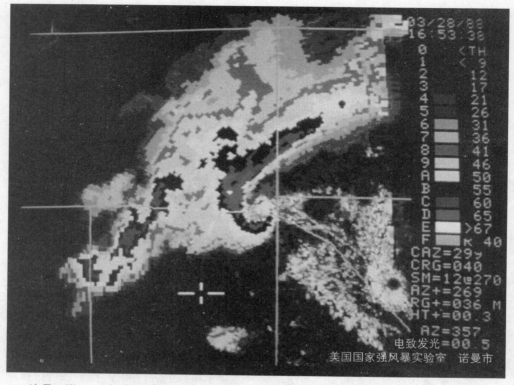

这是一张1988年的雷达图像，显示的是靠近俄克拉何马州的诺曼市的云层情况。图像表明，独特的钩状回波通常是龙卷风活动的先兆。（图片来源：美国国家海洋和大气管理局中心图书馆图片资料室；海洋和大气研究室／环境研究实验室／美国国家强风暴实验室）

多普勒雷达是否能推动龙卷风预报的发展？

虽然使龙卷风预测成为一门完美的学科还相差甚远，但使用了NEXRAD雷达系统的多普勒雷达已经使预测的准确度提升至80%左右（与使用NEXRAD雷达前的准确率30%相比）。不过，对小规模、快速形成的龙卷风仍然不可预测。但是，对较大龙卷风，尤其是EF4或EF5级的巨型龙卷风的预测更加准确了。事实上，现在，美国国家气象局可以在龙卷风袭击前的20分钟内对周边居民发出预警。NEXRAD雷达可以通过寻找能够预示旋风形成的龙卷旋涡，对龙卷风作出更好的预测。现在，任何大的龙卷风漩涡都可以被多普勒雷达捕获到。由于这些先进的技术，龙卷风在人们浑然不知的情况下袭击人类的可能性降低了很多。即使是在10分钟或20分钟前发出提前预警，也足以挽救几十甚至几百个人的生命。

什么是脉冲多普勒雷达？

为了更好地追踪云、风和降水的速率，人们研制了脉冲多普勒雷达，简称脉冲雷

科学家放飞了一个无线电探空测风仪气球，同时气象仪和移动雷达装置（背景）也在监测湿度、气压、降水量以及温度。（图片来源：美国国家海洋和大气管理局中心图书馆图片资料室；海洋和大气研究室/环境研究实验室/美国国家强风暴实验室）

达。在时间短、强度大且间隔时间长的情况下可以使用这种雷达。而且，必须同时使用几台脉冲雷达才能获得准确的测量结果。

什么是激光雷达？

你可以将激光雷达看做是一种"光雷达"。气象学家将激光打向大气层，测量污染浓度和风速等项目。

什么是声雷达？

如果激光雷达是"光雷达"，那么你很可能就会猜到声雷达就是"声音雷达"。声雷达就是声波探测与定位。声雷达与声呐不同，声呐利用的是声波在水下的传播特性，而声雷达是在空气中探测声波的反射。根据计算声波的多普勒频移，声雷达可以估算出风速和风向，同时也可以探测出温度变化以及其他类型的空气湍流。

什么是廓线仪？

"廓线仪"利用的是电磁波探测，其工作原理与声雷达利用声波相同。廓线仪已

被证实是穿越高空大气层的理想方式。因此,气象学家可以判断出海拔8—17千米
(5—10英里)处的风速。

什么是探空仪?

用气球辅助大气研究的想法源于法国。1784年,法国人将热气球用于大气研究。
然而,经过了很长一段时间,这一做法才被广泛使用。通常被人们认为是"气象气球"
的探空仪(radiosondes,"sonde"在法语中意为"探索")就是将气象探测仪器绑在
气球上,然后将气球放入较高大气层中的装置的总称。探空仪于20世纪20—30年
代间在欧洲首次使用。通常,探空仪装有小型的由电池供电的电机,用以探测温度、
湿度和风速。现代探空仪又名雷达气球,装有雷达反射器,因此它们可以更容易被
追踪到。

探空仪通常可以到达平流层。一旦到达了气球的最高高度,它就会爆炸,探测
装置上的降落伞会打开,保护它平稳降落。另一种放置探空仪的方法是从飞机上将
它投下,现在这种仪器叫做"下投式探空仪"。有时,也可以使用气象探测火箭——
顾名思义就是将气象探测仪安装在火箭上。在全球有800多个探空仪发射点,一般
要在午夜或正午发射探测仪。通常来说,从仪器上得到的数据被全球的气象学家所
共享。

在早期气象学中,人们如何利用风筝?

当设计考究的风筝被经验丰富的人放飞时,它能飞到很高的高度。世界单
个风筝飞行高度记录是4 422米(14 509英尺),是由理查德·辛那集(Richard
Synergy)于2000年8月12日在加拿大安大略省金卡丁市(Kincardine)创造
的。如果将多个风筝连在一起,它们可以飞得更高。1910年,10个连在一起的
风筝升到了约7 128米(23 385英尺)的高空,创造了美国风筝的飞行高度纪录。
1919年,在德国的林登博格(Lindenberg)8个连在一起的风筝飞出了9 740米
(31 955英尺)的高度。最早将风筝用于气象学的记录是在1749年,是由格拉
斯哥大学(University of Glasgow)的两名学生亚历山大·威尔逊(Alexander
Wilson)和托马斯·梅尔维尔(Thomas Melville)创造的。他们想要用风筝探
测较高大气层的情况,在当时,没有飞机也没有热气球,他们只能利用风筝进行
气象探测。

卫 星

第一张高纬度云层照片是如何拍摄的?

在第二次世界大战期间,照相机被安装在某些德国V2火箭上,并被搭载到高空对云的样式进行拍摄。这些成功的尝试鼓舞了气象学家,他们开始了气象卫星计划。

第一颗用于气象监测的卫星是哪一颗?

第一颗用于观测天气状况的人造卫星是电视红外观测卫星,由美国国家航空航天局于1960年4月1日发射升空。当时拍摄的照片并不是我们现在看到的高分辨率照片。尽管如此,这些照片却首次揭示了云和风暴是如何有规律的发生的,这一结果令

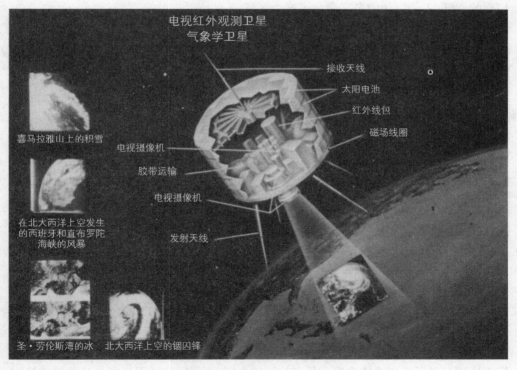

电视红外观测卫星
气象学卫星

接收天线
太阳电池
红外线包
磁场线圈

电视摄像机
胶带运输
电视摄像机
发射天线

喜马拉雅山上的积雪

在北大西洋上空发生的西班牙和直布罗陀海峡的风暴

圣·劳伦斯湾的冰   北大西洋上空的锢囚锋

图中展示的是1961年前后电视红外观测卫星–1的各个组成部件。(图片来源: 美国国家海洋和大气管理局)

当时的气象学家感到十分惊讶。电视红外观测卫星-1的另一个开创性成果是发现了在澳大利亚附近登陆了9天后的热带风暴，而在此之前却从未被探测到。居住在澳大利亚东海岸的人们是第一批通过现代技术观测到强风暴到来的人。

科幻小说家亚瑟·克拉克引人注目的发现是什么?

亚瑟·C.克拉克（Arthur C. Clarke, 1917—2008）为科幻小说迷们所熟知。1968年，电影《2001太空漫游》（2001: A Space Odyssey）是在他于1948年创作的短篇故事《前哨》（The Sentinel）的基础上改编的。他取得的成就无数，同样也对卫星十分感兴趣。在第二次世界大战期间，他是一名为皇家空军效力的雷达技术人员。1945年，他提出了利用卫星建立通信系统的设计理念。他作出这样的推理：如果卫星可以在赤道外的轨道上空以35 797千米/小时（22 248英里/小时）的速度运行，那么利用卫星来建立通信系统是有可能的。卫星将会被放置在地球静止轨道上，即每颗卫星都会直接停留在事先设计好的位于地球表面上方的位置上。这一想法被证明是正确的，并且现在已被用于通信卫星和气象卫星的发射。"克拉克带"是在地球赤道上方3.58万千米（2.23万英里）处，地球静止轨道卫星可能在此运行的某一太空区域。为了纪念克拉克的贡献，人们以他的名字命名了这个区域。

这个摄于1965年2月13日的图像是由电视红外观测卫星9号拍摄到的照片经合成而得。它是地球的第一张气象全景图。（图片来源：美国国家海洋和大气管理局）

现在使用的卫星有哪几种类型?

现在用于气象观测的两种卫星是地球静止轨道卫星和地球两极轨道卫星。地球静止轨道卫星保持与地球赤道上某点的转速相同，而两极轨道卫星则是绕着地球的两极转。这些卫星都以一定速度旋转。因此，在一天中，它们可以在地球同一地点的上方的"日光同步"轨道上出现两次。

什么是极地轨道环境业务卫星?

POES是极地轨道环境业务卫星（Polar Operational Environmental Satellite）的缩略形式。它出现在电视红外观测卫星（TIROS）之后，因此又名高级电视红外观测卫星。与地球静止轨道环境业务卫星一样，在美国防卫气象卫星计划中的两个极地轨道环境业务卫星的运行同样由美国国防部空军基地和导弹系统中心负责。极地轨道环境业务卫星在海拔830—870千米（515—540英里）的高度绕地球运转，在每天上午7:30和下午1:40这两个时间经过赤道。数据被传回位于弗吉尼亚州瓦勒普斯岛（Wallops Island）和位于阿拉斯加州费尔班克斯（Fairbanks）的气象站。

什么是地球静止轨道环境业务卫星?

GOES是地球静止轨道环境业务卫星（Geostationary Operational Environmental Satellite）的缩略形式。第一颗地球静止轨道环境业务卫星发射于1975年。现在，美国国家海洋和大气管理局负责运行两颗这样的卫星——GOES-10和GOES-12。它们都是由美国国家航空航天局发射升空的。还有一颗替补卫星GOES-11，一旦前两颗卫星中的任何一个发生故障，GOES-11将被激活。GOES-10又名"GOES-西"，因为它负责监控西半球上方的天空，而GOES-12（GOES-东）则监控东半球。每颗卫星在任一时间都可以观测到1/3天空的情况。

什么是太阳和太阳风层探测器?

太阳和太阳风层探测器是由美国航空航天局和欧洲航天局共同出资并发射的。卫星发射于1995年12月2日，负责观测太阳日冕和太阳风，并力图探究太阳内核。太阳和太阳风层探测器为科学家们提供了太阳黑子结构和太阳风风速等信息。探测器也为太阳对流区拍摄了照片，并发现了太阳龙卷风和日冕波的存在。

在地球轨道上还有哪些国家的气象卫星?

现今，日本、俄罗斯、中国、印度、韩国和欧洲（欧洲航天局）都实施了气象卫星计划。日本于1995年发射了一颗名为向日葵（Himawari）的地球静止轨道气象卫星

（Geosynchronous Meteorological Satellite），但在2003年这颗卫星出现了故障，因此美国国家海洋大气管理局允许日本气象厅使用他们曾用过的GOES-9卫星。欧洲气象卫星组织负责运行现在的第二代欧洲气象卫星。欧洲在1995年发射了第一颗气象卫星。2004年，这颗第二代气象卫星与METEOSAT-8卫星一起工作。这颗卫星每15分钟就可以对整个地球扫描一遍。中国于1990年发射了风云卫星，此后又发射了多颗风云系列卫星。同年，俄罗斯发射了地球静止轨道气象业务卫星。印度卫星于1990年发射入轨，被用于气象观测和通信。在2002年KALPANA-1卫星运行前，印度还发射了INSAT-2至INSAT-4系列卫星。KALPANA-1卫星是印度首颗专门用途的气象卫星。韩国于2005年发射了第一颗气象卫星——通讯、海洋和气象卫星。

KALPANA-1卫星的名字是如何得来的？

印度的KALPANA-1卫星原名为METSAT气象卫星。后来，为了纪念在2003年2月1日"哥伦比亚号"（Columbia）航天飞机失事中遇难的印度宇航员卡尔帕娜·乔拉（Kalpana Chawla），这颗卫星被重新命名。

气象卫星给我们提供了哪些测量数值？

早期气象卫星传送云层图像，也能用红外线进行探测，这就使得气象监测活动既可以在白天进行也可以在晚上进行。通过红外传感器，卫星可以探测出温度值，进而显示云层高度。现代卫星也可以进行很多其他观测。云层、陆地、海洋表面和温度的细节影像为科学家提供了关于雾、雪、雨、洋流、薄雾、空气污染、臭氧含量、土壤水分含量、空气浮尘甚至火山活动和森林火灾等情况的信息。卫星同样也被应用于调查农业活动和植被生长情况。

太阳和太阳风层探测器（SOHO）宇航船抓拍到了这张日冕向太空中喷发等离子体的画面。日冕喷发（CMEs）每周都会发生一次，有时一天会发生多次。（图片来源：美国国家航空航天局/喷气推进实验室）

什么是地球卫星计划？

1972年，美国国家航空航天局与美国地质调查局合作发射了第一颗地球卫星。在为地球表面拍照和测量数据的同时，这些卫星也提供了大量的与气象相关的信息。例如，地球卫星数据记录下气象灾难的影响，监测洪水，并为水文学家提供很多有用的数据。近期对陆地的观测结果也引发了关于人类活动对气候影响的研究。例如,2006年,在美国佛罗里达州进行的大气模型研究。科学家将1900年和现在的植物覆盖率进行比较,从而说明城乡活动对降雨量的影响。据估算,佛罗里达州现在的降雨量比一个世纪前减少了12%。

气 象 学 事 业

气象学家的工作是什么?

人们经常将气象学家与电视台的气象播报员联系在一起。尽管如此,大部分气象学家都是在幕后工作的。他们在气象研究站的实验室里为国家气象局工作,同时也为大学工作。气象学家需要精通物理、化学、水文学以及其他科学才能完成好他们的工作。美国气象学会将气象学家定义为能够对天气进行研究、观察、解释以及预报的人,他们要懂得气象现象背后的原理,并且能够预测出天气对地球造成的影响。从事气象工作的气象学家要具备理学学士学位,而其中很多人都是硕士甚至是博士。在气象学领域中有很多专业,如水文学和气候学。很多气象学家也从事数学、电脑工程学、电子工程学等方面的研究。

有人把气象学视为一种爱好吗?

在美国和其他国家,有很多气象爱好者。事实上,气象学是人们可参与其中的最受欢迎的业余爱好之一。从风暴追踪者到合作气象观测员,再到业余无线电操作者,将对气象学的研究作为一种乐趣的人着实有不少。《美国气象观测者》(American Weather Observer)和《天气》(Weatherwise)两大刊物深受广大气象爱好者的喜爱。

气象工作是一份好职业吗?

从收入、压力情况、满意度、工作环境、体力需求以及就业前景等方面来看,气象工作的确是一个不错的职业选择。2002年,由美国《职业排名年鉴》(Jobs Ranked Almanac)(第6版)公布的对250种职业进行的排名中,气象工作位居第13。虽然与上一版的第7名相比,此次排名略微靠后一些,但还是比第4版中第38名的排名高出了不少,这个职业的人气似乎有所提升。

与气象学和与气象学相关的各不同专业是什么?

气象学不仅包括气象预测,与其相关的领域还有很多——从工程学、法医学、计算机科学到电视媒体、风暴追踪以及商品贸易。下面这个专业领域列表也许会使你感兴趣。

- 酸雨降水量研究员
- 农业气象预报员
- 空气质量预报员
- 空气质量建模员
- 航空交通管制助理
- 大气化学家
- 大气光学研究员
- 航空天气预报员
- 生物气候学家

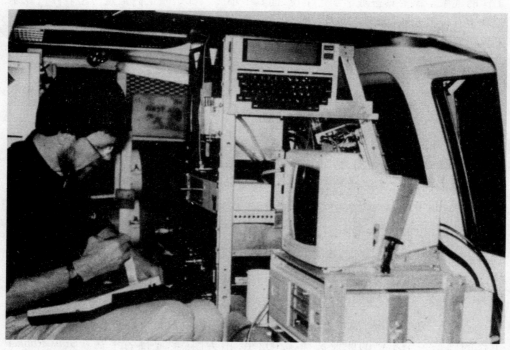

一名科学家在美国国家强风暴实验室的移动设备中工作。他正在处理电脑数据。(图片来源:美国国家海洋和大气管理局中心图书馆图片资料室;海洋和大气研究室/环境研究实验室/美国国家强风暴实验室)

- 广播员
- 气候学家
- 商品交易员
- 计算机可视化专家
- 数据通讯工程师
- 教育家
- 应急方案制订者
- 火险天气预报员
- 洪水预报员
- 法医学专家
- 飓风研究员
- 水文工程师
- 仪器设计员
- 闪电研究员
- 国家实验室研究员
- 数值预测建模员
- 业务预报员
- 古气候学家
- 雷达气象学家
- 无线电传播研究员
- 遥感专家
- 卫星气象学家
- 强风暴预报员
- 风暴追逐者
- 气象顾问

我如何知道气象工作是否适合自己?

选择职业是任何人都要作出的最艰难的决定之一。现在大多数美国人不像过去的几代人那样,会始终坚持第一次的工作选择,而是在其职业生涯中更换3次乃至更多次的工作。气象工作涉及多个专业,因此它的确是个很好的选择。在你决定从事气象工作之前,可以先问自己这样几个问题:

1. 我对数学、物理和化学感兴趣吗? 在这些方面我有天赋吗?

2. 我对天气和大气真的着迷吗? 我喜欢并在空闲时间阅读相关书籍吗?

3. 我能在三维空间中构思某种现象吗?

4. 我喜欢用电脑工作吗?

5. 我反应灵敏吗? 我愿意在不同的地方工作吗? 有时处在巨大压力之下, 例如, 在强风暴到来时我能应对这样的工作压力吗?

想要成为一名合格的气象学家, 你对所有问题的回答不一定都是"是的!"比如, 列表中的第5题主要是针对从事广播和预报工作的人而言的。但是, 在你决定从事气象工作之前, 你至少应该对上面提出的大部分问题感兴趣, 并且认为自己至少有能力对其他问题给出肯定回答。

我在哪里可以学到气象学?

你可以在美国和全世界的很多学院以及大学里取得气象学学位。美国气象学会在其"大气、海洋、水文及相关科学的课程"中发布气象学方面的信息, 网址是http://www.ametsoc.org。美国军队也为感兴趣的新兵提供此类培训。你还可以通过网络和函授的方式来学习这些课程, 然而这种方式只能使你获得更多的知识, 除非网络课程提供的是由国家承认的具有学位授予权的大学颁发的学位证书, 否则不能被视为是正规教育。

在大学阶段, 我应该学习哪些课程?

对于气象学中比较普遍的职业, 如气象预报员, 在其本科阶段学习气象学基础课程将有助于未来的研究生学习。如果你对大气科学的某个领域特别感兴趣, 你不妨在化学、物理、数学或工程学这几个领域中取得学士学位。像环境和气候研究这样新兴的领域, 可以为那些同样有着生物学、生态学、海洋学以及地球物理学教育背景的气象学家们创造机会。为了增加在气象学专业领域找到工作的几率, 你至少需要一个硕士学位, 当然博士学位更好。

美国第一所授予气象学学位的大学是哪个?

麻省理工学院是第一所授予气象学学位的高等教育院校。1928年, 瑞典气象学家卡尔·古斯塔夫·罗斯贝(Carl Gustaf Rossby, 1898—1957)开设了气象学课程。后来, 罗斯贝又在美国洛杉矶的加利福尼亚大学、芝加哥大学开设了课程。

什么是注册咨询气象学家?

美国气象学会(简称AMS)为那些有丰富气象学经验, 并在知识专业性较强的特殊领域做顾问的气象学家授予"注册咨询气象学家（CCM）"头衔。除了教育背景和工作经验，一个气象学家还要表现出他的职业操守和专业服务，这样才能配得上这个头衔。由于注册咨询气象学家有丰富的专业知识，并能提供可靠、权威的信息，因此法律事务所、政府、执法机构、保险公司和其他私人企业都向他们寻求帮助。在美国气象学会的会员中仅有5%的人是注册咨询气象学家。美国气象学会在http://www.ametsoc.org上按从事的专业提供了一份注册咨询气象学家的名单。

什么是州气候学家？

州气候学家是气象学领域的专业人士，是由州政府或机构指派。同时，他们也要得到国家海洋和大气管理局与国家气候数据中心的负责人的认可。现在，除田纳西州、罗得岛州和华盛顿特区以外，其他48个州都有一个州气候学家。同时，波多黎各、关岛和美属维尔京群岛也已经指派了自己的州气候学家。这些州气象学家们得到了美国气候学家协会（成立于1976年）的支持。他们从州政府或大学领取薪水，并与国家气象局展开密切合作。

如何才能得到资助以学习气象学？

除了联系你所在大学的气象学系及其资助部门，美国气象学会是另一个获得奖学金、研究员基金和实习岗位的好去处。工业气象学家全国委员会也为大学生提供津贴。美国海军和空军为那些在大学参加预备役军官训练团而后又进入军官训练学校的人提供气象学教育计划。到那时，你的教育费用将由军队来支付。

气象学家的薪水如何？

在选择职业时，你不应该只考虑薪酬。选择你喜欢的职业，然后为之而奋斗。气象学家的收入也的确相当可观。截至2009年，气象学家的平均年薪从7万美元到10.8万美元不等。具有本科学历的气象学家的薪水最低，大概是5.3万美元；收入较高的气象学家在某一专业领域拥有博士学位，一年可以轻松赚到12.5万美元。

谁会聘用气象学家？

气象学家可以为政府工作，也可以为私人部门工作。如果为政府工作，他们可能会受聘于某个联邦政府机构或部门，如美国国家气象局、联邦航空管理局、美国国家海洋和大气管理局、美国环境保护局、美国国家航空航天局、美国能源部、国家实验室或军队。他们也可能会受聘于州政府、县政府或市政府。地方政府聘用气象学家来监控

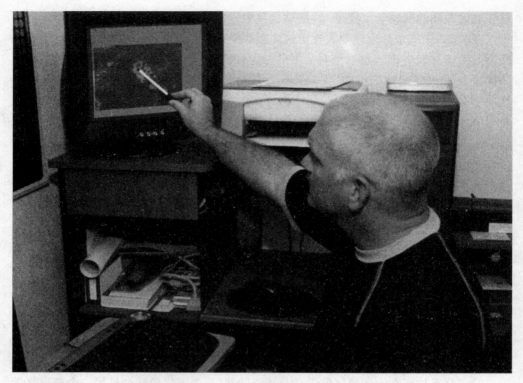

气象学工作会涉及各个学科和领域——从化学到计算机科学,再到现场播报。

什么是法医气象学?

电视剧《犯罪现场调查》的热播在学生中掀起了一股学习法医科学课程的热潮。法医利用各种科学方法来侦破犯罪案件。比如,在其中一集,电视剧的主人公利用天文学知识定位了谋杀地点。经常被用于犯罪调查和保险调查的气象学原理也可被用于法医学。气象学家曾被传到法庭上作证,做咨询顾问或为政府机构、法律事务所和私营企业做研究。通过从卫星、雷达和其他渠道获得的数据,气象学家可以在法庭上为以下情况作出证明:一幢建筑物因闪电而起火的概率是多大;是否是因风力状况而导致飞机在起飞后不久坠机;诱发交通事故的薄雾到底是自然形成的还是由附近的工厂所导致的。一般来说,法医气象学家需要具备注册咨询气象学家的资格证。

空气污染以及其他环境和资源管理等方面的情况。

气象学家可以在以下部门工作：电视台（包括受欢迎的气象频道）、航空公司、大学、公共事业公司、气候研究实验室、气象设备工程、私人研究承包商和天气预报服务、人工影响天气作业公司、私人环境组织和公司甚至是诉讼援助公司。

美国气象学会的网站上 http://www.ametsoc.org 公布的求职告示就是个开始求职的好地方。如果条件允许，应尽早联系就业机会。你最好于在校期间，通过实习或者通过与你的教授或其他人的交往来获得工作机会。

成为一个像电台或电视台播报员这种气象学家有多难？

如果你的目标很具体，你只想成为一个电视气象播报员，那么你需要将气象学培训与通讯和（或）广播艺术教育结合起来。在镜头前你应该表现得自然一点，并且如果你在上学期间就在广播公司实习过，将会对你有所助益。对于任何想从事电视或广播行业的人来说，你必须在镜头前将自己的魅力完全展示出来。准备一些你自己播报的专业视听带，送给你想从中获得工作机会的电视台主管。你要准备好从底层做起，这就意味着你将会在清晨或者深夜工作，也可能在一个市场很小的城市或小镇做一份收入微薄的工作。不要期望马上能在纽约或洛杉矶的大广播公司上班。你也许要等上很久才能在大市场中找到工作。与此同时，当你在寻找更好的就业机会之前，你可能会经常换工作。当今的传媒竞争十分激烈，全美国的电视台和报纸都在削减预算，集中运营。如今，气象播报可能是最难找工作的专业了，而气象学中其他领域的就业机会可能会比较多。

为什么环境公司会聘用气象学家？

天气模式对污染物在空气、陆地和海洋中的分布情况有着十分重要的影响。环境公司和像美国环境保护局这样的政府机构聘用气象学家，帮助他们预测工程建造（如建造发电厂和工厂）会对环境造成的影响。例如，掌握燃煤发电厂附近的盛行风的情况将使人们认识到潜在的空气污染，酸雨和臭氧含量会对地方环境造成影响，而且这种影响可能会蔓延至其他各州，甚至是其他国家。

气象学家应归属于哪些专业协会和组织？

在美国，大多数气象学家都是美国气象学会的活跃成员。那些仅对大气科学感兴趣的气象学家也经常加入到美国地球物理联合会——总部设在华盛顿。天气预报领域的气象学家可优先加入国家气象协会，国家气象协会也与气象学操作相关。

译者感言

天气与人们的生活息息相关。从云和降雨这些我们在日常生活中经常见到的自然现象，到飓风、洪水、龙卷风这样极端的天气状况，无不影响着人类的生产和生活。与此同时，神秘的大自然也为我们的生活增添了不少情趣。绚丽的彩虹和极光，执著的风暴追逐者，美丽的六角雪花晶体让我们感受到了大自然的神奇与魅力。"机敏问答系列丛书"《天气》一书通过一问一答的形式，轻松解决了我们在天气方面存在的疑惑。通过对1 000多个天气问题的解答，我们还可以了解到地理学、海洋学和空间天气等方面的知识以及全球气候变化的历史与未来。最后，本书让我们意识到，作为世界公民，我们在享受高科技带来的便利的同时，也应该对我们共同生存的地球负起应有的责任！

本书的翻译工作由赵巍、毛静、赵玉红和李倩共同承担。在翻译过程中，我们得到了多位良师益友的帮助与支持，在这里向他（她）们致以深深的谢意。刘淑华、李哲为本书提出了宝贵的建议。李洋、许晓东承担了大量的资料收集、文献查阅以及译文校对等工作。赵衍锋、佟旭东等好友也不断地给予我们支持与鼓励。同时，我们也非常感谢上海科技文献出版社，能在市场经济的大背景下坚持出版高质量、高水准的科学专著，为更多的读者提供了走近科学、了解科学、学习科学的宝贵机会！

赵 巍

2012年3月15日

《天气》

气候变化……大气现象……飓风和龙卷风……更多内容尽在书中。

天气，一个我们都会谈论的话题。但是有些人在谈起它时要更加专业。有了《天气》这本书，你就能在与别人交谈时引人入胜，了解天气对世界产生的影响。温习有关天气的基础知识，学习气象科学，追寻天气预报的历史。你将了解到飓风、龙卷风、气候变化以及像北极光和厄尔尼诺等与天气有关的奇妙现象。

《天气》回答了1 000多个问题，其中包括在气象学方面取得的最新进展、预报科学、气候变化以及各种天气现象。作为一本内容全面的参考书，它以一问一答、易于理解的方式对与天气有关的各种问题作出解答。100多张彩色照片和插图使这本书在提供大量信息的同时又具有很强的趣味性。

- "哥伦比亚"号航天飞机上难逃厄运的宇航员从外太空看到了哪些奇怪的天气现象？
- 中美洲对英国的气候是如何产生影响的？
- 局部晴天和局部多云有什么不同？
- 生物气候学又是什么？
- 彩虹会在夜间出现吗？
- 人类确实应该为气候变化负责吗？

从常见的问题——最冷、最热、最湿、最干、最多风，到天气与海洋学、地质学和空间科学的关系，《天气》几乎囊括了所有与天气相关的话题。